eXamen.press

eXamen.press ist eine Reihe, die Theorie und Praxis aus allen Bereichen der Informatik für die Hochschulausbildung vermittelt.

Manfred Wolff

Übungsaufgaben zur Mathematik für Informatiker und BioInformatiker

Mit durchgerechneten und erklärten Lösungen

 Springer

Manfred Wolff
Fakultät für Mathematik
Universität Tübingen
Auf der Morgenstelle 10
72076 Tübingen
manfred.wolff@uni-tuebingen.de

Bibliografische Information der Deutschen Bibliothek
Die Deutsche Bibliothek verzeichnet diese Publikation in der Deutschen
Nationalbibliografie; detaillierte bibliografische Daten sind im Internet über
http://dnb.ddb.de abrufbar.

ISSN 1614-5216
ISBN-10 3-540-26135-4 Springer Berlin Heidelberg New York
ISBN-13 978-3-540-26135-3 Springer Berlin Heidelberg New York

Dieses Werk ist urheberrechtlich geschützt. Die dadurch begründeten Rechte, insbesondere die der Übersetzung, des Nachdrucks, des Vortrags, der Entnahme von Abbildungen und Tabellen, der Funksendung, der Mikroverfilmung oder der Vervielfältigung auf anderen Wegen und der Speicherung in Datenverarbeitungsanlagen, bleiben, auch bei nur auszugsweiser Verwertung, vorbehalten. Eine Vervielfältigung dieses Werkes oder von Teilen dieses Werkes ist auch im Einzelfall nur in den Grenzen der gesetzlichen Bestimmungen des Urheberrechtsgesetzes der Bundesrepublik Deutschland vom 9. September 1965 in der jeweils geltenden Fassung zulässig. Sie ist grundsätzlich vergütungspflichtig. Zuwiderhandlungen unterliegen den Strafbestimmungen des Urheberrechtsgesetzes.

Springer ist ein Unternehmen von Springer Science+Business Media
springer.de

© Springer-Verlag Berlin Heidelberg 2006
Printed in Germany

Die Wiedergabe von Gebrauchsnamen, Handelsnamen, Warenbezeichnungen usw. in diesem Werk berechtigt auch ohne besondere Kennzeichnung nicht zu der Annahme, dass solche Namen im Sinne der Warenzeichen- und Markenschutz-Gesetzgebung als frei zu betrachten wären und daher von jedermann benutzt werden dürften. Text und Abbildungen wurden mit größter Sorgfalt erarbeitet. Verlag und Autor können jedoch für eventuell verbliebene fehlerhafte Angaben und deren Folgen weder eine juristische Verantwortung noch irgendeine Haftung übernehmen.

Satz: Druckfertige Daten des Autors
Herstellung: LE-TEX, Jelonek, Schmidt & Vöckler GbR, Leipzig
Umschlaggestaltung: KünkelLopka Werbeagentur, Heidelberg
Gedruckt auf säurefreiem Papier   33/3142 YL - 5 4 3 2 1 0

Für Raina

Vorwort

Studierende der Informatik haben häufig Schwierigkeiten, die in der Vorlesung gehörten und mitgeschriebenen oder in einem Buch gefundenen mathematischen Sachverhalte so zu verstehen, dass sie damit kreativ umgehen können. Dazu ist – wie bei jedem Handwerk – praktische Übung erforderlich, die man sich durch Lösen konkreter Probleme erwirbt.

Deshalb lege ich hier in Ergänzung zu dem Buch "Mathematik für Informatik und Bioinformatik von M. Wolff, P. Hauck, W. Küchlin (Springer 2004)[WHK] eine Sammlung von Aufgaben mit meist kompletten und ausführlichen Lösungen vor. Bei der Gliederung richte ich mich im großen und ganzen nach dem zugrunde liegenden Buch (allerdings musste ich einige kleinere Abweichungen vornehmen). Der Leser kann so gleichzeitig dessen Abschnitte durcharbeiten und die zugehörigen Aufgaben lösen. Meist wird schon bei der Aufgabe ein Tipp gegeben, welcher Abschnitt des Buches beziehungsweise welcher Sachverhalt hier besonders geeignet für die Lösung ist. Durch das gemeinsame Erarbeiten des Stoffs im Buch und der Übung durch die entsprechenden Aufgaben wird ein Optimum an nachhaltigem Wissenserwerb erreicht – dies ist das Hauptziel dieser Aufgabensammlung. Daneben sollte es sich auch ideal zur Vorbereitung von Klausuren eignen.

Die meisten Aufgaben stammen aus den wöchentlichen Übungen, die begleitend zur Vorlesung, auf der das Buch beruht, zu lösen waren. Klausuraufgaben wurden ebenfalls herangezogen.

In der Regel werden zunächst sehr einfache Aufgaben mit ganz konkreten Zahlen oder Funktionen etc. gestellt, durch die man bereits beispielhaft zu den abstrakteren Problemen herangeführt wird. Gerade für den Anfänger sind solche konkreten Beispiele sehr wichtig. An einigen Stellen ergibt sich von selbst, dass die konkrete Aufgabe besser mit einem abstrakten Ansatz zu lösen ist als nur mit elementaren Mitteln. So lernen Leserinnen und Leser den Vorteil abstrakter Zugänge für kreatives Lösen von Problemen kennen.

Ein stures Einüben konkreter Techniken wie etwa der Integration oder Differentiation wurde eher in den Hintergrund gestellt. Dazu gibt es zu gute Computeralgebra-Programme, die wesentlich zuverlässiger als auch das best trainierte menschliche Gehirn arbeiten. Es genügt meines Erachtens, wenn man die Technik so weit beherrscht, dass man im Einzelfall Ergebnisse, die ein Programm liefert, nachprüfen kann, auch wenn dies wegen mangelnden Trainings etwas länger dauert.

Zu einigen Gruppen von Aufgaben habe ich kurzgefasste Einführungen gegeben, wo immer dies ohne Sinnverfälschung möglich war. So kann man die Übungsaufgaben auch dann lösen, wenn mann das Buch [WHK] nicht zur Verfügung hat oder nicht heranziehen möchte.

Ohne dass darauf immer explizit verwiesen wird, ist es sehr hilfreich, wenn man die möglichen Visualisierungen benutzt. Sie sind unter

$$\text{http://min.informatik.uni-tuebingen.de}$$

zu finden. Vorausgesetzt wird eine Java-3D-Version.

Natürlich ist das für die einzelnen Kapitel gegebene Aufgaben-Material knapp bemessen, da die Lösungen ihrerseits relativ viel Platz einnehmen, damit man sie auch verstehen kann. So handelt es sich eher um eine Sammlung von Aufgaben-Beispielen, deren Durcharbeitung dazu befähigt, eine Fülle ähnlicher Aufgaben mühelos zu lösen. Wer mehr trainieren möchte, sei auf die weiteren Aufgaben aus [WHK, Hac, Har] oder anderen Büchern, sowie auf das Buch [Ri] verwiesen.

Mein Dank gilt in erster Linie Frau Margot Rümmele, die ja nicht nur die Aufgaben während der Semester, sondern auch die Lösungen geschrieben hat und das neben ihrer regulären Arbeit.

Mein Dank gilt natürlich ebenso den Koautoren des Buches, die mir viele Tipps für vernünftige Aufgaben zukommen ließen. Darüber hinaus habe ich wertvolle Anregungen von meinen Assistenten Dr. Jürgen Hengge und Dr. Jürgen Schweizer sowie von unseren wissenschaftlichen Hilfskräften erhalten, die die Übungsgruppen betreut haben, wofür ich allen dankbar bin.

Dem Verlag danke ich für das Angebot, ein solches Aufgabenbuch zu schreiben, sowie für die Engelsgeduld, als die Abgabetermine nicht eingehalten wurden.

Schließlich danke ich meiner Frau, der ich – obwohl Emeritus – durch diese Arbeit viel Zeit entzogen habe, wofür sie größtes Verständnis aufgebracht hat.

Tübingen, im Sommer 2005   *Manfred Wolff*

Inhaltsverzeichnis

1	**Einleitung und Überblick**	
2	**Grundlagen**	
2.1	Einführung in das mathematische Argumentieren	7
2.2	Mengen	13
2.3	Natürliche Zahlen und Kombinatorik	31
2.4	Einführung in die Graphentheorie	39
2.5	Formale Aussagenlogik	44
3	**Einführung in die elementare Zahlentheorie**	
3.1	Teilbarkeit und Kongruenzen	57
3.2	Primfaktorzerlegung	66
4	**Einführung in die Algebra**	
4.1	Halbgruppen, Monoide und Gruppen	71
4.2	Ringe und Körper	85
4.3	Teilbarkeitslehre in Polynomringen	93
4.4	Erste Anwendungen	103
4.5	Boolesche Algebren	108
5	**Elementare Grundlagen der Analysis**	
5.1	Der Körper der reellen Zahlen	117
5.2	Der Körper der komplexen Zahlen	119
5.3	Folgen und Konvergenz	122
5.4	Unendliche Reihen	130
5.5	Komplexe Zahlenfolgen und Reihen	135
6	**Reelle Funktionen einer Veränderlichen**	
6.1	Reelle Funktionen und ihre Erzeugung	143
6.2	Grenzwert von Funktionswerten	152
6.3	Stetigkeit	157
7	**Differential- und Integralrechnung**	
7.1	Die Ableitung einer Funktion	163
7.2	Grenzwertbestimmungen	167
7.3	Der Entwicklungssatz von Taylor und lokale Extremwerte	169
7.4	Integralrechnung	170
8	**Anwendungen**	
8.1	Periodische Funktionen	179
8.2	Fouriertransformation	182

8.3	Skalare gewöhnliche Differentialgleichungen	183

9 Einführung in die Vektorrechnung

9.1	Vektorrechnung in $\mathbb{R}^2$ und $\mathbb{R}^3$	189
9.2	Lineare Unabhängigkeit in $\mathbb{R}^2$, $\mathbb{R}^3$ und $\mathbb{C}^\mathbb{R}$	190

10 Vektorräume, lineare Abbildungen und Matrizen

10.1	Einführung	197
10.2	Lineare Abbildungen	198
10.3	Matrizen	200
10.4	Determinanten	207
10.5	Eigenwerte linearer Abbildungen	208
10.6	Skalarprodukt auf $\mathbb{R}^p$	209

11 Lineare Gleichungssysteme und lineare Rekursionen

11.1	Lineare Gleichungssysteme	217
11.2	Lineare Rekursionen	218

12 Zur affinen Geometrie in $A(\mathbb{R}^2)$ und $A(\mathbb{R}^3)$

13 Funktionen mehrerer Veränderlicher

13.1	Folgen in $\mathbb{R}^p$ und Folgen von Matrizen	229
13.2	Grenzwerte von Funktionswerten, Stetigkeit	234
13.3	Anwendungen in der Numerik	236

14 Mehrdimensionale Differentialrechnung

14.1	Kurven im $\mathbb{R}^p$	243
14.2	Differentiation von Funktionen in mehreren Variablen	244
14.3	Hesse-Matrix, Satz von Taylor, Extremwerte	248
14.4	Der Umkehrsatz und seine Anwendungen	249

15 Das mehrdimensionale Integral

15.1	Integrale über kompakte Mengen	255
15.2	Der Transformationssatz	256
15.3	Integrale über $\mathbb{R}^2$	258

16 Einführung in die Stochastik

16.1	Wahrscheinlichkeitsräume	261
16.2	Zufallsvariablen	264
16.3	Bedingte Wahrscheinlichkeiten und Unabhängigkeit	266
16.4	Markoff–Ketten	270

Literatur 273

Sachverzeichnis 275

Kapitel 1
Einleitung und Überblick

1 Einleitung und Überblick

1 Einleitung und Überblick

In [WHK, Kapitel 1] haben wir ausführlich dargelegt, wie Informatik und Mathematik zusammen kommen. Aber wir haben dort keinerlei mathematische Theorie dargestellt. Daher können wir hier nur eine "Aufgabe" ohne Lösung stellen.

Aufgabe 1.1 Schauen Sie sich alle möglichen Lehrbücher der Informatik an, zum Beispiel alle, die im Literaturverzeichnis von [WHK] zu finden sind. Notieren Sie sich die dort benötigten mathematischen Sachverhalte. Sie werden nur einen Teil davon verstehen. Aber notieren Sie sich diesen einfachen Teil und versuchen Sie, eine Verbindung zu unserem Buch und zu den hier präsentierten Aufgaben zu finden.

1.1

Kapitel 2
Grundlagen

2 Grundlagen

2.1	Einführung in das mathematische Argumentieren	7
2.2	Mengen	13
2.3	Natürliche Zahlen und Kombinatorik	31
2.4	Einführung in die Graphentheorie	39
2.5	Formale Aussagenlogik	44

2 Grundlagen

2.1 Einführung in das mathematische Argumentieren

In diesem Abschnitt wollen wir das mathematische Argumentieren etwas analysieren. Es weicht vom umgangssprachlichen Argumentieren eher dadurch ab, dass es eingeschränkt ist, als dadurch, dass es vollkommen anders ist: nicht alle Argumentationen sind zugelassen, die im Alltag noch akzeptiert werden. Außerdem werden die einzelnen Schlussregeln etwas präzisiert. Orientieren Sie sich zum Beispiel an [WHK, Abschnitt 2.1]!

Oft gebrauchen wir den Ausdruck "Logisch äquivalent": "Der Schluss A ist logisch äquivalent zum Schluss B" bedeutet: immer da, wo ich A benutze, kann ich mit demselben Effekt auch B benutzen, und immer, wo ich B benutze, kann ich auch A nehmen. Zum Beispiel: Die Sonne scheint und die Temperatur ist angenehm. *ist äquivalent zu* Die Temperatur ist angenehm und die Sonne scheint. *Oder abstrakter: "$A = C$ und D" ist äquivalent zu "$B = D$ und C".*

Seien C und D Aussagen, die ihrerseits von anderen Aussagen A und B abhängen. Wir prüfen, ob C logisch äquivalent zu D ist, indem wir die Wahrheitswerte von C und D in Abhängigkeit von denen von A und B ausrechnen. Kommt in beiden Fällen dasselbe heraus, so sind C und D logisch äquivalent. In der Aussagenlogik wird dies formalisiert, hier benutzen wir es einfach unter Berufung auf unseren Alltagsverstand.

Aufgabe 2.1 Sei A eine Aussage. Zeigen Sie bitte, dass die doppelte Negation $\neg(\neg(A))$ logisch äquivalent ist zu A.
Tipp: Stellen Sie die Wahrheitswertetabelle auf.
Bemerkung: Dass die doppelte Verneinung äquivalent ist zur Aussage selbst, ist umgangssprachlich nicht immer ganz klar. Das liegt unter anderem daran, dass schon die Verneinung umgangssprachlich komplizierter ist, als man annimmt. Hier ein Beispiel: "Denken Sie jetzt bitte nicht an einen rosa Elefanten mit blauen Pünktchen!" Woran denken Sie jetzt? Manche drücken das so aus: "Die Seele kennt keine Verneinung".

Lösung: Wir schreiben zunächst die Tafel für die Verneinung auf, aber mit dem Symbol C für eine beliebige Aussage.

8   2. Grundlagen

C	$\neg C$
1	0
0	1

Damit stellen wir jetzt die Tafel für die doppelte Verneinung auf:

A	$\neg(A)$	$\neg(\neg(A))$
1	0	1
0	1	0

Die dritte Spalte haben wir erhalten, indem wir die erste Tafel auf $C = \neg(A)$ angewendet haben. Da, wo bei $\neg(A)$ eine 1 steht, muss bei $\neg(\neg(A))$ eine 0 stehen und entsprechend da, wo bei $\neg(A)$ eine 0 steht, muss bei $\neg(\neg(A))$ eine 1 stehen. Die erste und dritte Spalte sind gleich, also sind die beiden Aussagen logisch äquivalent.

Im Folgenden benutzen wir oft die logischen Symbole $\vee$ (oder), $\wedge$ (und), $\Rightarrow$ (wenn – dann) und $\Leftrightarrow$ (genau dann, wenn) nicht in einer extra Sprache der Logik, sondern als mathematische Stenografie. Das ist zum Teil bequem, aber verwenden Sie diese Abkürzungen nicht zu oft, weil sonst der Text zu schwer verständlich wird.

2.2 **Aufgabe 2.2** Zeigen Sie bitte: Die Aussage "Wenn es regnet, wird der Wald nass" ist logisch äquivalent zur Aussage "Bleibt der Wald trocken, regnet es nicht".
Tipp: A: "Es regnet", B: "Der Wald wird nass".

Lösung: Wir setzen A: "es regnet", B: "der Wald wird nass". Die Verneinung von A ist: "es regnet nicht", die von B "der Wald wird nicht nass", was umgangssprachlich dasselbe ist, wie "der Wald bleibt trocken". Die Tabelle für "wenn es regnet wird der Wald nass", also für "$A \Rightarrow B$", ist auf [WHK, S. 14 unten]. Wir schreiben sie ab, wählen aber neue Buchstaben für die Aussagen.

C	D	$C \Rightarrow D$
1	1	1
1	0	0
0	1	1
0	0	1

Wir schreiben nun diese Tabelle für A und B hin und ergänzen sie durch $\neg B$ und $\neg C A$

2.1 Einführung in das mathematische Argumentieren

A	B	$A \Rightarrow B$	$\neg B$	$\neg A$	$\neg B \Rightarrow \neg A$
1	1	1	0	0	1
1	0	0	1	0	0
0	1	1	0	1	1
0	0	1	1	1	1

Die letzte Spalte erhalten wir aus der ersten Tabelle für $C = \neg B$ und $D = \neg A$. Steht unter C eine 1 und unter D eine 0, so steht unter $C \Rightarrow D$ eine Null. Damit müssen wir in Zeile zwei in der letzten Spalte eine 0 eintragen. In allen anderen Fällen steht (wie in der ersten Tabelle) eine 1.

Die dritte und die letzte Spalte sind gleich und das bedeutet nach der Festsetzung [WHK, S. 14, vorl. Absatz], dass beide Aussagen logisch äquivalent sind.

$\neg B \Rightarrow \neg A$ bedeutet aber nach der Einleitung: wenn es nicht regnet, bleibt der Wald trocken.

Aufgabe 2.3 Zeigen Sie bitte allgemein: $A \Rightarrow B$ ist logisch äquivalent zu $(\neg B) \Rightarrow (\neg A)$.
Tipp: Stellen Sie eine Wahrheitswerte-Tabelle für $A \Rightarrow B$ und eine für $(\neg B) \Rightarrow (\neg A)$ auf und vergleichen Sie die Tabellen (s. [WHK, S. 14]).

Lösung: Diese Lösung haben wir bereits in der Lösung zur Aufgabe 2 mit behandelt.

Aufgabe 2.4 Verneinen Sie bitte die folgenden Aussagen:
a) Es regnet und schneit.
b) Ich gehe morgen ins Kino oder ins Theater.

Lösung: a) "Es regnet und es schneit" bedeutet ja "Schneeregen" (oft im November). Die Verneinung ist also "kein Schneeregen", und das heißt "es regnet nicht" oder "es schneit nicht".
b) Die Verneinung von "Ich gehe morgen ins Kino oder Theater" ist umgangssprachlich "Ich gehe morgen weder ins Kino noch ins Theater" und das ist etwas umständlicher ausgedrückt:
"Ich gehe morgen nicht ins Kino und ich gehe morgen nicht ins Theater".

Aufgabe 2.5 *(allgemeine Fassung der vorigen Aufgabe; "De Morgansche Regeln")*
Zeigen Sie bitte: $\neg(A \wedge B)$ ist logisch äquivalent zu $(\neg A) \vee (\neg B)$ und $\neg(A \vee B)$ ist logisch äquivalent zu $(\neg A) \vee (\neg B)$.

2. Grundlagen

Tipp: Gehen Sie wie in der ersten Aufgabe vor, das heißt, stellen Sie die entsprechenden Wahrheitswertetabellen auf.

Lösung: Zunächst merken wir an: Aufgabe 2.4 zeigte uns, dass das, was wir hier zeigen sollen, umgangssprachlich gerechtfertigt ist.
a) Wir stellen einfach die Tabellen für die Aussagen auf. Dabei orientieren wir uns an den Wahrheitswertetafeln für $\neg, \wedge$ und $\vee$, die wir hier mit neuen Buchstaben formulieren, damit wir besser einsetzen können:

C	$\neg C$
1	0
0	1

D	E	$D \wedge E$	$D \vee E$
1	1	1	1
1	0	0	1
0	1	0	1
0	0	0	0

Es ergibt sich

A	B	$A \wedge B$	$\neg(A \wedge B)$	$\neg A$	$\neg B$	$(\neg A) \vee (\neg B)$
1	1	1	0	0	0	0
1	0	0	1	0	1	1
0	1	0	1	1	0	1
0	0	0	1	1	1	1

Die vierte Spalte erhielten wir aus der ersten Tabelle: Wenn C den Wert $0 (\hat{=} false)$ hat, hat $\neg C$ den Wert $1 (\hat{=} true)$.
Genau so ergibt sich die letzte Spalte aus der zweiten Tabelle für $\neg A = D$ und $\neg B = E$. $D \vee E$ hat nur dann den Wert 0, wenn sowohl D als auch E den Wert 0 haben. Sonst hat $D \vee E$ den Wert 1. Genau das haben wir eingetragen. Die vierte und die letzte Spalte stimmen überein. Also sind $\neg(A \wedge B)$ und $(\neg A) \vee (\neg B)$ logisch äquivalent.

2.6 **Aufgabe 2.6** Zeigen Sie bitte, dass die Aussagen $(A \Rightarrow B)$ und $(\neg(A) \vee B)$ logisch äquivalent sind.

2.1 Einführung in das mathematische Argumentieren

Lösung: Wir stellen einfach die Wahrheitswertetabelle auf. Dabei benutzen wir für $A \Rightarrow B$ die auf [WHK, S. 14 unten] angegebene Tabelle. Wir berechnen die fünfte Spalte aus der zweiten und vierten.

A	B	$A \Rightarrow B$	$\neg(A)$	$(\neg(A) \vee B)$
1	1	1	0	1
1	0	0	0	0
0	1	1	1	1
0	0	1	1	1

Die dritte und die fünfte Spalte stimmen überein. Daraus folgt die Behauptung.

Aufgabe 2.7 Seien A, B und C Aussagen. Zeigen Sie bitte: Die Aussage

$$((A \Rightarrow B) \wedge (B \Rightarrow C)) \Rightarrow (A \Rightarrow C)$$

ist immer wahr oder eine sog. *Tautologie*. Man sagt, dass "$\Rightarrow$" *transitiv* ist. Umgangssprachlich bedeutet diese Aussage: Wenn A die Aussage B zur Folge hat, und die Aussage B die Aussage C zur Folge hat, dann hat auch A die Aussage C zur Folge. Ein Beispiel: Wenn es regnet, wird die Autobahn nass. Wenn die Autobahn nass wird, kann es Aquaplaning geben. Das hat zur Folge: Wenn es regnet, kann es Aquaplaning auf der Autobahn geben.

Lösung: Wir notieren zunächst noch einmal für beliebige Aussagen D und E die Wahrheitswerte-Tabelle für $D \Rightarrow E$.

D	E	$D \Rightarrow E$
1	1	1
1	0	0
0	1	1
0	0	1

Diese Tabelle wenden wir für $A \Rightarrow B$, $B \Rightarrow C$ und $A \Rightarrow C$ an. Wir setzen $(A \Rightarrow B) \wedge (B \Rightarrow C) \equiv D$ in der letzten Spalte.

A	B	C	$A \Rightarrow B$	$B \Rightarrow C$	$(A \Rightarrow B) \wedge (B \Rightarrow C)$	$A \Rightarrow C$	$D \Rightarrow (A \Rightarrow C)$
1	1	1	1	1	1	1	1
1	1	0	1	0	0	0	1
1	0	1	0	1	0	1	1
1	0	0	0	1	0	0	1
0	1	1	1	1	1	1	1
0	1	0	1	0	0	1	1
0	0	1	1	1	1	1	1
0	0	0	1	1	1	1	1

Die letzte Spalte folgt aus den beiden vorangegangenen für $E = (A \Rightarrow C)$ und der Eingangstabelle.

2.8

Aufgabe 2.8 Die natürlichen Zahlen sind die Zahlen $1, 2, 3, 4, 5, \ldots$ die man durch Zählen erhält. Die ganzen Zahlen sind $0, 1, -1, 2, -2$ usw. Wir sagen: die natürliche Zahl a teilt die natürliche Zahl b, wenn $\frac{b}{a}$ wieder eine natürliche Zahl ist. (In [WHK, S. 16] ist die Definition im Beispiel falsch, siehe die Druckfehlerberichtigung unter http://min.informatik.uni-tuebingen.de/, dort ≪ Buch ≫ anklicken).
Zeigen Sie bitte: Sei b eine natürliche Zahl. Dann sind die folgenden Aussagen äquivalent:
$B1$: 12 teilt b.
$B2$: Es gibt eine natürliche Zahl k mit $b = 12k$.
$B3$: 3 teilt b und 4 teilt b.
Tipp: Siehe [WHK, Beispiel, S. 16]

Lösung: Wir wollen zeigen, dass die folgenden Aussagen äquivalent sind.
$B1$: 12 teilt b.
$B2$: Es gibt eine natürliche Zahl k mit $b = 12k$.
$B3$: 3 teilt b und 4 teilt b.
Umständlich müssten wir $B1 \Leftrightarrow B2$, $B1 \Leftrightarrow B3$ und $B2 \Leftrightarrow B3$ beweisen. Wir zeigen statt dessen $B1 \Rightarrow B2$ und $B2 \Rightarrow B3$ und $B3 \Rightarrow B1$. Dass damit alle Äquivalenzen bewiesen sind, ergibt sich aus der vorigen Aufgabe (vergl. [WHK, S. 16 oben]).
$B1 \Rightarrow B2$: Da 12 die Zahl b teilt, ist $\frac{b}{12}$ eine natürliche Zahl; wir nennen sie k. Es ist also $k = \frac{b}{12}$ und damit $b = 12k$.
$B2 \Rightarrow B3$: Es ist $b = 12k$, also ist $\frac{b}{3} = 4k$ und das ist eine natürliche Zahl, also teilt 3 die Zahl b. Ebenso ist $\frac{b}{4} = 3k$ eine natürliche Zahl, also teilt 4 die Zahl b.
$B3 \Rightarrow B1$: Das ist etwas schwieriger. Wir benötigen eigentlich [WHK, Korollar 3.12b] dafür; wir spezialisieren den dortigen Beweis auf unsere Situation.

Der Schlüssel ist: wir können die Zahl 1 als Differenz von Vielfachen von 3 und 4 ausdrücken. Es ist nämlich

$$1 = 16 - 15 = 4 \cdot 4 - 5 \cdot 3$$

(das ist der allgemeine Trick, hier spezialisiert).
Nun sind $k = \frac{b}{3}$ und $\ell = \frac{b}{4}$ natürliche Zahlen. Also ist $b = 3k = 4\ell$ und damit

$$b = 1 \cdot b = 16b - 15b = 16 \cdot 3k - 15 \cdot 4\ell = 48k - 60\ell = 12(4k - 5\ell).$$

Weil b als natürliche Zahl größer als 0 und 12 größer als 0 ist, muss die ganze Zahl $4k - 5\ell = \frac{b}{12}$ auch größer als 0, also eine natürliche Zahl sein. Damit gilt, dass 12 die Zahl b teilt.

2.2 Mengen

> **Mengen und Mengenrelationen**
> **Zum Beweisen von Relationen zwischen Mengen:**
> *Wir benutzen für Mengen im Moment einmal die Buchstaben U und V, damit man später in den Aufgaben für U und V die geeigneten Mengen "einsetzen" kann.*
> *(i) Man beweist die Aussage $U \subseteq V$, indem man zeigt, dass jedes beliebige Element aus U auch in V liegt. Ist das nicht selbstverständlich, so fängt man so an:*
> *Sei $x \in U$ ein beliebiges Element. Dann gilt A(x), wobei A(x) eine unmittelbar einsichtige Aussage über x ist. Damit folgt B(x), wobei B(x) wieder eine unmittelbare einsichtige Folge von A(x) ist. Nach einer weiteren Kette von unmittelbar auseinander folgenden Aussagen über x erhält man am Schluss (wieder leicht einsichtig): Also gilt $x \in V$. Da $x \in U$ ganz beliebig gewählt war, gilt für jedes $x \in U$ auch $x \in V$, also folgt (nach Definition einer Teilmenge) $U \subseteq V$.*
> *Den Schlusssatz lässt man auch meistens fort, weil er unmittelbar klar ist.*
> *(ii) Man beweist die Aussage $U = V$, indem man entweder die beiden Aussagen $U \subseteq V$ und $V \subseteq U$ nach dem vorigen Muster zeigt. Oder aber man kann an die Einsicht des Lesers appellieren, indem man das folgende verkürzte Verfahren benutzt:*
> *$x \in U$ gilt genau dann, wenn $A_1(x)$ gilt, wobei dieses Argument unmittelbar einsichtig sein muss. $A_1(x)$ gilt genau dann, wenn $A_2(x)$ gilt, usw. Man muss enden mit $A_n(x)$ gilt genau dann, wenn $x \in V$ gilt. Man hat also dafür ar-*

gumentiert, dass $x \in U$ genau dann gilt, wenn $x \in V$ gilt. Das bedeutet aber die Gleichheit von Mengen.

Beispiele für dieses Vorgehen findet man in den folgenden Aufgaben.

Aufgabe 2.9 (s. [WHK, S. 21]) Wir betrachten die Mengen $X = \{1, 2, 3, 4, 5, 6, 7, 8, 9, 10\}$, $M = \{1, 2, 3, 4\}$, $N = \{3, 4, 7, 8, 9\}$ und $P = \{1, 4, 8, 10\}$.
a) Zeigen Sie bitte: M, N und P sind in X enthalten, in Zeichen: $M \subseteq X$, $N \subseteq X$, $P \subseteq X$; aber $X \not\subseteq M$.
b) Berechnen Sie bitte $M \cap N$, $M \cap P$, $N \cap P$ sowie $M \cap N \cap P$.
c) Berechnen Sie bitte $M \cup N$, $M \cup P$, $N \cup P$ und $M \cup N \cup P$.
d) Berechnen Sie die Komplemente von M, N und P in X, das heißt die Mengen $X \setminus M$, $X \setminus N$ und $X \setminus P$.
e) Berechnen Sie $X \setminus (M \cap N)$ und prüfen Sie die Gleichung $X \setminus (M \cap N) = (X \setminus M) \cup (X \setminus N)$ nach.
f) Berechnen Sie $X \setminus (M \cup N)$ und prüfen Sie die Gleichung $X \setminus (M \cup N) = (X \setminus M) \cap (X \setminus N)$ nach.

Lösung: a) M ist in X enthalten, wenn jedes x aus M auch in X liegt. Es gilt $1 \in M$ und $1 \in X$, $2 \in M$ und $2 \in X$, $3 \in M$ und $3 \in X$, $4 \in M$ und $4 \in X$. Also folgt $M \subseteq X$. Für N und P geht alles analog. $X \not\subseteq M$, weil zum Beispiel $10 \in X$, aber $10 \notin M$ ist.
b) $M \cap N$ besteht nach Definition aus allen Zahlen x aus X, die sowohl in M als auch in N liegen; das ergibt $M \cap N = \{3, 4\}$. Analog $M \cap P = \{1, 4\}$, $N \cap P = \{4, 8\}$. $M \cap N \cap P$ besteht aus allen Zahlen x aus X, die sowohl in M als auch in N als auch in P liegen. Das ist aber nur das einzige Element 4, also $M \cap N \cap P = \{4\}$.
c) $M \cup N$ besteht aus allen Zahlen x in X, die in M oder in N (oder in beiden liegen). Also ist $M \cup N = \{1, 2, 3, 4, 7, 8, 9\}$. Analog $M \cup P = \{1, 2, 3, 4, 8, 10\}$, $N \cup P = \{1, 3, 4, 7, 8, 9, 10\}$ und

$$M \cup N \cup P = \{1, 2, 3, 4, 7, 8, 9, 10\}.$$

d) $X \setminus M = \{x \in X : x \notin M\}$ besteht aus allen Zahlen $x \in X$, die **nicht** in M liegen. Also $X \setminus M = \{5, 6, 7, 8, 9, 10\}$. Entsprechend erhält man $X \setminus N = \{1, 2, 5, 6, 10\}$, $X \setminus P = \{2, 3, 5, 6, 7, 9\}$.
e) $X \setminus (M \cap N)$ besteht aus allen x in X, die **nicht** in $M \cap N$ liegen. Nach b) ist damit $X \setminus (M \cap N) = \{1, 2, 5, 6, 7, 8, 9, 10\}$. $(X \setminus M) \cup (X \setminus N)$ besteht aus allen $x \in X$, die in $X \setminus M$ oder in $X \setminus N$ (oder in beiden) liegen. Nach d) ist das $\{5, 6, 7, 8, 9, 10, 1, 2\} = X \setminus (M \cap N)$.

2.2 Mengen

f) $M \cup N$ wurde in c) berechnet. $X \setminus (M \cup N)$ besteht aus allen $x \in X$, die nicht in $M \cup N$ liegen. Also $X \setminus (M \cup N) = \{5,6,10\}$. $(X \setminus M) \cap (X \setminus N)$ besteht aus allen $x \in X$, die sowohl in $X \setminus M$, als auch in $X \setminus N$ liegen. Beide Mengen wurden unter d) berechnet. Es ist damit $(X \setminus M) \cap (X \setminus N) = \{5,6,10\} = X \setminus (M \cup N)$.

Aufgabe 2.10 Sei jetzt $X = \mathbb{R}$ die Menge aller reellen Zahlen (das sind die gewöhnlichen Zahlen, die Sie aus der Schule kennen),
$M = \{x \in \mathbb{R} : x \leq 1\} =:]-\infty, 1]$ $N = \{x \in \mathbb{R} : -1 < x \leq 3\} =:]-1,3]$
und $P = \{x \in \mathbb{R} : 2 < x\} =:]2, \infty[$.
Die Ausdrücke hinter =: sind bequeme und übliche Abkürzungen (siehe [WHK, S. 20 und S. 184]). Führen Sie die vorige Aufgabe a) bis f) jetzt für diese Mengen X, M, N und P durch.

Lösung: a) $M \subseteq X$, $N \subseteq X$ und $P \subseteq X$ sind (wie in der vorigen Aufgabe) klar. $X = \mathbb{R} \nsubseteq M$, denn es liegt zum Beispiel 100 in X aber nicht in M. $X \nsubseteq N$ wird mit dem gleichen Element bewiesen. $X \nsubseteq P$ weil zum Beispiel -100 in X aber nicht in P liegt.
b) $M \cap N = \{x \in \mathbb{R} : (x \in M) \wedge (x \in N)\}$. Genau dann ist $x \in M \cap N$, wenn $x \in M$, also $x \leq 1$ und x in N, also $-1 < x \leq 3$ ist. Dann ist genau dann der Fall, wenn $-1 < x \leq 1$ ist. Damit ist $M \cap N = \{x \in \mathbb{R} : -1 < x \leq 1\} =]-1,1]$. Entsprechend ergibt sich: x ist genau dann in $M \cap P$, wenn $x \leq 1$ und $x > 2$ gilt. Eine solche reelle Zahl gibt es aber nicht. Also $M \cap P = \emptyset$. Genau dann ist x in $N \cap P$, wenn $-1 < x \leq 3$ und $x > 2$ ist. Das ist genau dann der Fall, wenn $2 < x \leq 3$ gilt. Also ist $N \cap P =]2,3]$. Weil $M \cap P = \emptyset$ ist erst recht $M \cap P \cap N = M \cap N \cap P = \emptyset$.
c) Genau dann liegt x in $M \cup N$, wenn x in M oder x in N liegt (oder in beiden). Das ist genau dann der Fall, wenn $x \leq 1$ oder $-1 < x \leq 3$ ist. Das wiederum gilt genau dann, wenn $x \leq 3$ ist. Also ist

$$M \cup N =]-\infty, 3].$$

Entsprechend ergibt sich $M \cup P =]-\infty,1] \cup [2,\infty[$ und $N \cup P =]-1,\infty[$. Schließlich erhalten wir, dass x in $M \cup N \cup P$ genau dann liegt, wenn x in $M \cup N$ oder in P liegt. Das ist nach dem Vorangegangenen genau dann der Fall, wenn $x \leq 3$ oder $x > 2$ ist (oder beides). Das gilt aber für jede reelle Zahl. Also ist $M \cup N \cup P = \mathbb{R}$.
d) $X \setminus M$ besteht aus allen reellen Zahlen x, die nicht in M liegen, die also $x > 1$ erfüllen. Damit ist $X \setminus M =]1, \infty[$.
$X \setminus N$ besteht aus allen reellen Zahlen x die nicht in N liegen. Das sind alle Zahlen x mit $\neg((-1 < x) \wedge (x \leq 3))$. Nach Aufgabe 2.5 sind dies alle Zahlen

x mit $(\neg(-1 < x)) \vee (\neg(x \leq 3))$ und das sind alle Zahlen x mit $x \leq -1$ oder $x > 3$. Damit ist $X \setminus N = X \setminus]-1,3] =]-\infty,-1] \cup]3,\infty[$. x liegt in $X \setminus P$ genau dann, wenn x in X, aber nicht in P liegt. Das ist genau dann der Fall, wenn $x \in X$ ist und $x \leq 2$. Also ist $(X = \mathbb{R}!)$ $\mathbb{R}\setminus]2,\infty[=]-\infty,2]$.

e) Wir hatten $M \cap N =]-1,1]$ berechnet. Damit ist $\mathbb{R}\setminus(M \cap N) = \mathbb{R}\setminus]-1,1] =]-\infty,-1] \cup]1,\infty[$ (vergleiche die Berechnung von $\mathbb{R} \setminus N$).
Es ist $(X \setminus M) \cup (X \setminus N)$ die Menge aller $x \in X$, die in $X \setminus M$ oder in $X \setminus N$ (oder in beiden) liegen. $X \setminus M$ und $X \setminus N$ haben wir schon berechnet. Also ist $(X \setminus M) \cup (X \setminus N) =]1,\infty[\cup]-\infty,-1] \cup]3,\infty[$. Wegen $]3,\infty[\subseteq]1,\infty[$ ist $]1,\infty[\cup]3,\infty[=]1,\infty[$. Also ist $(X \setminus M) \cup (X \setminus N) =]1,\infty[\cup]-\infty,-1] = X \setminus (M \cap N)$.

f) Wir hatten $M \cup N =]-\infty,3]$ erhalten. Damit ist $x \in \mathbb{R}$ genau dann nicht in $M \cup N$, wenn $x > 3$ ist. Damit ist $X \setminus (M \cup N) =]3,\infty[$. Wir hatten sowohl $X \setminus M =]1,\infty[$, als auch $X \setminus N =]-\infty,-1] \cup]3,\infty[$ erhalten. Es ist x in $(X \setminus M) \cap (X \setminus N)$ genau dann, wenn $x > 1$ und $((x \leq -1)$ oder $(x > 3))$ ist. Das ist genau dann der Fall, wenn $x > 3$ ist. Also ist $(X \setminus M) \cap (X \setminus N) =]3,\infty[= X \setminus (M \cup N)$.

2.11 **Aufgabe 2.11** Seien M, N und X beliebige Mengen mit $M \subseteq X$, $N \subseteq X$. Zeigen Sie bitte:
a) $X \setminus (X \setminus M) = M$.
b) $X \setminus (M \cap N) = (X \setminus M) \cup (X \setminus N)$ *(De Morgansche Regel)*.
c) Wie heißt die entsprechende Formel für $\cup$ statt $\cap$ auf der linken Seite der Gleichung?

Lösung: $X \setminus (X \setminus M) = \{x \in X : x \notin (X \setminus M)\}$. Nun ist $x \notin (X \setminus M)$ äquivalent zu $\neg(x \in X \setminus M)$ und $x \in (X \setminus M)$ ist äquivalent zu $\neg(x \in M)$. Damit ist $x \notin (X \setminus M)$ äquivalent zu $\neg(\neg(x \in M))$ und das ist nach Aufgabe 1 äquivalent zu $x \in M$. Damit gilt: $x \in X \setminus (X \setminus M)$ gilt genau dann, wenn $x \in M$ gilt. Also sind beide Mengen gleich.
b) Es gilt $x \in X \setminus (M \cap N)$ genau dann, wenn $x \notin M \cap N$ gilt; das ist äquivalent zu $\neg(x \in M \cap N)$ und das wiederum ist nach Definition des Durchschnitts äquivalent zu $\neg((x \in M) \wedge (x \in N))$. Nach Definition des Zeichens $\setminus$ ist $X \setminus (X \setminus M) = \{x \in X : x \notin (X \setminus M)\}$. Nun ist $x \notin (X \setminus M)$ äquivalent zu $\neg(x \in X \setminus M)$ und $x \in (X \setminus M)$ ist äquivalent zu $\neg(x \in M)$. Damit ist $x \notin (X \setminus M)$ äquivalent zu $\neg(\neg(x \in M))$ und das ist nach Aufgabe 1 äquivalent zu $x \in M$. Damit gilt: $x \in X \setminus (X \setminus M)$ gilt genau dann, wenn $x \in M$ gilt. Also sind beide Mengen gleich.
b) Es gilt $x \in X \setminus (M \cap N)$ genau dann, wenn $x \notin M \cap N$ gilt; das ist äquivalent zu $\neg(x \in M \cap N)$ und das wiederum ist nach Definition des Durchschnitts

2.2 Mengen

äquivalent zu $\neg((x \in M) \wedge (x \in N))$. Nach Aufgabe 2.5 ist dies äquivalent zu $(\neg(x \in M)) \vee (\neg(x \in N))$, das heißt zu $x \notin M$ oder $x \notin N$ und das ist äquivalent zu $x \in X \setminus M$ oder $x \in X \setminus N$. Zusammengefasst erhalten wir: Es ist $x \in X \setminus (M \cap N)$ genau dann, wenn $x \in (X \setminus M) \cup (X \setminus N)$ gilt. Also ergibt sich

$$X \setminus (M \cap N) = (X \setminus M) \cup (X \setminus N).$$

c) $\cap$ und $\cup$ sind in gewisser Weise "dual" zueinander. Wir zeigen also - motiviert durch die beiden vorangegangenen Aufgaben -

$$X \setminus (M \cup N) = (X \setminus M) \cap (X \setminus N).$$

Beweis: x ist genau dann in $X \setminus (M \cup N)$, wenn $x \notin (M \cup N)$ ist. Das gilt aber genau dann, wenn $\neg(x \in M \cup N)$ ist. Nun ist $x \in M \cup N$ genau dann, wenn $(x \in M) \vee (x \in N)$. Also erhält man:
$x \in X \setminus (M \cup N)$ gilt genau dann, wenn $\neg((x \in M) \vee (x \in N))$. Nach Aufgabe 2.5 ist das äquivalent zu $(\neg(x \in M)) \wedge (\neg(x \in N))$, das heißt zu $(x \notin M) \wedge (x \notin N)$. Zusammengefasst erhalten wir:
$x \in X \setminus (M \cup N)$ gilt genau dann wenn $(x \in X \setminus M) \wedge (x \in X \setminus N)$ d.h. $x \in (X \setminus M) \cap (X \setminus N)$ ist. Daraus folgt aber

$$X \setminus (M \cup N) = (X \setminus M) \cap (X \setminus N).$$

❯ Kartesisches Produkt und Abbildungen

Aufgabe 2.12 (Kartesisches Produkt) Sei $M = \{1, 2\}$, $N = \{2, 3, 4\}$. Berechnen Sie bitte $M \times N$; das heißt genauer: geben Sie alle möglichen Elemente von $M \times N$ an. $M \times N = \{\ldots\}$.

Lösung: $M \times N$ besteht aus allen Paaren (x, y), wo $x \in M$ und $y \in N$ beliebig gewählt sind. Also ergibt sich
$M \times N = \{(1, 2), (1, 3), (1, 4), (2, 2), (2, 3), (2, 4)\}$.

Aufgabe 2.13 Sei $M = \{0, 1, 2\}$. Berechnen Sie M^3.
Erinnerung: $M^3 = M \times M \times M$.

18   2. Grundlagen

Lösung: M^3 besteht aus allen Tripeln (x, y, z) mit $x, y, z \in M$ beliebig. Also ist

$$M^3 = \{(0,0,0), (0,0,1), (0,0,2), (0,1,0), (0,1,1), (0,1,2),$$
$$(0,2,0), (0,2,1), (0,2,2), (1,0,0), (1,0,1), (1,0,2),$$
$$(1,1,0), (1,1,1), (1,1,2), (1,2,0), (1,2,1), 1,2,2)$$
$$(2,0,0), (2,0,1), (2,0,2), (2,1,0), (2,1,1), (2,1,2)$$
$$(2,2,0), (2,2,1), (2,2,2)\}.$$

Für das Folgende siehe [WHK, S. 24 ff].

2.14   **Aufgabe 2.14** Sei $M = \{1, 2, 3\}$ und $N = \{0, 1\}$. Geben Sie alle Abbildungen f von M nach N an.

Tipp: Schreiben Sie die Abbildungen als Tabelle $\begin{pmatrix} 1 & 2 & 3 \\ f(1) & f(2) & f(3) \end{pmatrix}$.

Ein Beispiel ist $\begin{pmatrix} 123 \\ 010 \end{pmatrix}$. Hier ist also $f(1) = 0$, $f(2) = 1$, $f(3) = 0$. Im ganzen gibt es 8 Abbildungen.

Lösung:

$f_0 = \begin{pmatrix} 123 \\ 000 \end{pmatrix}$, $f_1 = \begin{pmatrix} 123 \\ 100 \end{pmatrix}$, $f_2 = \begin{pmatrix} 123 \\ 010 \end{pmatrix}$, $f_3 = \begin{pmatrix} 123 \\ 001 \end{pmatrix}$, $f_4 = \begin{pmatrix} 123 \\ 110 \end{pmatrix}$,

$f_5 = \begin{pmatrix} 123 \\ 101 \end{pmatrix}$, $f_6 = \begin{pmatrix} 123 \\ 011 \end{pmatrix}$, $f_7 = \begin{pmatrix} 123 \\ 111 \end{pmatrix}$.

Wir müssen zeigen, dass dies alle Abbildungen sind. Sei dazu f eine beliebige Abbildung von M nach N und $A = \{x \in M : f(x) = 1\}$. Ist $A = \emptyset$, so ist $f = f_0$. Angenommen A hat ein Element. Dann ist $A = \{1\}$, oder $A = \{2\}$ oder $A = \{3\}$. Entsprechend ist $f = f_1$ oder $f = f_2$ oder $f = f_3$. Angenommen A hat 2 Elemente. Dann ist $A = \{1, 2\}$ oder $\{1, 3\}$ oder $\{2, 3\}$. Damit ist $f = f_4$ oder $f = f_5$ oder $f = f_6$. Schließlich bleibt noch der Fall, dass $A = \{1, 2, 3\} = M$ ist. Dann ist $f = f_7$. Damit kommt f unter den angegebenen Abbildungen vor. f_0 bis f_7 sind also alle Abbildungen.

2.15   **Aufgabe 2.15** Sei $M = \{1, 2, 3\}$. Geben Sie bitte alle bijektiven Abbildungen von M in sich an.

Tipp: Es sind 6 Abbildungen. Schreiben Sie sie in der Tabellenform $\begin{pmatrix} 1 & 2 & 3 & 4 \\ f(1) & f(2) & f(3) & f(4) \end{pmatrix}$. Darf bei bijektiven Abbildungen in der unteren Zeile ein Element mehrfach auftreten?

2.2 Mengen

Lösung: Wir zählen 6 bijektive Abbildungen auf
$f_1 = \begin{pmatrix} 123 \\ 123 \end{pmatrix}$, $f_2 = \begin{pmatrix} 123 \\ 231 \end{pmatrix}$, $f_3 = \begin{pmatrix} 123 \\ 312 \end{pmatrix}$, $f_4 = \begin{pmatrix} 123 \\ 213 \end{pmatrix}$, $f_5 = \begin{pmatrix} 123 \\ 321 \end{pmatrix}$,
$f_6 = \begin{pmatrix} 123 \\ 132 \end{pmatrix}$.

Wir zeigen jetzt, dass dies alle sind. Dazu geben wir zunächst alle bijektiven Abbildungen der Menge $N = \{1,2\}$ auf eine Menge $P = \{p_1, p_2\}$ an. Es sind dies $\begin{pmatrix} 1\ 2 \\ p_1 p_2 \end{pmatrix}$ und $\begin{pmatrix} 1\ 2 \\ p_2 p_1 \end{pmatrix}$, also insgesamt 2.

Sei nun $f : M \to M$ bijektiv. Sei $f(3) = 1$. Dann ist $f(\{1,2\}) = \{2,3\}$, weil ja 1 in der Bildmenge nicht mehr vorkommen darf, und da gibt es nur die beiden Möglichkeiten $f(1) = 2$, $f(2) = 3$ oder $f(1) = 3$, $f(2) = 2$, also $f = f_2$ oder $f = f_5$.

Sei nun $f(3) = 2$. Dann ist $f(\{1,2\}) = \{1,3\}$, also $f(1) = 1$ und $f(2) = 3$, d.h. $f = f_6$ oder $f(1) = 3$, $f(2) = 1$, also $f = f_3$. Ist schließlich $f(3) = 3$, so ist $f = f_1$ oder $f = f_4$.

Aufgabe 2.16 Sei $M = \mathbb{R}$. Zeigen Sie bitte die Gleichheit der folgenden Abbildungen f, g von $\mathbb{R}$ in sich (f muss nicht surjektiv sein):
a) $f(x) = x^2 - 4$ für alle x und $g(x) = (x+2)(x-2)$
b) $f(x) = 1$ für alle x und $g(x) = (\sin(x))^2 + (\cos(x))^2$.

Tipp: Betrachten Sie die Graphen von f und g, also $G_f = \{(x, f(x)) : x \in \mathbb{R}\}$ und $G_g = \{(x, g(x)) : x \in \mathbb{R}\}$. Der Graph ist das, was Sie in der Schule gezeichnet haben. f und g sind Rechenvorschriften und Sie müssen zeigen, dass für alle x aus $\mathbb{R}$ stets $f(x) = g(x)$ ist. Anders ausgedrückt, müssen Sie $G_f = G_g$ zeigen.

Lösung: a) Es ist $G_f = \{(x, x^2 - 4) : x \in \mathbb{R}\}$ und $G_g = \{(x, (x+2)(x-2)) : x \in \mathbb{R}\}$.
(x,y) ist genau dann aus G_f, wenn $y = x^2 - 4$ ist. Das ist wegen $x^2 - 4 = (x+2)(x-2)$ genau dann der Fall, wenn (x,y) aus G_g ist. Also ist $G_f = G_g$ und damit $f = g$.

b) $G_f = \{(x,1) : x \in \mathbb{R}\}$, $G_g = \{(x, (\sin(x))^2 + (\cos(x))^2) : x \in \mathbb{R}\}$ wegen $(\sin(x))^2 + (\cos(x))^2 = 1$ für alle x aus $\mathbb{R}$ ist (x,y) genau dann aus G_f, wenn $y = 1$, also (x,y) aus G_g ist. Damit gilt $G_f = G_g$, also $f = g$.

Aufgabe 2.17 Sei $M = \{0,1,2,3\}$ und $f = \begin{pmatrix} 0123 \\ 0012 \end{pmatrix}$. f ist also eine Abbildung von M in sich in Tabellenform. Berechnen Sie bitte
a) $f(\{0,1\})$,
b) $f(\{1,2\})$,

c) $f(\{1,2,3\})$,
d) $f^{-1}(\{0,1\})$,
e) $f^{-1}(\{0,1,2\})$,
f) $f^{-1}(\{0,1,2,3\})$.

Lösung: Es ist nach Definition $f(A) = \{f(x) : x \in A\}$ das Bild von A unter f. Damit erhält man
a) $f(\{0,1\}) = \{f(0), f(1)\} = \{0\}$
b) $f(\{1,2\}) = \{f(1), f(2)\} = \{0,1\}$
c) $f(\{1,2,3\}) = \{f(1), f(2), f(3)\} = \{0,1,2\}$.
Es ist $f^{-1}(B) = \{x \in M : f(x) \in B\}$ das Urbild von B unter f^{-1}. Damit ergibt sich
d) $f^{-1}(\{0,1\}) = \{0,1,2\}$, denn $f(0) = 0$, $f(1) = 0$, $f(2) = 1$ aber $f(3) = 2$, also $3 \notin f^{-1}(\{0,1\})$
e) $f^{-1}(\{0,1,2\}) = \{0,1,2,3\} = M$. Begründung analog zu d).
f) $f^{-1}(\{0,1,2,3\}) = M$. Beachten Sie: Es gibt kein x mit $f(x) = 3$. $f^{-1}(\{3\}) = \emptyset$.

2.18 **Aufgabe 2.18** Sei $M = N = \mathbb{R}$ und $f(x) = x^2$ für alle x. Berechnen Sie bitte
a) $f(\mathbb{R})$,
b) $f([-1,1])$,
c) $f(\{-1\})$,
d) $f^{-1}(]-\infty, 0[)$, dabei ist $]-\infty, 0[= \{x \in \mathbb{R} : x < 0\}$ (s. [WHK, S. 184]),
e) $f^{-1}([0,4])$.

Lösung: a) $f(\mathbb{R}) = \{y \in \mathbb{R} : y \geq 0\} = [0, \infty[$. Denn ist $y \geq 0$, so ist $y = f(\sqrt{y})$ also $y \in f(\mathbb{R})$ und damit

$$[0, \infty[\subseteq f(\mathbb{R}). \tag{1}$$

Ist umgekehrt $y \in f(\mathbb{R})$, so gibt es ein $x \in \mathbb{R}$ mit $y = x^2$. Aber $x^2 \geq 0$ für alle $x \in \mathbb{R}$ (Schulwissen bzw. [WHK, Satz 5.1]). Damit ist $y \in [0, \infty[$. Da $y \in f(\mathbb{R})$ beliebig gewählt war, gilt

$$f(\mathbb{R}) \subseteq [0, \infty[. \tag{2}$$

Aus (1) und (2) folgt $f(\mathbb{R}) = [0, \infty[$.
b) $f([-1,1]) = [0,1]$. Denn ist $-1 \leq x \leq 1$, so ist $0 \leq x^2 \leq 1$ (vergleiche a), also

$$f([-1,1]) \subseteq [0,1]. \tag{3}$$

Ist umgekehrt $y \in [0,1]$, also $0 \le y \le 1$, so ist $0 \le \sqrt{y} \le 1$ (Schulwissen), also
$$y = f(\sqrt{y}) \in f([0,1]) \subseteq f([-1,1]). \tag{4}$$
Aus (3) und (4) folgt $f([-1,1]) = [0,1]$.
c) $f(\{-1\}) = \{1\}$, denn $(-1)^2 = 1$.
d) $f^{-1}(]-\infty, 0[) = \emptyset$. Denn gäbe es ein $x \in f^{-1}(]-\infty, 0[)$, so wäre $-\infty < f(x) < 0$, aber für alle x ist $f(x) = x^2 \ge 0$, ein Widerspruch.
e) $f^{-1}([0,4]) = [-2,2]$. Denn sei $x \in f^{-1}([0,4])$. Dann ist $x^2 = y$ mit $0 \le x^2 \le 4$. Damit ist $0 \le x \le 2$, oder $-2 \le x \le 0$ (Schulwissen), also ist $x \in [-2,2]$, also $f^{-1}([0,4]) \subseteq [-2,2]$. Sei umgekehrt $x \in f^{-1}([0,4])$ und damit $[-2,2] \subseteq f^{-1}([0,4])$. Aus beiden Relationen zusammen folgt $f^{-1}([0,4]) = [-2,2]$.

Aufgabe 2.19 Seien M und N beliebige nicht leere Mengen und G eine beliebige Teilmenge von $M \times N$ mit der Eigenschaft, das es zu jedem $x \in M$ mindestens ein $y \in N$ mit $(x,y) \in G$ gibt.
Zeigen Sie bitte: G ist genau dann der Graph einer Abbildung f von M in N, wenn für alle $x \in M$ aus $(x,y) \in G$ und $(x,z) \in G$ stets $y = z$ folgt.

Lösung: Sei $G = \{(x,y) : x \in M\}$ Graph einer Abbildung f. Dann ist für alle $(x,y) \in G$ stets $y = f(x)$. Ist also $(x,y) \in G$, $(x,z) \in G$, so ist $y = f(x) = z$. Sei umgekehrt $G \subseteq M \times N$ und zu jedem $x \in M$ gebe es ein $y \in N$ mit $(x,y) \in G$. Es gelte ferner für alle $x \in M : (x,y) \in G$ und $(x,z) \in G$ hat $y = z$ zur Folge. Es gibt also zu jedem $x \in M$ genau ein $y \in N$ mit $(x,y) \in G$. Sei $f(x)$ gerade dieses eindeutig bestimmte y. Das ist eine eindeutige Zuordnungsvorschrift, also ist f eine Abbildung von M nach N, und es gilt $G = \{(x, f(x)) : x \in M\} = G_f$.

Aufgabe 2.20 Seien M und N beliebige nichtleere Mengen und $f : M \to N$ eine Abbildung. Sei $y = f(M)$ das Bild von ganz M unter f.
Zeigen Sie bitte: f ist genau dann injektiv, wenn die Menge $H = \{(f(x), x) : x \in M\} \subset Y \times M$ Graph einer Abbildung g von Y in M ist.
Tipp: Sei $M = \{1,2,3,4\}$, $N = \{1,2,3,4,5,6\}$ und $f = \begin{pmatrix} 1234 \\ 2345 \end{pmatrix}$, $g = \begin{pmatrix} 1234 \\ 2325 \end{pmatrix}$. Berechnen Sie in beiden Fällen Y und H und prüfen für H das Kriterium der vorigen Aufgabe nach. Danach nehmen Sie den allgemeinen Fall in Angriff.

Lösung: (I) Sei f injektiv. *Behauptung:* $H = \{(f(x), x) : x \in M\}$ ist Graph einer Abbildung g von $Y = f(M)$ nach M.
Beweis: Da f injektiv ist, gibt es zu $y \in Y$ genau ein einziges $x =: g(y)$ mit $f(x) = y$; also ist $H = \{(y, g(y)) : y \in Y = f(M)\} = G_g$, wo g eine Abbildung von Y nach M ist.
(II) Sei umgekehrt H der Graph einer Abbildung g. Dann ist $H = \{(y, g(y)) : y \in Y\}$. *Behauptung:* f ist injektiv.
Beweis: Seien $x_1, x_2 \in M$ beliebig mit $f(x_1) = f(x_2) = y$. Dann ist $(y, x_1) \in H$ und $(y, x_2) \in H$. Da H Graph einer Abbildung ist, gilt nach der vorigen Aufgabe $x_1 = x_2$; f ist also injektiv.

● Potenzmenge, Verallgemeinerung der Mengenoperationen

2.21

Aufgabe 2.21 Sei $M = \{1, 2, 3\}$ und $\mathcal{P}(M)$ die Menge aller Teilmengen von M, also die Potenzmenge von M (s. [WHK, S. 28]).
a) Geben Sie alle Elemente von $\mathcal{P}(M)$, also alle Teilmengen von M an.
Bemerkung: Die leere Menge $\emptyset$ und M selbst sind auch Teilmengen.
b) Sei A eine Teilmenge von M und 1_A ihre Indikatorfunktion,

$$1_A : x \to \begin{cases} 1 & x \in A \\ 0 & x \notin A \end{cases}.$$

1_A ist also eine Abbildung von M in $\{0, 1\}$. Zeigen Sie bitte: Jede Abbildung f von M in $\{0, 1\}$ ist die Indikatorfunktion einer Menge $A(f)$.
Tipp: Angenommen, Sie würden $A(f)$ schon kennen. An welchen Stellen x wäre $1_{A(f)}(x) = 1$, an welchen 0?

Lösung:
a) $A = \emptyset$, $A = \{1\}$, $A = \{2\}$, $A = \{3\}$, $A = \{1, 2\}$, $A = \{1, 3\}$, $A = \{2, 3\}$, $A = \{1, 2, 3\} = M$.
Dies sind alle Teilmengen von M. Denn sei $B \subseteq M$ beliebig. Hat B kein Element, so ist $B = \emptyset$.
Hat B ein Element, so kommt B unter den aufgelisteten Mengen vor, ebenso wenn B zwei oder drei Elemente hat.
b) Sei $f : M \to N$ eine Abbildung und $A(f) = \{x \in M : f(x) = 1\}$. Dann ist $1_{A(f)}(x) = 1$ genau dann, wenn $x \in A(f)$, also wenn $f(x) = 1$ ist. Ebenso ist $1_{A(f)}(x) = 0$ genau dann, wenn $x \notin A(f)$, also $f(x) = 0$ ist. Damit gilt $1_{A(f)}(x) = f(x)$ für alle $x \in M$, d.h. $1_{A(f)} = f$.

2.2 Mengen

Aufgabe 2.22 Sei X eine beliebige nicht leere Teilmenge und $M = \mathcal{P}(X)$ die Menge aller Teilmengen von X. Sei $A \in M$ (also $A \subseteq X$) und $f(A) = X \setminus A$. Zeigen Sie bitte:
a) f ist eine bijektive Abbildung von M auf sich.
b) $f^2 = id_M$, das heißt $f^2(A) = f(f(A)) = A$ für alle $A \in M$.
c) $f^{-1} = f$.

Lösung: (I) f ist injektiv. Denn sei $f(A_1) = f(A_2)$. Das heißt $X \setminus A_1 = X \setminus A_2$. Danach ist nach Aufgabe 2.11 $A_1 = X \setminus (X \setminus A_1) = X \setminus \underbrace{(X \setminus A_2)}_{X \setminus A_2 = X \setminus A_1} = A_2$.

(II) f ist surjektiv: Sei $A \in \mathcal{P}(X) = M$ beliebig. Dann ist nach Aufgabe 2.11 $A = X \setminus (X \setminus A) = f(X \setminus A)$.
b) nach Aufgabe 2.11 ist für beliebiges $A \in M$. $f^2(A) = f(f(A)) = f(X \setminus A) = X \setminus (X \setminus A) = A$.
c) *Behauptung:* $f^{-1} = f$.
Beweis: Sei $A \in M$ beliebig und $B = f^{-1}(A)$. Dann ist $f(B) = X \setminus B = A$, also $f(A) = f(X \setminus B) = X \setminus (X \setminus B) = B = f^{-1}(A)$. Da A beliebig war, folgt die Behauptung.
Bemerkung: Sei M eine beliebige Menge ($\neq \emptyset$) und f eine Abbildung von M in sich mit $f^2 := f \circ f = id_M$. Dann ist f bijektiv mit $f = f^{-1}$. Damit folgen a) und c) bereits aus b) der Aufgabe.
Beweis der Bemerkung: (I) f ist surjektiv. Denn ist $x \in M$ beliebig, so ist $x = id_M(x) = f(f(x)) \in f(M)$.
(II) f ist injektiv. Denn ist $f(x_1) = f(x_2)$, so ist nach nochmaliger Anwendung von f

$$x_1 = id_M(x_1) = f(f(x_1)) = f(f(x_2)) = id_M(x_2) = x_2.$$

Aufgabe 2.23 Sei $X = \mathbb{R}$. Für jede natürliche Zahl n sei $A_n = \{x \in \mathbb{R} : -\frac{1}{n} \leq x \leq \frac{1}{n}\} = [-\frac{1}{n}, \frac{1}{n}]$.
a) Berechnen Sie $A_1 \cap A_2 \cap A_3$.
b) Zeigen Sie bitte: $\bigcap_{n \in \mathbb{N}} A_n = \{0\}$.
Tipp: Arbeiten Sie [WHK, S. 29] durch und benutzen Sie Ihr Schulwissen, dass die einzige Zahl x mit $|x| \leq \frac{1}{n}$ für alle $n \in \mathbb{N}$ gerade die 0 ist.

Lösung: $A_1 \cap A_2 \cap A_3 = [-\frac{1}{3}, \frac{1}{3}]$. Denn aus $-1 < -1/2 < -1/3 < 1/3 < 1/2 < 1$ folgt $A_3 \subset A_2 \subset A_1$ und damit $A_1 \cap A_2 = A_2$ also $A_1 \cap A_2 \cap A_3 = A_2 \cap A_3 = A_3$.

b) Zunächst gilt $-\frac{1}{n} < 0 < \frac{1}{n}$ für alle $n \in \mathbb{N}$, also ist $0 \in A_n$ für alle n und damit $0 \in \bigcap_{n\in\mathbb{N}} A_n$, d.h. $\{0\} \subseteq \cap A_n$. Sei umgekehrt $x \in \bigcap_{n\in\mathbb{N}} A_n$. Dann gilt $-\frac{1}{n} < x < \frac{1}{n}$ für alle n, also $x = 0$. Damit folgt $\{0\} = \bigcap_{n\in\mathbb{N}} A_n$.

Aufgabe 2.24 Sei $X = \mathbb{R}$ und $B_n = \{x \in \mathbb{R} : |x| > \frac{1}{n}\}$ für $n \in \mathbb{N}$. Zeigen Sie bitte:
a) $B_n = X \setminus A_n$ für jedes n.
b) $\bigcup_{n\in\mathbb{N}} B_n = \mathbb{R} \setminus \{0\}$.
c) Aus a) und b) folgt

$$X \setminus (\bigcap_{n\in\mathbb{N}} A_n) = \bigcup_{n\in\mathbb{N}} (X \setminus A_n).$$

Zeigen Sie bitte nun auch

$$X \setminus (\bigcup_{n\in\mathbb{N}} A_n) = \bigcap_{n\in\mathbb{N}} (X \setminus A_n).$$

Lösung: a) Sei $X \setminus A_n$ beliebig. Dann gilt $x \notin A_n$ also $\neg(-\frac{1}{n} \leq x \leq \frac{1}{n})$ und diese Verneinung bedeutet $\neg((-\frac{1}{n} \leq x) \wedge (x \leq \frac{1}{n}))$, also (problem 2.5) $x < -\frac{1}{n}$ oder $x > \frac{1}{n}$. Damit ist

$$X \setminus A_n \subseteq]-\infty, -\frac{1}{n}[\bigcup]\frac{1}{n}, \infty[= B_n. \qquad (5)$$

Sei umgekehrt $x \in B_n$. Dann gilt $x < -\frac{1}{n}$ oder $x > \frac{1}{n}$, also $\neg(-\frac{1}{n} \leq x \leq \frac{1}{n})$ und damit

$$x \in \mathbb{R} \setminus A_n. \qquad (6)$$

Aus (5) und (6) folgt $B_n = X \setminus A_n$.
b) Sei $x \in \bigcup_{n\in\mathbb{N}} B_n$ beliebig. Dann gibt es ein $n \in \mathbb{N}$ mit $x \in B_n$, also $x < -\frac{1}{n}$ oder $x > \frac{1}{n}$. Daraus folgt $x \neq 0$, das heißt $x \in \mathbb{R} \setminus \{0\}$. Damit ist $\bigcup_{n\in\mathbb{N}} B_n \subset \mathbb{R} \setminus \{0\}$.
Sei umgekehrt $x \in \mathbb{R} \setminus \{0\}$ beliebig. Dann ist $|x| \neq 0$, es gibt also ein n_0 mit $\frac{1}{n_0} < |x|$ und das heißt $x < -\frac{1}{n_0}$ oder $x > \frac{1}{n_0}$. Damit ist $x \in B_{n_0} \subseteq \bigcup_{n\in\mathbb{N}} B_n$. Da x beliebig war, folgt $\mathbb{R} \setminus \{0\} \subseteq \bigcup_{n\in\mathbb{N}} B_n$. Insgesamt ist daher $\mathbb{R} \setminus \{0\} = \bigcup_{n\in\mathbb{N}} B_n$.
c) ist nun nach Teil b) der vorigen Aufgabe wegen a) und b) dieser Aufgabe klar.

Aufgabe 2.25 Sei X eine beliebige nicht leere Menge und $A : \mathbb{N} \to \mathcal{P}(X)$, $n \mapsto A_n$ eine beliebige Abbildung von $\mathbb{N}$ in die Potenzmenge von X. Zeigen Sie bitte ganz allgemein den Sachverhalt, den Sie am Beispiel c) der vorigen

2.2 Mengen

Aufgabe erkannt haben. Es gilt

$$X \setminus (\bigcap_{n \in \mathbb{N}} A_n) = \bigcup_{n \in \mathbb{N}} (X \setminus A_n)$$
$$X \setminus (\bigcup_{n \in \mathbb{N}} A_n) = \bigcap_{n \in \mathbb{N}} (X \setminus A_n)$$

Tipp: Arbeiten Sie den Abschnitt über die verallgemeinerten De Morganschen Regeln [WHK, S. 29] durch.

Lösung: Die Lösung erhält man unter Verwendung der verallgemeinerten De Morganschen Regeln [WHK, S. 29].
Behauptung: $X \setminus (\bigcap_{n \in \mathbb{N}} A_n) = \bigcup_{n \in \mathbb{N}} (X \setminus A_n)$.
Beweis: (1) "$\subseteq$": Sei $x \in X \setminus (\bigcap_{n \in \mathbb{N}} A_n)$ beliebig. Dann gilt $\neg(x \in \bigcap_{n \in \mathbb{N}} A_n)$, also nach Definition von $\bigcap_{n \in \mathbb{N}} A_n : \neg(\forall (n \in \mathbb{N}) x \in A_n)$. Diese Aussage ist äquivalent zu $\exists (n_0 \in \mathbb{N}) \neg (x \in A_{n_0})$ also gibt es ein n_0 mit $x \notin A_{n_0}$, d.h. $x \in X \setminus A_{n_0}$. Damit gilt $x \in \bigcup_{n \in \mathbb{N}} (X \setminus A_n)$. Da $x \in X \setminus (\bigcap_{n \in \mathbb{N}} A_n)$ beliebig war, folgt $X \setminus (\bigcap_{n \in \mathbb{N}} A_n) \subseteq \bigcup_{n \in \mathbb{N}} (X \setminus A_n)$.
(2) "$\supseteq$" Sei $x \in \bigcup_{n \in \mathbb{N}} (X \setminus A_n)$ beliebig. Dann gibt es ein $n_0 \in \mathbb{N}$ mit $x \in X \setminus A_{n_0}$. Das bedeutet $\exists (n \in \mathbb{N})(\neg(x \in A_n))$. Das ist äquivalent zu $\neg(\forall (n \in \mathbb{N}) x \in A_n)$, was $x \notin \bigcap_{n \in \mathbb{N}} A_n$, also $x \in X \setminus (\bigcap_{n \in \mathbb{N}} A_n)$ zur Folge hat. Da x beliebig gewählt war, gilt $\bigcup_{n \in \mathbb{N}} (X \setminus A_n) \subseteq X \setminus (\bigcap_{n \in \mathbb{N}} A_n)$. Aus (1) und (2) folgt die Behauptung.
Behauptung: $X \setminus (\bigcup_{n \in \mathbb{N}} A_n) = \bigcap_{n \in \mathbb{N}} (X \setminus A_n)$.
Beweis: Der Beweis läuft vollkommen analog zum ersten. Wir können aber wegen Aufgabe 2.11 auch folgendermaßen vorgehen, indem wir die Aussage "$B = C$ gilt genau dann, wenn $X \setminus B = X \setminus C$ gilt" benutzen.
Sei $B = X \setminus (\bigcup_{n \in \mathbb{N}} A_n)$, $C = \bigcap_{n \in \mathbb{N}} (X \setminus A_n)$.
Es ist

$$\begin{aligned} X \setminus C &= X \setminus \bigcap_{n \in \mathbb{N}} (X \setminus A_n) \\ &= \bigcup_{n \in \mathbb{N}} (X \setminus (X \setminus A_n) \\ &= \bigcup_{n \in \mathbb{N}} A_n = X \setminus (X \setminus (\cup A_n)) \\ &= X \setminus B. \end{aligned}$$

Also folgt $C = B$.

2. Grundlagen

◆ Relationen

Aufgabe 2.26 Sei $M = \{1, 2\}$ und $N = \{a, b\}$.
a) Geben Sie alle zweistelligen Relationen über M, N an.
Tipp: Sie müssen alle Teilmengen von $M \times N$ finden. Es sind $2^4 = 16$.
b) Bestimmen Sie unter den Relationen alle Abbildungen von M in N.
c) Bestimmen Sie unter den Relationen alle partiell definierten Abbildungen.
d) Bestimmen Sie unter den Relationen alle injektiven partiell definierten Abbildungen.
e) Finden Sie zu jeder Relation die duale Relation.

Lösung: a) Wir zählen alle Teilmengen von $M \times N$ auf: $\emptyset$, $\{(1, a)\}$, $\{(1, b)\}$, $\{(2, a)\}$, $\{(2, b)\}$, $\{(1, a), (1, b)\}$, $\{(1, a), (2, a)\}$, $\{(1, a), (2, b)\}$, $\{(1, b), (2, a)\}$, $\{(1, b), (2, b)\}$, $\{(2, a), (2, b)\}$,
$\{(1, a), (1, b), (2, a)\}$, $\{(1, a), (1, b), (2, b)\}$, $\{(1, a), (2, a), (2, b)\}$,
$\{(1, b), (2, a), (2, b)\}$, $\{(1, a), (1, b), (2, a), (2, b)\}$.
b) Wir geben die Graphen an. Es können nur zwei-elementige Teilmengen sein. Denn ein Graph ist von der Form $G = \{(x, f(x)) : x \in M\}$ und M enthält nur zwei Elemente. Wir erhalten $\{(1, a), (2, a)\}$, das ist $f(1) = f(2) = a$, $\{(1, b), (2, b)\}$, das ist $f(1) = f(2) = b$, $\{(1, a), (2, b)\}$, das ist $f(1) = a$, $f(2) = b$, $\{(1, b), (2, a)\}$, das ist $f(1) = b$, $f(2) = a$. Die anderen Mengen mit zwei Elementen sind gerade keine Graphen von Abbildungen, wie man an $\{(1, a), (1, b)\}$ sieht (vergl. Aufgabe 2.19). Ebenso wenig kann eine drei- oder vier-elementige Menge von $M \times N$ Graph einer Abbildung sein (vergleiche dieselbe Aufgabe).
c) Zu den oben angegebenen kommen noch diejenigen dazu, deren Definitionsbereich einelementig ist. Das sind alle einelementigen Teilmengen von $M \times N$. Zum Beispiel ist die Menge $\{(1, a)\}$ Graph der partiell definierten Funktion f mit Definitionsbereich $\{1\}$ und Abbildungsvorschrift $f(1) = a$.
d) Die partiell definierten Abbildungen, deren Definitionsbereich einelementig sind, sind automatisch injektiv. Unter den überall definierten Funktionen (die nach Definition ebenfalls "partiell definiert" sind), sind $\begin{pmatrix} 1 & 2 \\ a & b \end{pmatrix}$ und $\begin{pmatrix} 1 & 2 \\ b & a \end{pmatrix}$ die einzigen injektiven Abbildungen. Sie sind notwendig bijektiv.
d) Die dualen Relationen sind die Teilmengen von $N \times M$. Zum Beispiel ist die zu $\{(1, b), (2, a), (2, b)\}$ duale Relation gerade $\{(b, 1), (a, 2), (b, 2)\}$.

Eine Ordnung $\leq$ auf einer Menge M ist eine zweistellige Relation mit den Eigenschaften:
(i) Für alle x gilt $x \leq x$ (Reflexivität).

2.2 Mengen

(ii) Ist $x \leq y$ un $y \leq x$, so ist $y = x$ (Antisymmetrie).
(iii) Gilt $x \leq y$ und $y \leq z$, so ist auch $x \leq z$ (Transitivität).
Statt $x \leq y$ und $x \neq y$ schreibt man $x < y$. Ist $x < y$, so schreibt man auch $y > x$.
Die Ordnung heißt linear, wenn je zwei Elemente vergleichbar sind, das heißt genauer: Seien $x, y \in M$ beliebig. Dann gilt entweder $x = y$ oder $x < y$, oder $y < x$.

Aufgabe 2.27 Sei $M = \{1, 2, 3, 4\}$. Bestimmen Sie alle linearen Ordnungsrelationen auf M.

Lösung: Die einfache lineare Ordnung ist die natürliche $1 < 2 < 3 < 4$ sowie $1 \leq 1, 2 \leq 2, 3 \leq 3, 4 \leq 4$. Sie lässt sich schreiben als
$O_l = \{(1,1), (1,2), (1,3), (1,4), (2,2), (2,3), (2,4), (3,3), (3,4), (4,4)\}$.
Sei π eine bijektive Abbildung von M auf sich. Wir behaupten: Dann ist auch

$O_\pi = \{(\pi(1), \pi(1)), (\pi(1), \pi(2)), (\pi(1), \pi(3)), (\pi(1), \pi(4)), (\pi(2), \pi(2)),$
$(\pi(2), \pi(3)), (\pi(2), \pi(4)), (\pi(3), \pi(3)), (\pi(3), \pi(4)), (\pi(4), \pi(4))\}$

eine lineare Ordnung.
Beweis: Wir schreiben $x \leq_\pi y$ falls $(x, y) \in O_\pi$ und sehen: $x \leq_\pi y$ gilt genau dann, wenn $\pi^{-1}(x) \leq \pi^{-1}(y)$ in der natürlichen Ordnung gilt. Damit folgt die Behauptung.
Es gibt (einschließlich der identischen Abbildung) 24 bijektive Abbildungen von M auf sich (siehe [WHK, Korollar 2.23]), also haben wir bisher 24 verschiedene lineare Ordnungen (einschließlich der natürlichen Ordnung).
Behauptung: Sei $\leq'$ eine lineare Ordnung auf M. Dann gibt es eine bijektive Abbildung π von M auf sich mit $O_{\leq'} = O_\pi$.
Dazu zeigen wir die Hilfsbehauptung: Sei $1 \leq k \leq 4$. Jede k–elementige Menge A besitzt ein Element x_A mit $x_A \leq' y$ für alle $y \in A$; wir bezeichnen es mit $x_A = \min(A)$.
$k = 1$: $A = \{x\}$ für ein x. Wir setzen $x = x_A$.
$k = 2$: $A = \{x, y\}$. Da die Ordnung linear ist, gilt entweder $x <' y$, oder $y <' x$. Im ersten Fall ist $x = x_A$, im zweiten Fall $y = x_A$.
$k = 3$: Sei $A = \{x_1, x_2, x_3\}$, $B = \{x_1, x_2\}$ und $C = \{x_B, x_3\}$. Wegen $|C| = 2$ gibt es $x_C = \min(C)$. Es ist $x_C \leq' x_B$ und $x_C \leq' x_3$. Weiter ist $x_B \leq' x_1$ und $x_B \leq' x_2$. Also ist wegen der Transitivität der Ordnung $x_C \leq' x_1, x_2, x_3$.
$k = 4$, also $A = M = \{1, 2, 3, 4\}$. Sei jetzt $B = \{1, 2, 3\}$ und $C = \{x_B, 4\}$. Dann schließt man wie oben: $x_C \leq 4, x_C \leq x_B$ und $x_B \leq 1, 2, 3, 4$, also $x_C \leq 1, \ldots, 4$.
Die Hilfsbehauptung ist bewiesen.

Nun setzen wir $\pi(1) = x_M$, $\pi(2) = x_{M\setminus\{\pi(1)\}}$, $\pi(3) = x_{M\setminus\{\pi(1),\pi(2)\}}$ und $\pi(4) = x_{M\setminus\{\pi(1),\pi(4),\pi(3)\}}$. Wegen $\pi(1) \notin M \setminus \{\pi(1)\}$ und $\pi(1) = x_M = \min(M)$ folgt $x_M <' \pi(2)$, analog schließt man $\pi(2) <' \pi(3) <' \pi(4)$, woraus $O_{\leq'} = O_\pi$ folgt.

2.28 **Aufgabe 2.28** Sei M eine beliebige nichtleere Menge und $\leq$ sei eine Ordnungsrelation auf M. Sei $\pi : M \to M$ eine Bijektion auf M. Zeigen Sie bitte: Ist $R = \{(x,y) : x \leq y\}$, so ist $R_\pi := \{(\pi(x),\pi(y)) : x \leq y\}$ ebenfalls eine Ordnungsrelation.

Lösung: (vergleiche die Lösung zu Aufgabe 2.27)
Wir schreiben $x \leq y$ für $(x,y) \in R$ und $x \leq_\pi y$ für $(x,y) \in R_\pi$. Es gilt $(x,y) \in R_\pi$ genau dann wenn $(\pi^{-1}(x), \pi^{-1}(y)) \in R$. Anders geschrieben:

$$x \leq_\pi y \Leftrightarrow \pi^{-1}(x) \leq \pi^{-1}(y).$$

Wir müssen die Reflexivität, die Antisymmetrie und die Transitivität von $\leq_\pi$ beweisen. Zunächst erhalten wir aus $\pi^{-1}(x) \leq \pi^{-1}(x)$ auch $x \leq_\pi x$, also die Reflexivität von $\leq_\pi$.
$\leq_\pi$ *ist antisymmetrisch:* Sei $x \leq_\pi y$ und $y \leq_\pi x$. Dann ist $\pi^{-1}(x) \leq \pi^{-1}(y)$ und $\pi^{-1}(y) \leq \pi^{-1}(x)$. Da $\leq$ nach Voraussetzung antisymmetrisch ist, gilt $\pi^{-1}(y) = \pi^{-1}(x)$, also $y = x$.
$\leq_\pi$ *ist transitiv:* Sei $x \leq_\pi y$ und $y \leq_\pi z$. Dann ist $\pi^{-1}(x) \leq \pi^{-1}(y)$ und $\pi^{-1}(y) \leq \pi^{-1}(z)$. Da $\leq$ nach Voraussetzung transitiv ist, folgt $\pi^{-1}(x) \leq \pi^{-1}(z)$, also $x \leq_\pi z$.

Wir erinnern an den Begriff einer Äquivalenzrelation: eine Äquivalenzrelation auf M ist eine Teilmenge $R \subseteq M \times M$ mit den Eigenschaften
(i) $(x,x) \in R$ für alle x in M,
(ii) $(x,y) \in R \Rightarrow (y,x) \in R$,
(iii) $(x,y) \in R$ sowie $(y,z) \in R$ impliziert $(x,z) \in R$.
Sei R eine Äquivalenzrelation. Statt $(x,y) \in R$ schreibt man $x \sim_R y$ oder kürzer $x \sim y$ und nennt $\sim$ eine Äquivalenzrelation.
Sei $\sim$ eine Äquivalenzrelation auf M und $x \in M$ beliebig. Dann ist die Menge $[x] = \{y : x \sim y\}$ die Äquivalenzklasse, in der x liegt. Sind die Äquivalenzklassen $[x]$ und $[y]$ verschieden, so sind sie sogar disjunkt, das heißt, es gilt $[x] \cap [y] = \emptyset$.
Eine Zerlegung $\mathcal{Z}$ von M ist eine Teilmenge der Potenzmenge von M mit
(a) $Z \neq \emptyset$ für alle $Z \in \mathcal{Z}$,
(b) $\bigcup_{Z \in \mathcal{Z}} Z = M$,
(c) $Z \cap Z' = \emptyset$ für alle $Z, Z' \in \mathcal{Z}$ mit $Z \neq Z'$.

2.2 Mengen

Jede Äquivalenzrelation führt zu einer Zerlegung von M in die Äquivalenzklassen. Umgekehrt kann man für jede Zerlegung $M = \biguplus_{Z \in \mathcal{Z}} Z$ eine Äquivalenzrelation $\sim$ definieren, so dass die Z gerade die Äquivalenzklassen sind. Setze nämlich einfach $x \sim y$, wenn x und y in derselben Menge Z liegen.

Aufgabe 2.29 Sei $M = \{a, b, c, d\}$ die Menge der ersten 4 Buchstaben unseres Alphabets. Bestimmen Sie alle Äquivalenzrelationen auf M.
Tipp: Benutzen Sie [WHK, Satz 2.19b]. Nach [WHK, Satz 2.35] gibt es 15 verschiedene Äquivalenzrelationen auf M.

Lösung: Bitte machen Sie sich den Zusammenhang zwischen Zerlegungen und Äquivalenzrelationen gemäß [WHK, Satz 2.19] noch einmal gründlich klar, um zu verstehen, dass es genügt, alle Zerlegungen von M anzugeben. Wir bestimmen alle Zerlegungen $\mathcal{Z}$. Ist $\mathcal{Z} = \{Z_1, \ldots, Z_k\}$ eine Zerlegung, so ist $\sim_z$ gegeben durch $x \sim_z y \Leftrightarrow$ es gibt ein $\ell \leq k$ mit $x, y \in Z_\ell$. Wir listen die Zerlegungen nach der Anzahl $k = |\mathcal{Z}|$ auf.
$|\mathcal{Z}| = 1$: Die einzige Zerlegung ist $\mathcal{Z} = \{\{a, b, c, d\}\}$. Es gilt also $x \sim_z y$ für alle x, y. Alle Elemente sind zueinander äquivalent.
$|\mathcal{Z}| = 2 : \mathcal{Z} = \{Z_1, Z_2\}$. Hier betrachten wir die Unterfälle $|Z_1| = 1, 2, 3$.
$|Z_1| = 1$: $\mathcal{Z} = \{\{a\}, \{b, c, d\}\}, \mathcal{Z} = \{\{b\}, \{a, c, d\}\}, \mathcal{Z} = \{\{c\}, \{a, b, d\}\}, \mathcal{Z} = \{\{d\}, \{a, b, c\}\}$.
$|Z_1| = 2$: $\mathcal{Z} = \{\{a, b\}, \{c, d\}\}, \mathcal{Z} = \{\{a, c\}, \{b, d\}\}, \mathcal{Z} = \{\{a, d\}, \{b, c\}\}$,
$|Z_1| = 3$ ist dasselbe wie $|Z_1| = 1$, weil ja $Z_2 = M \setminus Z_1$.
$|\mathcal{Z}| = 3$, $\mathcal{Z} = \{Z_1, Z_2, Z_3\}$. Wir beginnen mit $Z_1 = \{a\}$. Dann erhalten wir

$$Z_2 = \{b\}, \quad Z_3 = \{c, d\}$$
$$Z_2 = \{c\}, \quad Z_3 = \{b, d\}$$
$$Z_2 = \{d\}, \quad Z_3 = \{b, c\}$$

$Z_1 = \{b\}$. $Z_2 = \{a\}$ haben wir schon aufgezählt,

$$Z_2 = \{c\}, \quad Z_3 = \{a, d\}$$
$$Z_2 = \{d\}, \quad T_3 = \{a, c\}$$

$Z_1 = \{c\}, Z_2 = \{a\}$ bzw. $Z_2 = \{b\}$ sind schon abgehandelt,
also $Z_2 = \{d\} \quad Z_3 = \{a, b\}$
$Z_1 = \{d\}$ ist schon komplett abgehandelt.
Bei der Zerlegung in drei Mengen muss eine Menge zwei, die anderen beiden je ein Element enthalten. Damit sind alle Zerlegungen in drei Mengen aufgezählt.

$|\mathcal{Z}| = 4 : \mathcal{Z} = \{\{a\},\{b\},\{c\},\{d\}\}$. Das liefert als Äquivalenzrelation die Gleichheit.

2.30 **Aufgabe 2.30** Sei $M = \mathbb{Z}$ die Menge der ganzen Zahlen und $R_6 := \{(x,y) \in \mathbb{Z} : 6 \text{ teilt } x - y\}$. Dabei teilt 6 die Zahl z wenn $\frac{z}{6}$ eine ganze Zahl, also aus $\mathbb{Z}$ ist.
a) Zeigen Sie bitte: R ist eine Äquivalenzrelation. Wieviel Äquivalenzklassen gibt es ?
b) Wie ändert sich das Ergebnis, wenn Sie 6 durch eine beliebige natürliche Zahl $k \geq 2$ ersetzen?

Lösung: Wir schreiben $x \sim_6 y$ falls $(x,y) \in R$.
a) (I) $\sim_6$ *ist reflexiv*: $x - x = 0 = 0 \cdot 6$, also ist $x \sim_6 x$
(II) $\sim_6$ *ist symmetrisch*: Ist $x \sim_6 y$, also $x - y = 6n$, wo n eine ganze Zahl ist, so ist $y - x = 6 \cdot (-n)$. Also folgt $y \sim_6 x$ aus $x \sim_6 y$.
(III) $\sim_6$ *ist transitiv*: Sei $x \sim_6 y$ und $y \sim_6 z$. Dann ist $x - y = 6n$ und $y - z = 6\ell$ mit $n, \ell, \in \mathbb{Z}$. Also ist $x - z = x - y + y - z = 6(n+\ell)$ und $n + \ell$ ist wieder eine ganze Zahl. Also ist $x \sim_6 z$.
b) Auch $\sim_k$ ist eine Äquivalenzrelation. Man muss in a) nur überall 6 durch k ersetzen.

Ein Repräsentantensystem *einer Äquivalenzrelation $\sim$ auf M ist eine Teilmenge $R \subseteq M$ mit den beiden Eigenschaften: (i) Ist $x \in M$ beliebig, so gibt es ein $r \in R$ mit $x \sim r$, (ii) Sind r und r' verschiedene Elemente aus R, so ist $r \not\sim r'$.*
Wir können dies auch so ausdrücken: Sei $x \in M$ und $[x]$ die Äquivalenzklasse, in der x liegt. R ist ein Repräsentantensystem, wenn $M = \bigcup_{x \in R}[x]$ und außerdem (ii) gilt.

2.31 **Aufgabe 2.31** a) Zeigen Sie bitte: ein Repräsentantensystem für R_6 der vorigen Aufgabe ist $\{0,1,2,3,4,5\}$, ein anderes $\{6,13,20,27,34,65\}$.
b) Finden Sie ein weiteres Repräsentantensystem, indem Sie aus jeder Äquivalenzklasse genau ein Element herausgreifen.

Lösung: a) Wir setzen $A_r = \{6n + r : n \in \mathbb{Z}\}$ für $r = 0, \ldots, 5$. Wir erhalten
$$A_r \cap A_s = \emptyset \quad \text{für} \quad r \neq s.$$
Beweis: Sei ohne Beschränkung der Allgemeinheit $0 \leq r < s \leq 5$. Wäre $x \in A_r \cap A_s$, so wäre $x = 6m + r = 6n + s$, also $0 = 6(m-n) + (r-s)$ oder $0 < s - r = 6(m-n)$, ein Widerspruch wegen $s - r \leq 5$ und $m \neq n$ (warum?).

Es ist ferner $\bigcup_{r=0}^{5} A_r = \mathbb{Z}$: Denn sei $x \in \mathbb{Z}$. Zunächst sei $x \geq 0$ und n die größte ganze Zahl, die kleiner als $\frac{x}{6}$ ist. Dann ist $6n \leq x < 6(n+1) = 6n+6$ und damit $x = 6n + r(x)$ mit $0 \leq r(x) \leq 5$, das heißt $x \in A_{r(x)} \subset \bigcup_{r=0}^{5} A_r$. Ist $x < 0$, so ist $-x > 0$. Also ist $-x = 6n + r(-x)$ mit $0 \leq r(-x) \leq 5$. Ist $r(-x) = 0$, so ist $x = 6 \cdot (-n) \in A_0$. Ist $1 \leq r(-x) \leq 5$, so ist $1 \leq 6 - r(-x) =: s \leq 5$ und daher $x = 6(-n) - r(-x) = (6(-n)-6)+(6-r(-x)) = 6 \cdot (-(n+1)) + s$. Also ist $x \in A_s \subset \bigcup_{r=0}^{5} A_r$. Damit ist die Behauptung, dass dies die Äquivalenzklassen für $\sim_6$ sind, bewiesen.
Nun ist $0 \in A_0, \ldots, 5 \in A_5$. Also ist $\{0, \ldots, 5\}$ ein Repräsentantensystem. Es ist $6 \in A_0$, $13 \in A_1$, $20 \in A_2$, $27 \in A_3$, $34 \in A_4$ und $65 = 10 \cdot 6 + 5 \in A_5$. Also ist $\{6, 13, 20, 27, 34\}$ ein Repräsentantensystem.
b) $\{0, -1, -2, -3, -4, -5\}$ ist ein Repräsentantensystem. Denn $0 \in A_0$, $(-1) + 6 = 5$, also $-1 \in A_5$. $-2 + 6 = 4$, also $-2 \in A_4$. $-3 \in A_3$, $-4 \in A_2$, $-5 \in A_1$.

2.3 Natürliche Zahlen und Kombinatorik

> **Die vollständige Induktion**
> *Ein berühmtes Argumentationsprinzip, das auf Aristoteles zurückgeht, ist das folgende (der sogenannte "modus ponens"): Es gelte die Aussage A. Ferner gelte die Implikation $A \Rightarrow B$. Dann gilt auch B. Die vollständige Induktion ist eine Verallgemeinerung dieses Argumentationsschemas:*
> *Sei $(A_n)_{n \geq n_0}$ eine Folge von Aussagen A_n, das heißt, für jedes $n \geq n_0$ ist A_n eine Aussage. Es gelte A_{n_0} und für alle $n \geq n_0$ gelte auch die Implikation $A_n \Rightarrow A_{n+1}$. Dann gelten alle Aussage A_n. A_n nennt man die Induktionsvoraussetzung, A_{n+1} die Induktionsbehauptung.*

Aufgabe 2.32 Beweisen Sie bitte mit vollständiger Induktion die folgenden Aussagen:
a) $(1 + 2 + 3 + \cdots + n) = \frac{n(n+1)}{2}$
b) $1 + 2^2 + 3^2 + \cdots + n^2 = n(n+1)(2n+1)/6$.
c) Für jede natürliche Zahl n ist $n^3 + 5n$ durch 6 teilbar.
d) Für jede natürliche Zahl $n \geq 4$ ist $2^n > n^2$.

Lösung: a) Die n. Aussage ist $A_n : 1 + 2 + \cdots + n = \frac{n(n+1)}{2}$.
(I) Die Aussage A_1 gilt. Denn es ist $1 = \frac{1 \cdot 2}{2}$.
(II) Es gelte die Aussage A_n für (irgend) ein n.
Behauptung: es gilt die Aussage A_{n+1} :
Beweis: $1 + 2 + \ldots + (n+1) = (1 + 2 + \ldots + n) + (n+1).$

Nach Induktionsvoraussetzung ist $1+2+\ldots+n = \frac{n(n+1)}{2}$. Also ist

$$1+2+\ldots+(n+1) = \frac{n(n+1)}{2} + (n+1)$$
$$= (n+1)(\frac{n}{2}+1) = \frac{1}{2}(n+1)(n+2)$$
$$= \frac{1}{2}(n+1) \cdot ((n+1)+1)$$

und das ist die Aussage A_{n+1}.
Aus (I) und (II) folgt mit dem Prinzip der vollständigen Induktion, dass A_n für alle natürlichen Zahlen n gilt.
b) Die Aussage A_n ist gerade $\sum_{k=1}^{n} k^2 = n(n+1)(2n+1)/6$.
(I) A_1 gilt, denn es ist $1^2 = 1 = 1 \cdot 2 \cdot 3/6$.
(II) *Induktionsvoraussetzung:* Für irgend ein $n \geq 1$ gilt A_n.
Behauptung: Es gilt A_{n+1}.
Beweis: Wir schreiben zunächst A_{n+1} hin:

$$\sum_{k=1}^{n+1} k^2 = (n+1)(n+2)(2(n+1)+1)/6 = (n+1)(n+2)(2n+3)/6$$
$$= \frac{n+1}{6}(2n^2 + 7n + 6).$$

Wir erhalten

$$\sum_{k=1}^{n+1} k^2 = \sum_{k=1}^{n} k^2 + (n+1)^2$$
$$\underbrace{=}_{Induktionsvorauss.} n(n+1)(2n+1)/6 + (n+1)^2$$
$$= (n+1)(n(2n+1)/6 + (n+1))$$
$$= \frac{n+1}{6}(2n^2 + 7n + 6) = (n+1)(n+2)(2n+3)/6.$$

Damit gilt A_{n+1}. Nach dem Prinzip der vollständigen Induktion ist die Formel damit bewiesen.
c) $A_n : n^3 + 5n$ ist durch 6 teilbar
(I) A_1 gilt. Denn $1^3 + 5 \cdot 1 = 6$ ist durch 6 teilbar.
(II) *Induktionsvoraussetzung:* Es gilt A_n für (irgend) ein n.
Induktionsbehauptung: Es gilt A_{n+1}.
Beweis: Es ist

$$(n+1)^3 + 5(n+1) = n^3 + 3n^2 + 3n + 1 + 5n + 5 = (n^3 + 5n) + 3n^2 + 3n + 6$$
$$= (n^3 + 5n) + 6 + 3n(n+1).$$

2.3 Natürliche Zahlen und Kombinatorik

Nach Voraussetzung ist $n^3 + 5n = 6k$ für ein $k \in \mathbb{N}$. Ist n gerade, also $n = 2\ell$, so erhält man

$$(n+1)^3 + 5(n+1) = 6k + 6 + 6\ell(n+1) = 6(k + 1 + \ell(n+1)),$$

also ist $(n+1)^3 + 5(n+1)$ durch 6 teilbar. Ist n ungerade, so ist $n+1$ gerade, also $n+1 = 2r$ mit $r \in \mathbb{N}$ und daher

$$(n+1)^3 + 5(n+1) = 6k + 6 + 3n \cdot 2r = 6(k + 1 + n \cdot r),$$

also ist $(n+1)^3 + 5(n+1)$ durch 6 teilbar.
Für $n \in \mathbb{N}$ gibt es nur die beiden Alternativen, dass n gerade oder ungerade ist (siehe Aufg. 2.31 b) für $k = 2$). Also gilt unter der Induktionsvoraussetzung A_n auch A_{n+1}.
Aus (I) und (II) folgt mit dem Prinzip der vollständigen Induktion die Behauptung, dass $n^3 + 5n$ für alle natürlichen Zahlen n durch 6 teilbar ist.
d) $A_n : 2^n > n^2$. Zu zeigen ist dies für $n \geq 5$
(I) $A_5 : 2^5 = 32 > 5^2 = 25$.
(II) *Induktionsvoraussetzung*: Es gelte A_n für ein $n \geq 5$.
Induktionsbehauptung: Es gilt $A_{n+1} : 2^{n+1} > (n+1)^2$.
Beweis: Es ist

$$(n+1)^2 = n^2 + 2n + 1 \underbrace{<}_{Ind.-Vorauss.} 2^n + 2n + 1.$$

Wir müssen $2n + 1 < 2^n$ beweisen. Denn dann steht rechts $2^n + 2n + 1 < 2^n + 2^n = 2^n(1+1) = 2^{n+1}$. Nun ist für $n \geq 5$ (sogar für $n \geq 3$) stets $n - 2 \geq 1$, also $n(n-2) \geq 1$ und damit $n^2 - 2n \geq 1$, das heißt $n^2 \geq 2n + 1$. Nach Induktionsvoraussetzung ist $n^2 < 2^n$, also ist $2n + 1 < 2^n$ für $n \geq 5$. Damit ist $2^n + 2n + 1 < 2^n + 2^n = 2^n(1+1) = 2^{n+1}$. Insgesamt folgt $(n+1)^2 < 2^{n+1}$, d.h. die Behauptung A_{n+1}.
Aus (I) und (II) folgt mit dem Prinzip der vollständigen Induktion die Behauptung

$$n^2 < 2^n \quad \text{für alle} \quad n \geq 5.$$

▶ Kombinatorik

Aufgabe 2.33 a) Wieviel Elemente enthält die Menge $\{0,1\} \times \{0,1\} \times \cdots \times \{0,1\}$ mit n Faktoren, also $\{0,1\}^n$?
b) Wieviel Elemente enthält $\{1,2,3\} \times \{a,b\} \times \{10,11,12,13\}$?

34   2. Grundlagen

Lösung: Wir benutzen [WHK, Satz 2.21]. Damit ergibt sich
a) $\{0,1\}^n$ hat 2^n Elemente.
b) $\{1,2,3\} \times \{a,b\} \times \{10,11,12,13\}$ enthält $3 \cdot 2 \cdot 4 = 24$ Elemente.

2.34 **Aufgabe 2.34** a) Wieviel Bijektionen der Menge $M = \{1,2,3,4,5,6\}$ auf sich gibt es?
b) Wieviel Bijektionen von dieser Menge M auf $\{a,b,c,d,e,f\}$ gibt es?

Lösung: Wir benutzen [WHK, Korollar 2.23].
a) Danach gibt es $|M|! = 6!$ verschiedene Bijektionen von M auf sich. $6! = 2 \cdot 3 \cdot 4 \cdot 5 \cdot 6 = 720$.
b) $M = \{1,2,3,4,5,6\}$, $B = \{a,b,c,d,e,f\}$. Es gibt nach dem zitierten Korollar $6! = 720$ verschiedene bijektive Abbildungen von M auf B.
Man kann b) auf a) zurückführen.
Sei $\varphi : M \to B$ gegeben durch $\varphi(1) = a$, $\varphi(2) = b,\ldots,\varphi(6) = f$. Sei $\pi : M \to B$ eine beliebige Abbildung. π ist genau dann bijektiv, wenn $\varphi^{-1}\pi$ bijektiv von M auf sich ist. Die Zuordnung $\pi \mapsto \varphi^{-1}\pi$ bildet die Menge der bijektiven Abbildungen von M nach B selbst bijektiv auf die Menge der bijektiven Abbildungen von M auf sich ab. Denn

$$\varphi^{-1}\pi = \varphi^{-1}\pi' \Rightarrow \pi = \varphi \circ \varphi^{-1}\pi = \varphi \circ \varphi^{-1}\pi' = \pi'.$$

Also ist die Zuordnung injektiv. Ist nun ψ eine bijektive Abbildung von M auf sich, so ist $\varphi \circ \psi = \pi$ eine bijektive Abbildung von M auf B mit $\varphi^{-1}\pi = \psi$. Damit ist die Anzahl der bijektiven Abbildungen von M auf B gleich derjenigen von M auf sich und die ist nach a) gerade 720.

2.35 **Aufgabe 2.35** Berechnen Sie bitte
a) $\binom{5}{2}, \binom{5}{3}, \binom{6}{2}, \binom{6}{4}$. Was fällt auf?
b) Zeigen Sie bitte $\binom{10}{4} = \binom{10}{6}$.
c) Beweisen Sie bitte allgemein $\binom{n}{k} = \binom{n}{n-k}$.
Tipp: Benutzen Sie die Formel $\binom{n}{\ell} = \frac{n!}{\ell!(n-\ell)!}$

Lösung: Wir benutzen zwei Formeln für $\binom{n}{k}$:

$$\binom{n}{k} = \frac{n(n-1)\cdots(n-k+1)}{k!} = \frac{n!}{k!(n-k)!}.$$

a) $\binom{5}{2} = \frac{5 \cdot 4}{1 \cdot 2} = 10$; $\binom{5}{3} = \frac{5 \cdot 4 \cdot 3}{1 \cdot 2 \cdot 3} = 10$, $\binom{6}{2} = \frac{6 \cdot 5}{1 \cdot 2} = 15$; $\binom{6}{4} = \frac{6 \cdot 5 \cdot 4 \cdot 3}{1 \cdot 2 \cdot 3 \cdot 4} = \frac{6 \cdot 5}{1 \cdot 2} = 15$.
Es ist $\binom{5}{2} = \binom{5}{3}$ und $\binom{6}{2} = \binom{6}{4}$.

2.3 Natürliche Zahlen und Kombinatorik

b) $\binom{10}{4} = \frac{10 \cdot 9 \cdot 8 \cdot 7}{2 \cdot 3 \cdot 4} = 10 \cdot 3 \cdot 7 = 210$; $\binom{10}{6} = \frac{10 \cdot 9 \cdot 8 \cdot 7 \cdot 6 \cdot 5}{2 \cdot 3 \cdot 4 \cdot 5 \cdot 6} = \frac{10 \cdot 9 \cdot 8 \cdot 7}{2 \cdot 3 \cdot 4} = \binom{10}{4} = 210$;

c) *Behauptung*: $\binom{n}{\ell} = \binom{n}{n-\ell}$ (wie in a) und b) in Beispielen gezeigt!).
Beweis: Wir wählen die Formel $\binom{n}{k} = \frac{n!}{k!(n-k)!}$.
Zunächst setzen wir $k = \ell$ und erhalten $\binom{n}{\ell} = \frac{n!}{\ell!(n-\ell)!}$
Dann setzen wir $k = n - \ell$ ein und erhalten

$$\binom{n}{n-\ell} = \frac{n!}{(n-\ell)!(n-(n-\ell))!} = \frac{n!}{(n-\ell)!\ell!} = \frac{n!}{\ell!(n-\ell)!} = \binom{n}{\ell}.$$

Aufgabe 2.36 a) Berechnen Sie $\binom{4}{3} + \binom{4}{2}$, sowie $\binom{5}{2}$.
b) Berechnen Sie $\binom{7}{3} + \binom{7}{4}$ sowie $\binom{8}{3}$. Was fällt in beiden Aufgaben auf?

Lösung: a) $\binom{5}{3} = 10$ (s. vorige Aufgabe a)).
Also $\binom{4}{3} + \binom{4}{2} = 4 + 6 = \binom{5}{3}$.
b) $\binom{7}{3} + \binom{7}{4} = 2 \cdot \binom{7}{3}$ (wegen $4 = 7 - 3$ und vorige Aufgabe c)). Also ist
$\binom{7}{3} + \binom{7}{4} = \frac{2 \cdot 7 \cdot 6 \cdot 5}{2 \cdot 3} = 70$.
$\binom{8}{4} = \frac{8 \cdot 7 \cdot 6 \cdot 5}{2 \cdot 3 \cdot 4} = 2 \cdot 7 \cdot 5 = 70 = \binom{7}{3} + \binom{7}{4}$.

Aufgabe 2.37 Zeigen Sie bitte: Für alle natürlichen Zahlen n und alle natürlichen Zahlen k mit $0 \leq k \leq n - 1$ gilt

$$\binom{n}{k} + \binom{n}{k+1} = \binom{n+1}{k+1}.$$

Tipp: Benutzen Sie die Formel $\binom{m}{\ell} = \frac{m(m-1)\cdots(m-\ell+1)}{\ell!}$ und klammern Sie auf der linken Seite geschickt aus!

Lösung: Es ist

$$\binom{n}{k} + \binom{n}{k+1} = \frac{n(n-1)\cdots(n-k+1)}{k!} + \frac{n(n-1)\cdots(n-k)}{(k+1)!}$$

$$= \frac{n(n-1)\cdots(n-k+1)}{k!}\left(1 + \frac{n-k}{k+1}\right)$$

$$= \frac{n(n-1)\cdots(n-k+1)}{k!(k+1)}(k+1+n-k)$$

$$= \frac{(n+1) \cdot n \cdot (n-1) \cdots (n+1-k)}{(k+1)!}.$$

Andererseits ist

$$\binom{n+1}{k+1} = \frac{(n+1) \cdot (n+1-1) \cdot (n+1-2) \cdots (n+1-k)}{(k+1)!}$$
$$= \frac{(n+1) \cdot n \cdot (n-1) \cdots (n+1-k)}{(k+1)!}$$

Aus beiden Ergebnissen zusammen folgt die Gleichung

$$\binom{n}{k} + \binom{n}{k+1} = \binom{n+1}{k+1}.$$

Für die nächsten Aufgaben ist die Frage nach der Anzahl von Teilmengen einer Menge M mit $|M|$ Elementen wichtig. Nach [WHK, Satz 2.26] gibt es $\binom{|M|}{k}$ verschiedene Teilmengen mit genau k Elementen in M.

Aufgabe 2.38 a) Wieviel Teilmengen mit 6 Elementen hat die Menge $\{1, 2, \ldots, 49\}$?
b) Sei $M = \{1, 2, \ldots, 49\}$, $L = \{1, 2, 3, 4, 5, 6\}$. Wieviel Teilmengen N gibt es in M, die mit L genau drei Elemente gemeinsam haben, d.h. für die $|N \cap L| = 3$ gilt?

Lösung:
a) Nach [WHK, Satz 2.26] ist die Zahl der Teilmengen mit 6 Elementen der Menge $M = \{1, \ldots, 49\}$ gleich

$$\binom{49}{6} = \frac{49 \cdot 48 \cdot 47 \cdot 46 \cdot 45 \cdot 44}{2 \cdot 3 \cdot 4 \cdot 5 \cdot 6} = 49 \cdot 47 \cdot 46 \cdot 3 \cdot 44 = 13983816.$$

b) Sei N eine Teilmenge mit $N \cap L = \{1, 2, 3\}$. Dann gilt $|N \cap (M \setminus L)| = 3$. Es ist $|M \setminus L| = 49 - 6 = 43$. Also erhält man alle 6-elementigen Teilmengen N mit $N \cap L = \{1, 2, 3\}$, indem man alle 3-elementigen Mengen $P_j \subseteq M \setminus L$ bestimmt. Dann sind die $N_j = \{1, 2, 3\} \cup P_j$ gerade die 6-elementigen Teilmengen mit $N \cap L = \{1, 2, 3\}$. Es gilt aber nach [WHK, Satz 2.26] genau $\binom{43}{3}$ Mengen P_j. Ist nun Q eine beliebige andere 3-elementige Teilmenge von L, so liefert die Formel $Q_j = Q \cup P_j$ wieder $\binom{43}{3}$ verschiedene 6-elementige Teilmengen, diesmal mit $Q_j \cap L = Q$. Da es $\binom{6}{3}$ verschiedene 3-elementige Teilmengen in L gibt, erhält man: es gibt genau $\binom{6}{3}\binom{43}{3}$ verschiedene 6-elementige Teilmengen N mit $|N \cap L| = 3$. Es ist

$$\binom{6}{3}\binom{43}{3} = \frac{6 \cdot 5 \cdot 4}{2 \cdot 3} \cdot \frac{43 \cdot 42 \cdot 41}{2 \cdot 3} = 20 \cdot 43 \cdot 41 \cdot 7 = 246820.$$

2.3 Natürliche Zahlen und Kombinatorik

Aufgabe 2.39 Wieviel verschiedene mögliche Mehrheitsbildungen gibt es in einer 7-köpfigen Kommission?

Lösung: Eine Mehrheit wird von einer Teilmenge $N \subset \{1, \ldots, 7\}$ mit mindestens 4 Elementen gebildet. Also erhält man als Antwort:
Anzahl der Teilmengen mit 4 Elementen + Anzahl der Teilmengen mit 5 Elementen $+ \cdots +$ Anzahl der Teilmengen mit 7 Elementen. Also ist die gesuchte Zahl gleich $\binom{7}{4} + \binom{7}{5} + \binom{7}{6} + \binom{7}{7}$ und das ist nach Aufgabe 2.35 gleich $\binom{7}{3} + \binom{7}{2} + \binom{7}{1} + \binom{7}{0}$. Nun ist $\binom{7}{3} = 35$, $\binom{7}{2} = \frac{7 \cdot 6}{2} = 21$, $\binom{7}{1} = 7$, $\binom{7}{0} = 1$.
Also gibt es 64 mögliche Mehrheitsbildungen.

Aufgabe 2.40 Eine Übungsgruppe mit 15 Studierenden will eine Fußballmannschaft zusammenstellen (3 Stürmer, 3 Mittelfeldspieler, 3 Verteidiger, 1 Libero, 1 Torwart, 4 Reservespieler). Jeder Studierende ist für jeden Posten gleich gut geeignet. Wieviel Mannschaftsaufstellungen sind möglich?
Tipp: [WHK, Satz 2.31]

Lösung: Es gibt 6 verschiedene Sorten von Spielern: Stürmer: $n_1 = 3$; Mittelfeldspieler: $n_2 = 3$; Verteidiger: $n_3 = 3$; Libero: $n_4 = 1$; Torwart: $n_5 = 1$; Reservespieler: $n_6 = 4$. Es ist $n = \sum_{j=1}^{6} n_j = 15$. Nach [WHK, Satz 2.31] erhält man also

$$\frac{15!}{3! \cdot 3! \cdot 3! \cdot 1! \cdot 1! \cdot 4!} = \frac{15!}{6^3 \cdot 4!} = \frac{15!}{5184} = 252252000.$$

Aufgabe 2.41 Sei $M = \{A, B, C, D, \ldots, Z\}$ unser Alphabet (nur große Buchstaben, keine Sonderzeichen). Auf wie viele verschiedene Arten kann man M in 3 nicht leere Mengen aufteilen?
Tipp: [WHK, Satz 2.35]

Lösung: Es ist $|M| = 26$. Nach [WHK, Satz 2.35] ist die Zahl der Zerlegungen in $k = 3$ Teilmengen gleich

$$S(26, 3) = \frac{1}{3!}((-1)^2 \binom{3}{1} \cdot 1^{26} + (-1)^1 \binom{3}{2} \cdot 2^{26} + (-1)^0 \binom{3}{3} \cdot 3^{26})$$
$$= \frac{1}{6}(3 - 3 \cdot 2^{26} + 3^{26})$$

Wir berechnen die Potenzen mit dem auf [WHK, S. 76] angegebenen Algorithmus für schnelles Potenzieren. Dazu zerlegen wir 26 im Dualsystem:

$$26 = 2 + 2^3 + 2^4 = 2 + 8 + 16.$$

Also ist $a^{26} = a^{16} \cdot a^8 \cdot a^2$. Der schnelle Algorithmus läuft in diesem Fall so:

	$b = 2$	$b = 3$
$b := a$	$b = 2$	$b = 3$
$j = 3 \quad b := b^2$	$b = 4$	$b = 9$
$b := ba$	$b = 8$	$b = 27$
$j = 2 \quad b := b^2$	$b = 64$	$b = 729$
$j = 1 \quad b := b^2$	$b = 4096$	$b = 531441$
$b := ba$	$b = 8192$	$b = 1594323$
$j = 0 \quad b := b^2$	$b = 67108864$	$b = 2541865828329$

Wir berechnen hieraus

$$S(26,3) = 423610750290.$$

2.42 Aufgabe 2.42 Sei $n \geq 2$. Zeigen Sie bitte:
a) Sei n ungerade, also $\frac{n}{2}$ keine natürliche Zahl. Dann ist $\binom{n}{1} + \binom{n}{2} + \cdots + \binom{n}{\frac{n-1}{2}} = 2^{n-1} - 1$.
b) Sei n gerade. Dann ist $\binom{n}{1} + \binom{n}{2} + \cdots + \binom{n}{n/2} = 2^{n-1} - 1 + \frac{1}{2}\binom{n}{n/2}$.
Tipp: Benutzen Sie die Formeln $\binom{n}{0} + \binom{n}{1} + \binom{n}{2} + \cdots + \binom{n}{n} = 2^n$ und $\binom{n}{k} = \binom{n}{n-k}$.

Lösung: a) Nach dem Binomiallehrsatz [WHK, Satz 2.28] ist

$$2^n = (1+1)^n = \binom{n}{0} + \binom{n}{1} + \binom{n}{2} + \cdots + \binom{n}{\frac{n-1}{2}}$$
$$+ \binom{n}{n} + \binom{n}{n-1} + \binom{n}{n-2} + \cdots + \binom{n}{\frac{n+1}{2}}.$$

Wegen $\binom{n}{n-k} = \binom{n}{k}$ (siehe Aufgabe 2.37) ist die untere Summe gleich der nach dem Gleichheitszeichen darüber stehenden Summe; also erhält man $2^n = 2 \cdot (1 + \binom{n}{1} + \cdots + \binom{n}{\frac{n-1}{2}})$ und damit

$$2^{n-1} - 1 = \binom{n}{1} + \cdots + \binom{n}{\frac{n-1}{2}}.$$

b) Wie oben schließen wir

$$2^n = \binom{n}{0} + \cdots + \binom{n}{n/2-1} + \binom{n}{n/2}$$
$$+ \binom{n}{n} + \cdots + \binom{n}{n/2+1}$$
$$= 2\left(1 + \binom{n}{1} + \cdots + \binom{n}{n/2-1}\right) + \binom{n}{n/2}.$$

Daraus folgt wie oben die angegebene Formel.

Aufgabe 2.43 *Eine Alternative zu* [WHK, Satz 2.35] *für die Zerlegung in 2 nichtleere Teilmengen:*
Sei M eine nicht leere Menge und die Anzahl der Elemente von M sei $|M| = n$ (≥ 2). Zeigen Sie bitte:
a) Sei n ungerade, also $(n-1)$ durch 2 teilbar. Sei $m = (n-1)/2$. Dann gibt es $2^{n-1} - 1$ verschiedene Zerlegungen von M in 2 nicht leere Teilmengen.
b) Sei jetzt n gerade. Dann gibt es $2^{n-1} - 1 + \frac{1}{2}\binom{n}{n/2}$ verschiedene Zerlegungen von M in 2 nicht leere Teilmengen.
Tipp: Eine Zerlegung in 2 nicht leere Teilmengen sei (Z_1, Z_2). Dann ist $Z_2 = M \setminus Z_1$, Z_2 ist also durch Z_1 schon bestimmt. Für das Abzählen der Zerlegungen kann man ohne Beschränkung der Allgemeinheit $|Z_1| \leq |Z_2|$ annehmen. Nun verwenden Sie bitte [WHK, Satz 2.26] und die vorige Aufgabe.

Lösung: Sei $Z = \{Z_1, Z_2\}$ eine Zerlegung von M in nichtleere Teilmengen. Dann ist $Z_2 = M \setminus Z_1$.
a) Es gibt also genau so viele Zerlegungen wie es Teilmengen Z_1 mit $1 \leq |Z_1| \leq \frac{n-1}{2}$ gibt (n ungerade). Denn ist $|Z_1| > \frac{n-1}{2}$, so ist $|Z_2| \leq \frac{n-1}{2}$, diese Zerlegung ist dann bereits (mit vertauschten Bezeichnungen) aufgezählt. Es ergibt sich also mit [WHK, Satz 2.26] die Anzahl der möglichen Zerlegungen zu $\binom{n}{1} + \binom{n}{2} + \cdots + \binom{n}{\frac{n-1}{2}}$ und das ist nach der vorigen Aufgabe gerade $2^{n-1} - 1$.
b) Für gerades n gilt die gleiche Überlegung nur ist jetzt $1 \leq |Z_1| \leq \frac{n}{2}$ zu wählen. Mit Teil b) der vorigen Aufgabe erhält man wieder die Anzahl.

2.4 Einführung in die Graphentheorie

Aufgabe 2.44 a) Zeichnen Sie alle Bäume mit genau 6 Knoten.
b) Zeigen Sie bitte: Sei $G = (E, K)$ ein Wald mit 5 Zusammenhangskomponenten. Dann hat G genau $\sharp(E) - 5$ Kanten.
c) Gilt b) für beliebiges $n \in \mathbb{N}$ statt 5?

Lösung: a) Wir setzen $E = \{1, 2, 3, 4, 5, 6\}$. Die Kantenmenge K ist dann eine Teilmenge von $\{\{x, y\} : x \neq y, x, y \in E\}$, da Bäume schlicht sind (nicht schlichte Graphen enthalten trivialerweise Kreise, s.a. [WHK, S. 54, 1. Absatz]).
Wir nehmen an, $G = (E, K)$ ist zusammenhängend. Dann ist G nach [WHK,

Satz 2.48] genau dann ein Baum, wenn $|K| = |E| - 1$, also $|K| = 5$ ist. Nach [WHK, Satz 2.45] gibt es mindestens zwei Blätter (Knoten von Grad 1).
1. Baum mit 2 Blättern:

$$K = \{\{1,2\}, \{2,3\}, \{3,4\}, \{4,5\}, \{5,6\}\}$$

1 und 6 sind die Blätter.
2. Bäume mit 3 Blättern:

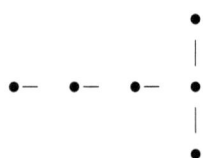

$$K = \{\{1,2\}, \{2,3\}, \{3,4\}, \{4,5\}, \{4,6\}\}$$

1, 5 und 6 sind die Blätter.

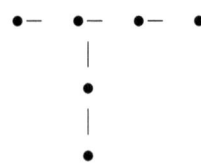

$$K = \{\{1,2\}, \{2,3\}, \{3,4\}, \{2,5\}, \{5,6\}\}$$

1, 4 und 6 sind die Blätter.
3. Bäume mit 4 Blättern:

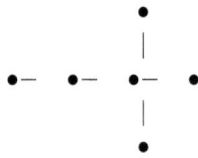

$$K = \{\{1,2\}, \{2,3\}, \{3,4\}, \{3,5\}, \{3,6\}\}$$

2.4 Einführung in die Graphentheorie

Die Blätter sind 1, 4, 5 und 6.

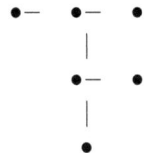

$$K = \{\{1,2\}, \{2,3\}, \{2,4\}, \{4,5\}, \{4,6\}\}$$

Die Blätter sind 1, 3, 5, 6.
4. Baum mit 5 Blättern:

$$K = \{\{1,2\}, \{2,3\}, \{2,4\}, \{2,5\}, \{2,6\}\}.$$

Die Blätter sind 1,3,4,5,6.
Aus den Figuren wird deutlich, dass eine Umnummerierung, also eine Bijektion π von E auf sich, keine wesentlich neue Figuren liefert. Man muss dann die Kantenbezeichnung entsprechend variieren, d.h. $\pi(K) = \{\{\pi(x), \pi(y)\} : \{x,y\} \in K\}$ setzen.
Wir müssen noch zeigen, dass unsere angegebenen Bäume (bis auf Umnummerierung) alle mit Knotenmenge E sind. Das wollen wir aber nur skizzieren. Zunächst seien i und k Blätter. Wäre $\{i,k\}$ eine Kante, so würde es wegen $d(i) = d(k) = 1$ ($d(j)$: Grad von j) kein $j \neq i, k$ geben, das mit i oder k verbunden wäre, also wäre G nicht zusammenhängend. Daher ist (im Fall $|E| \geq 3$) jedes Blatt mit einem inneren Knoten durch eine Kante verbunden. Hat ein Baum mit $E = \{1, \cdots, 6\}$ 5 Blätter, so kann es nur einen inneren Knoten geben und wir erhalten unsere angegebene Figur.
Es habe ein Baum $G = (E, K)$ 4 Blätter. Dann hat er zwei innere Knoten u und v. Nach der Gradzahlformel (siehe [WHK, Satz 2.39]) ist $d(u) + d(v) + 4 \cdot 1 = 10$, $d(u) + d(v) = 6$. Da u und v innere Knoten sind, ist $d(u), d(v) \geq 2$. Ist $d(u) = 2$, so ist $d(v) = 4$. Da G zusammenhängend ist, und kein Weg von u nach v über Blätter führen kann (Kanten, die zu Blättern führen, sind "Sackgassen"), ist $\{u, v\} \in K$.

Also führt die zweite durch u laufende Kante zu einem Blatt, wir erhalten den ersten der beiden Bäume mit vier Blättern. Die andere Möglichkeit $d(u) = d(v) = 3$ führt wegen $\{u,v\} \in K$ (Grund wie oben) dazu, dass an u und v jeweils zwei Blätter hängen, also zum zweiten der angegebenen Bäume mit 4 Blättern.

Wir behandeln schließlich noch den Fall zweier Blätter. Ohne Beschränkung der Allgemeinheit seien dies die Knoten 1 und 6. Ebenso können wir durch Umnummerierung erreichen, dass $\{1,2\}$ und $\{5,6\}$ die Kanten sind, auf denen die beiden Blätter liegen. Die Knoten 2, 3, 4, 5 sind innere Knoten, es ist also $d(j) \geq 2$ für $j = 2, 3, 4$ und 5. Außerdem ist nach [WHK, Satz 2.39] $d(2) + d(3) + d(4) + d(5) + 2 = 10$ ($2 = d(1) + d(2)$). Wegen $d(j) \geq 2$ gilt also $8 \leq d(2) + d(3) + d(4) + d(5) = 8$ und damit $d(2) = d(3) = d(4) = d(5) = 2$. Eine Kante, auf der 3 liegt, ist $\{1,2\}$; es gibt genau ein $j \neq 1, 2, 6$ mit $\{2,j\} \in K$. Nach Umnummerierung erhält man $j = 3$. Außer $\{2,3\}$ geht durch 3 eine weitere Kante zu einem Knoten $\neq 1, 2, 3, 6$, also ohne Beschränkung der Allgemeinheit (Umnummerieren) zu 4, d.h. $\{3,4\} \in K$. Dann bleibt für die 2. Kante auf der 4 liegt nur $\{4,5\}$ übrig. Wir erhalten also unseren angegebenen Baum mit 2 Blättern.

Die Beschreibung aller Bäume mit drei Blättern verläuft analog. Ein innerer Knoten u muss notwendig den Grad 3, die anderen beiden den Grad 2 haben.

b) Seien $E_1, \ldots, E_5$ die Knoten der Zusammenhangskomponenten. Es ist $K = \bigcup_{j=1}^{5} K_j$ mit $K_i \cap K_j = \emptyset$, weil (E_j, K_j) und (E_i, K_i) nicht verbunden sind. Es ist jedes (E_j, K_j) ein Baum, also $|K_j| = |E_j| - 1$. Wegen $E_i \cap E_j = \emptyset$ für $i \neq j$ ist $|K| = \sum_{j=1}^{5} |E_j| - 5 = |E| - 5$.

c) Natürlich läuft der Beweis aus b) für beliebiges $n \geq 1$, statt $n = 5$.

2.45 **Aufgabe 2.45** Sei $B = (E, K)$ ein Baum und $v \in E$ sei ein Knoten mit maximalem Grad. Zeigen Sie bitte: B hat mindestens $d(v)$ Knoten vom Grad 1, also mindestens $d(v)$ Blätter.

Lösung: Wir benutzen die Formel für Bäume aus [WHK, Korollar 2.49]: $\sum_{u \in E} d(u) = 2|E| - 2$. Sei $B = \{x \in E : d(x) = 1\}$ die Menge der Blätter und $m = \max\{d(x) : x \in E\} = d(v)$ für ein passendes v. Die Behauptung ist $m \leq |B| =: \ell$.

Beweis: Wir spalten die Menge der Knoten geschickt auf: Sei $F = \{x \in E : x \neq v, d(x) \geq 2\}$ (für $|E| = 2$ ist $F = \emptyset$ und wir setzen $\sum_{u \in \emptyset} d(u) = 0$. Das ist eine immer stillschweigend gemachte Vereinbarung).

Es ergibt sich aus $\sum_{x \in B} d(x) = |B| = \ell$ die folgende Ungleichung:

$$2|E| - 2 = \sum_{u \in E} d(u) = \sum_{x \in B} d(x) + d(v) + \sum_{x \in F} d(x) \geq \ell + m + 2|F|,$$

2.4 Einführung in die Graphentheorie

weil $d(x) \geq 2$ für $x \in F$.
Nun ist $|F| = |E| - \ell - 1$, also folgt

$$2|E| - 2 \geq \ell + m + 2|E| - 2\ell - 2 = m - \ell + 2|E| - 2.$$

Daraus erhält man nun $m - \ell \leq 0$, d.h. $m \leq \ell$.

Aufgabe 2.46 a) Wieviel Kanten hat ein vollständiger Graph mit n Knoten?
b) Sei G ein Graph mit 10 Knoten und 11 Kanten. Ist G ein Baum?

Lösung: a) Nach [WHK, Beispiel 3, S. 52] hat ein vollständiger Graph genau alle möglichen Kanten, also soviel Kanten wie es zweielementige Teilmengen der Knotenmenge E gibt und das sind $\binom{|E|}{2}$ Teilmengen (siehe [WHK, Satz 2.26]).
b) Nach [WHK, Satz 2.48] gilt für einen Baum $|K| = |E| - 1$. In unserm Fall ist aber $|E| - 1 = 9$ und $|K| = 11$, also ist G kein Baum.

Aufgabe 2.47 Sei $G = (E, K)$ ein zusammenhängender Graph. Zeigen Sie bitte: Es gibt einen Graphen $H = (E, K')$ mit derselben Knotenmenge E und einer Teilmenge $K' \subset K$ von Kanten, der ein Baum ist (ein den **Graphen G aufspannender Baum**).
Tipp: Gehen Sie wie im Beweis von [WHK, Satz 1.44, Teil b) $\Rightarrow$ a)] vor.

Lösung: Als orientierendes Beispiel konstruieren wir zunächst einen aufspannenden Baum B des vollständigen Graphen $G = (E, K))$ mit $E = \{1, 2, 3, 4\}$ und
$K = \{\{1,2\}, \{1,3\}, \{1,4\}, \{2,3\}, \{2,4\}, \{3,4\}\}$.
Machen Sie sich für das Folgende unbedingt eine Skizze!
Wir entfernen schrittweise die Kreise aus G: ein Kreis ist

$$c = (1, \{1,2\}, 2, \{2,3\}, 3, \{3,1\}, 1).$$

Wir entfernen die Kante $\{2, 3\}$ und enthalten den zusammenhängenden Graphen

$$G_1 = (E, \{\{1,2\}, \{1,3\}, \{1,4\}, \{2,4\}, \{3,4\}\}).$$

In ihm ist

$$c_1 = (1, \{1,3\}, 3, \{3,4\}, 4, \{1,4\}, 1)$$

wieder ein Kreis. Wir entfernen die Kante $\{1,4\}$ und erhalten

$$G_2 = (E, \{\{1,2\},\{1,3\},\{2,4\},\{3,4\}\}).$$

Er enthält den Kreis

$$c_2 = (1,\{1,2\},2,\{2,4\},4,\{3,4\},3,\{1,3\},1).$$

Aus ihm entfernen wir zum Beispiel die Kante $\{3,4\}$ und erhalten

$$G_3 = (E, \{\{1,2\},\{2,4\},\{1,3\}\}).$$

Wir sind am Ziel. Denn G_3 ist zusammenhängend und $3 = |K| = 4 - 1 = |E| - 1$, also nach [WHK, Satz 2.48] ein Baum.
Nun wenden wir uns dem allgemeinen Fall zu. Dazu gehen wir wie oben vor und benutzen dabei [WHK, Lemma 2.47]. Wir gehen rekursiv vor: Sei $G = (E, K)$ ein zusammenhängender Graph. Die Zahl der Kreise in G sei $c(G)$.
Ist $c(G) = 0$, so ist G ein Baum und das Verfahren bricht ab.
Sei $c(G) \geq 1$ und c ein Kreis in G. Wir entfernen eine beliebige zu c gehörende Kante k aus K und erhalten den Graphen $G_1 = (E, K_1)$ mit $K_1 = K \setminus \{k\}$, der nach [WHK, Lemma 2.47] wieder zusammenhängend ist, aber den Kreis c nicht enthält. Durch Herausnahme von k sind aber auch keine neuen Kreise entstanden, also ist $c(G_1) \leq c(G) - 1$. Ist $c(G_1) = 0$, so ist G_1 ein Baum, andernfalls setzen wir das Verfahren der Kreisentfernung fort. Bei jedem Schritt verkleinert sich die Zahl der Kreise um mindestens 1, also bricht es nach endlich vielen Schritten ab. Der dann erhaltene Graph, etwa G_n erfüllt $c(G_n) = 0$, ist also ein Baum.

2.5 Formale Aussagenlogik

Aufgabe 2.48 Sei $V = \{x, y\}$ die Menge der Variablen des Alphabets unserer formalen Logik. Zeigen Sie bitte:
a) $(x \vee y)$, $(x \wedge y)$, $(x \vee \underline{0})$, $(y \wedge \underline{1})$ sind Ausdrücke.
b) $x \vee y)$, xy, $(x \wedge \underline{0}$ sind keine Ausdrücke.
c) $((\neg x) \vee y)$, $(((\neg x) \vee y \wedge ((\neg y) \vee x))$ sind Ausdrücke.
Tipp: Zeigen Sie bei a) und c) Schritt für Schritt, welche Regeln Sie wie anwenden. Bei b) zeigen Sie, welche Regeln verletzt wurden.

Lösung: Wir nummerieren die Regeln durch, um sie explizit angeben zu können:

2.5 Formale Aussagenlogik

(1): $\underline{0}, \underline{1}$ und alle Variablen sind Ausdrücke.
(2): Ist A ein Ausdruck, so auch $(\neg A)$.
(3): Sind A und B Ausdrücke, so auch $(A \vee B)$.
(4): Sind A und B Ausdrücke, so auch $(A \wedge B)$.
a) (i) $(x \vee y)$ ist ein Ausdruck. Denn x und y sind Variable, also nach (1) Ausdrücke und $(x \vee y)$ wurde mit (3) gebildet.
(ii) $(x \wedge y)$ ist ein Ausdruck. Denn x und y sind Variable, also nach (1) Ausdrücke und $(x \wedge y)$ wurde mit (4) gebildet.
(iii) $(x \vee \underline{0})$ ist ein Ausdruck, denn x ist eine Variable, nach (1) sind x und $\underline{0}$ Ausdrücke und $(x \vee \underline{0})$ wurde mit (3) gebildet.
(iv) $(x \wedge \underline{1})$ ist ein Ausdruck, denn nach (1) sind x und $\underline{1}$ Ausdrücke und $(x \wedge \underline{1})$ wurde nach (4) gebildet.
b) (i) $x \vee y$: Zwar sind x und y nach (1) Ausdrücke, aber Regel (3) verlangt links eine öffnende Klammer, die hier fehlt. (3) ist verletzt.
(ii) xy: Zwar sind x und y Ausdrücke, aber jede der für zwei Ausdrücke angegebene Regeln verlangt Klammern, die fehlen und (3) verlangt $\vee$ zwischen den Ausdrücken (4) verlangt $\wedge$. xy ist also kein Ausdruck.
(iii) $(x \wedge \underline{0}$: Zwar sind x und $\underline{0}$ nach (1) Ausdrücke, aber Regel (4) verlangt rechts eine schließende Klammer, (4) ist also verletzt, $(x \wedge \underline{0}$ damit kein Ausdruck.
c) (i) $((\neg x) \vee y) =: A$: x und y sind nach (1) Ausdrücke, $(\neg x)$ ist nach (2) ein Ausdruck, also ist A nach (3) ein Ausdruck.
(ii) $(((\neg x) \vee y) \wedge ((\neg y) \vee x)) =: B$; x, y sind nach (1) Ausdrücke, also sind $(\neg x)$ und $(\neg y)$ nach (2) Ausdrücke. Damit sind $C := ((\neg x) \vee y)$ und $D := ((\neg y) \vee z)$ nach (3) Ausdrücke. Also ist $B = (C \wedge D)$ nach (4) ein Ausdruck.

Eine Interpretation I^* der Aussagenlogik über dem Alphabet V erhält man aus einer beliebigen Abbildung (Belegung) $I : V \to \{0,1\}$ durch Rekursion über den Aufbau der Ausdrücke:
(i) Sei $A = x$ mit $x \in V$. Dann ist $I^*(A) = I(x)$.
Sei $A = \underline{0}$ Dann ist $I^*(A) = 0$. Ist $A = \underline{1}$, so ist $I^*(A) = 1$.
(ii) Sei $A = \neg(B)$. Dann ist $I^*(A) = 1 - I^*(B)$.
(iii) Sei $A = (B \wedge C)$. Dann ist $I^*(A) = \min(I^*(B), I^*(C))$. Sei $A = (B \vee C)$. Dann ist $I^*(A) = \max(I^*(B), I^*(C)$.

Aufgabe 2.49 Sei V wie in der vorigen Aufgabe. Sei $I(x) = 0$, $I(y) = 1$. Berechnen Sie $I^*(A)$ für alle Ausdrücke aus a) und c) der vorigen Aufgabe.

2.49

Lösung: Wir haben $I(x) = 0, I(y) = 1, I(\underline{0}) = 0, I(\underline{1}) = 1$. Da $x, y, \underline{0}$ und $\underline{1}$ Ausdrücke sind, ist $I(x) = I^*(x)$ usw.

$I^*((x \lor y)) = \max(I(x), I(y)) = 1.$
$I^*((x \land y)) = \min(I(x), I(y)) = 0.$
$I^*((x \lor \underline{0})) = \max(I(x), I(\underline{0})) = 0.$
$I^*((y \land \underline{1})) = \min(I(y), I(\underline{1})) = 1.$
$I^*(((\neg x) \lor y)) = \max(I^*((\neg x)), I^*(y)) = \max(1 - I^*(x), I^*(y)) = 1$
$I^*(((\neg x) \lor y) \land ((\neg y) \lor x)) = \min(I^*((\neg x) \lor y), I^*((\neg y) \lor x))$

$$=\min(1, \max(I^*(\neg y), I^*(x))$$
$$=\min(1, \max(1 - I^*(y), I^*(x))$$
$$=\min(1, 0) = 0.$$

2.50 **Aufgabe 2.50** Sei V wie in der vorigen Aufgabe. Zeigen Sie bitte:
a) $(x \lor (\neg x))$ ist eine Tautologie, $(x \land (\neg x))$ ist eine Kontradiktion.
b) $\mathcal{F} = \{(\neg x), y, ((\neg y) \lor x)\}$ ist nicht erfüllbar.
Tipp: Es gibt 4 Belegungen I. In Teil b) muss man zeigen, dass stets ein $I^*(A) = 0$ wird, wo $A \in \mathcal{F}$ passend gewählt sein muss.

Lösung: a) Sei $I : V \to \{0, 1\}$ beliebig. Dann ist

$$I^*((x \lor (\neg x))) = \max(I^*(x), I^*(\neg x)) = \max(I^*(x), 1 - I^*(x)) = 1.$$

Denn $I^*(x) \neq 1 - I^*(x)$ und damit stehen in der Klammer sowohl die 0 als auch die 1.
$I^*(x \land (\neg x)) = \min(I^*(x), 1 - I^*(x)) = 0.$ Begründung s.o.
Da I eine beliebige Belegung war ist die erste Formel eine Tautologie, die zweite eine Kontradiktion.
b) Sei I eine beliebige Belegung von V.
Es ist

$$I^*(\neg x) = 1 - I^*(x),$$
$$I^*((\neg y) \lor x) = \max(I^*(\neg y), I^*(x))$$
$$= \max(1 - I^*(y), I^*(x)).$$

Sei $I^*(x) = 1$. Dann ist $I^*(\neg x) = 0$, also $0 \in \{I^*(A) : A \in \mathcal{F}\}$.
Sei nun $I^*(x) = 0$.
(i) $I^*(y) = 1$. Dann ist
$I^*((\neg y) \lor x) = \max(0, 0) = 0$, also
$0 \in \{I^*(A) : A \in \mathcal{F}\}$.
(ii) $I^*(y) = 0$. Dan folgt sofort $0 \in \{I^*(A) : A \in \mathcal{F}\}$.
Zusammengefasst folgt: Für jede Belegung I ist $0 \in \{I^*(A) : A \in \mathcal{F}\}$. Also ist $\mathcal{F}$ nicht erfüllbar.

2.5 Formale Aussagenlogik

Aufgabe 2.51 Zeigen Sie bitte: Die Menge $\mathcal{F} = \{A_1, \ldots, A_n\}$ ist genau dann erfüllbar, wenn der Ausdruck

$$(\cdots (A_1 \wedge A_2) \wedge \cdots \wedge A_n)$$

erfüllbar ist.
Tipp: Zeigen Sie dies für $n = 2$ und benutzen Sie dann Induktion nach n.

Bemerkung: Die folgenden zu beweisenden Aussagen der formalen Logik gelten für beliebige Variablenmengen V.
Lösung: (I) Wir definieren zunächst rekursiv für $x_1, \ldots, x_{n+1} \in \{0, 1\}$

$$\min(x_1, \ldots, x_{n+1}) = \min(\min(x_1, \ldots, x_n), x_{n+1}).$$

(II) Dann zeigen wir durch Induktion:
Seien $A_1, \ldots, A_n$ Aussagen und $I : V \to \{0, 1\}$ eine beliebige Belegung der Variablen. Dann ist

$$I^*((^*\ldots(A_1 \wedge A_2) \wedge \ldots \wedge A_n)) = \min(I^*(A_1), \ldots, I^*(A_n)).$$

Diese Aussage ist richtig für $n = 2$.
Induktionsvoraussetzung: Die Aussage ist richtig für ein $n \geq 1$.
Behauptung: Sie ist richtig für $n + 1$.
Beweis: Sei $C = (\ldots (A_1 \wedge A_2) \wedge \ldots \wedge A_n)$.
Dann ist $(\ldots (A_1 \wedge A_2) \wedge \ldots \wedge A_{n+1}) = (C \wedge A_{n+1})$.
Also ist für eine beliebige Belegung I

$$\begin{aligned}
I^*((C \wedge A_{n+1})) &= \min(I^*(C), I^*(A_{n+1})) \\
&\underbrace{=}_{Induktionsvor.} \min(\min(I^*(A_1), \ldots, I^*(A_n)), I^*(A_{n+1})) \\
&= \min(I^*(A_1), \ldots, I^*(A_{n+1}))
\end{aligned}$$

nach der rekursiven Definition von min.
Nach dem Prinzip der vollständigen Induktion ist die Formel für alle $n \geq 2$ bewiesen.
(III) Sei $\mathcal{F} = \{A_1, \ldots, A_n\}$ $(n \geq 2)$.
Behauptung: $\mathcal{F}$ ist genau dann erfüllbar, wenn $(\ldots (A_1 \wedge A_2) \wedge \ldots \wedge A_n)$ erfüllbar ist.
Beweis: (i) Sei $\mathcal{F}$ erfüllbar. Es gibt also eine Belegung I mit $I^*(A_j) = 1$ für $j = 1 \ldots n$. Dann ist nach (II)

$$I^*((\ldots(A_1 \wedge A_2) \wedge \ldots \wedge A_n = \min(I^*(A_1), \ldots I^*(A_n))$$
$$= \min(1, \ldots, 1) = 1$$

also $(\ldots(A_1 \wedge A_2) \wedge \ldots \wedge A_n) =: C$ erfüllbar.
(ii) Sei umgekehrt C erfüllbar. Dann gibt es eine Belegung I mit $I^*(C) = 1$.
Wegen $1 = I^*(C) = \min(I^*(A_1), \ldots I^*(A_n))$ ist $I^*(A_j) = 1$ für alle j, also $\mathcal{F}$ erfüllbar.
Aus (i) und (ii) folgt die Behauptung.

Zwei Ausdrücke A und B der formalen Aussagenlogik über dem Alphabet V heißen logisch äquivalent, *wenn für jede Belegung I stets $I^*(A) = I^*(B)$ gilt (siehe [WHK, Definition 2.52]).*

Aufgabe 2.52 Zeigen Sie bitte:
a) Seien A und B Ausdrücke. A ist genau dann logisch äquivalent zu B, wenn $((\neg A) \vee B) \wedge ((\neg B) \vee A)$ eine Tautologie ist.
b) Die Relation $\equiv$ ist eine Äquivalenzrelation auf der Menge $\mathcal{A}$ aller Ausdrücke. Dabei bedeutet $A \equiv B$, dass A und B logisch äquivalent sind.
Tipp: Benutzen Sie nicht Teil a) der Aufgabe, sondern die Definition der logischen Äquivalenz.

Lösung: a) (i) Sei A logisch äquivalent zu B, d.h. für jede Belegung I ist $I^*(A) = I^*(B)$. Es ist für jede Belegung I

$$I^*(((\neg A) \vee B) \wedge ((\neg B) \vee A))) = \min(I^*(((\neg A) \vee B)), (((\neg B) \vee A))). \quad (7)$$

Außerdem gilt

$$I^*(((\neg A) \vee B)) = \max(1 - I^*(A), I^*(B))$$
$$\underset{I^*(A)=I^*(B)}{=} \max(1 - I^*(A), I^*(A)) = 1$$

und ebenso

$$I^*(((\neg B) \vee A)) = \max(1 - I^*(B), I^*(A))$$
$$\underset{I^*(A)=I^*(B)}{=} \max(1 - I^*(A), I^*(A)) = 1$$

also ist auch das Minimum beider Ausdrücke gleich 1.
Da I beliebig war, folgt die Behauptung.
(ii) Sei umgekehrt $(((\neg A) \vee B) \wedge ((\neg B) \vee A)) =: C$ eine Tautologie. Wir beweisen die logische Äquivalenz durch Widerspruch. Es gebe also eine Belegung I mit $I^*(A) \neq I^*(B)$. Ist $I^*(A) = 1$, so ist $I^*(B) = 0$ und damit $\max(1 - I^*(A), I^*(B)) = 0 = I^*(((\neg A) \vee B))$. Aus (7) folgt damit $I^*(C) = 0$, ein Widerspruch dazu, dass C eine Tautologie ist.

2.5 Formale Aussagenlogik

Ist aber $I^*(A) = 0$, so ist $I^*(B) = 1$, also

$$I^*((\neg B) \vee A) = \max(1 - I^*(B), I^*(A) = 0$$

und wieder erhalten wir $I^*(C) = 0$, ein Widerspruch. Damit ist die Annahme, es gebe ein I mit $I^*(A) \neq I^*(B)$ widerlegt. A und B sind also logisch äquivalent.

b) Wir müssen Reflexivität, Symmetrie und Transitivität von $\equiv$ nachweisen (s. [WHK, Definition 2.18]).

Reflexivität: Für alle I ist $I^*(A) = I^*(A)$, also ist $A \equiv A$.

Symmetrie: Ist $I^*(A) = I^*(B)$, so auch $I^*(B) = I^*(A)$ für alle Belegungen I. Also gilt: Ist $A \equiv B$, so ist $B \equiv A$.

Transitivität: Ist $I^*(A) = I^*(B)$ und $I^*(B) = I^*(C)$ für alle Belegungen I, so ist auch $I^*(A) = I^*(C)$ für all diese I; das heißt aber: Ist $A \equiv B$ und $B \equiv C$, so ist $A \equiv C$.

Aufgabe 2.53 Beweisen Sie bitte die folgenden Äquivalenzen: 2.53
a) $(\neg(\neg A)) \equiv A$
b) $(A \vee B) \equiv (B \vee A)$
c) $(A \vee (B \wedge C)) \equiv ((A \vee B) \wedge (A \vee C))$
d) $(\neg(A \vee B)) \equiv ((\neg A) \wedge (\neg B))$
e) $(\neg(A \wedge B)) \equiv ((\neg A) \vee (\neg B))$
Bemerkung: d) und e) sind die De Morganschen Regeln.

Lösung: Wir müssen in a) bis e) zeigen:
Sei I eine ganz beliebige Belegung. Dann ist $I^*(C) = I^*(D)$, wobei $C \equiv D$ die Behauptung ist. Denn da I beliebig gewählt ist, gilt $I^*(C) = I^*(D)$ für alle Belegungen I und das bedeutet gerade $C \equiv D$.
Im Folgenden ist also I beliebig gewählt.
a) $I^*((\neg(\neg A))) = 1 - I^*((\neg A)) = 1 - (1 - I^*(A)) = I^*(A)$.
b)

$$I^*((A \vee B)) = \max(I^*(A), I^*(B)) = \max(I^*(B), I^*(A))$$
$$= I^*((B \vee A)).$$

c)

$$I^*((A \vee (B \wedge C))) = \max(I^*(A), I^*(B \wedge C))$$
$$= \max(I^*(A), \min I^*(B), I^*(C))).$$

Behauptung: Für $x, y, z \in \{0, 1\}$ ist

$$\max(x, \min(y, z)) = \min(\max(x, y), \max(x, z)).$$

Angenommen, diese Behauptung wäre schon bewiesen. Dann wäre

$$\begin{aligned}I^*((A \vee (B \wedge C))) &= \min(\max(I^*(A), I^*(B)), \max(I^*(A), I^*(C))) \\ &= \min(I^*((A \vee B)), I^*((A \vee C))) \\ &= I^*(((A \vee B) \wedge (A \vee C))),\end{aligned}$$

wir hätten also c) bewiesen.
Der Beweis unserer Behauptung wird durch die folgende Tabelle geliefert. Aus drucktechnischen Gründen setzen wir $\min(\max(x, y), \max(x, z)) = \mathcal{M}$

x	y	z	$\min(y, z)$	$\max(x, \min(y, z))$	$\max(x, y)$	$\max(x, z)$	$\mathcal{M}$
1	1	1	1	1	1	1	1
1	1	0	0	1	1	1	1
1	0	1	0	1	1	1	1
1	0	0	0	1	1	1	1
0	1	1	1	1	1	1	1
0	1	0	0	0	1	0	0
0	0	1	0	0	0	1	0
0	0	0	0	0	0	0	0

d) und e) lösen wir ebenfalls mit Tabellen (vergleiche Aufgabe 2.5). Dabei müssen wir wieder aus drucktechnischen Gründen $I^*(((\neg A) \wedge (\neg B))) = \mathcal{I}$ setzen.

$I^*(A)$	$I^*(B)$	$I^*((A \vee B))$	$I^*((\neg(A \vee B))$	$I^*((\neg A))$	$I^*((\neg B))$	$\mathcal{I}$
1	1	1	0	0	0	0
1	0	1	0	0	1	0
0	1	1	0	1	0	0
0	0	0	1	1	1	1

Aufgabe 2.54 Beweisen Sie bitte durch Induktion nach n (≥ 2) die verallgemeinerten De Morganschen Regeln:
a) $\neg \bigwedge_{k=1}^{n} A_k \equiv \bigvee_{k=1}^{n} \neg A_k$
b) $\neg \bigvee_{k=1}^{n} A_k \equiv \bigwedge_{k=1}^{n} \neg A_k$.

2.5 Formale Aussagenlogik

Lösung: a) Für $n = 2$ haben wir die Regel in der vorigen Aufgabe d) bewiesen. Der Induktionsanfang ist also bewiesen.
Induktionsannahme: Dir Formel gelte für n Aussagen, wo $n \geq 2$ irgend eine natürliche Zahl sei.
Induktionsbehauptung: Sie gilt für $n + 1$ Aussagen.
Beweis: Wir setzen $C = \bigwedge_{k=1}^{n} A_k$. Dann steht linkes von "$\equiv$" $\neg(C \wedge A_{n+1})$. Das ist nach dem Induktionsanfang äquivalent zu $(\neg C) \vee \neg A_{n+1}$. Nach Induktionsvoraussetzung ist $(\neg C)$ äquivalent zu $\bigvee_{k=1}^{n} \neg A_k$. Nun muss man [WHK, Satz 2.53] benutzen, wobei das dortige A_0 hier gerade $(\neg C)$ und das dortige B_0 gerade $\bigvee_{k=1}^{n} \neg A_k$ ist. Dann erhält man $(\neg C) \vee (\neg A_{n+1}) \equiv \bigvee_{k=1}^{n} \neg A_k \vee \neg A_{n+1} \equiv \bigvee_{k=1}^{n+1} \neg A_k$. Insgesamt haben wir $\neg((C \wedge A_{n+1}) \equiv \bigvee_{k=1}^{n+1} \neg A_k$ unter der Induktionsannahme gezeigt. Nach dem Prinzip der vollständigen Induktion ist unsere Behauptung bewiesen.
b) läuft analog zu a).

Aufgabe 2.55 Zeigen Sie bitte
a) Sei $\mathcal{F} = \{x, y\}$. Dann ist $A = (x \wedge y)$ logische Folgerung aus $\mathcal{F}$.
b) Sei $\mathcal{F} = \{B, ((\neg B) \vee A)\}$. Dann ist A logische Folgerung aus $\mathcal{F}$.
Bemerkung: das ist die Formalisierung des Aristotelischen modus ponens.

Lösung: a) Sei I ein beliebiges Modell für $\mathcal{F}$. Das heißt, es ist $I^*(x)(= I(x)) = 1 = I^*(y)(= I(y))$. Dann ist $I^*(x \wedge y) = \min(I^*(x), I^*(y)) = 1$. Da I ein beliebiges Modell für $\mathcal{F}$ war, folgt die Behauptung.
b) Sei I ein beliebiges Modell für $\mathcal{F}$. Es gilt also $I^*(B) = 1 = I^*((\neg B) \vee A)$. Es ist $1 = I^*((\neg B) \vee A) = \max(1 - I^*(B), I^*(A))$. Da nun $I^*(B) = 1$ gilt, ist $1 - I^*(B) = 0$, also $I^*(A) = 1$. Da I ein beliebiges Modell war, gilt $I^*(A) = 1$ für jedes Modell, also ist A eine logische Folgerung von $\mathcal{F}$.

Im Folgenden bezeichnet $\mathcal{K}$ eine Klauselmenge und $\mathrm{Res}(\mathcal{K})$ ist die Menge der Resolventen von $\mathcal{K}$ vereinigt mit $\mathcal{K}$. Genaueres können wir auf diesem engen Raum nicht darstellen (siehe [WHK, Abschnitt 2.5.5: Resolutionskalkül]).

Aufgabe 2.56 Sei $\mathcal{K} = \{\{x, \neg y, z\}, \{y, z\}, \{\neg x, z\}, \{\neg x, \neg y\}\}$. Zeigen Sie bitte:
a) $\mathrm{Res}^2(\mathcal{K}) = \mathcal{K} \cup \{\{x, y\}, \{\neg y, z\}\}$.
b) $\mathrm{Res}^2(\mathcal{K}) = \mathrm{Res}(\mathcal{K}) \cup \{\{z\}\}$.
c) $\mathrm{Res}^3(\mathcal{K}) = \mathrm{Res}^2(\mathcal{K})$.

Lösung: a) Es tritt y in $\{y, z\}$ und $\neg y$ in $\{x, \neg y, z\}$ auf, also ist $R(\{y, z\}, \{x, \neg y, z\}) = \{z\} \cup \{x, z\} = \{x, z\}$. Es tritt x in $\{x, \neg y, z\}$ und

¬x in {¬x, z} auf, also ist $R(\{x, \neg y, z\}, \{\neg x, z\}) = \{\neg y, z\}$. Schließlich erhält man $R(\{x, \neg y, z\}, \{\neg x, \neg y\}) = \{\neg y, z\} \cup \{\neg y\} = \{\neg y, z\}$. Damit folgt a)
b) Es ist $\{y, z\} \in \mathcal{K} \subset Res(\mathcal{K})$ und $\{\neg y, z\} \in Res(\mathcal{K})$, also ist $R(\{y, z\}, \{\neg y, z\}) = \{z\} \cup \{z\} = \{z\}$. Weitere Mengen kommen nicht hinzu. Das beweist b.
c) Wir schreiben $Res^2(\mathcal{K})$ explizit hin:

$$Res^2(\mathcal{K}) = \{\{x, \neg y, z\}, \{y, z\}, \{\neg x, z\}, \{\neg x, \neg y\}, \{x, z\}, \{\neg y, z\}, \{z\}\}.$$

Die Variablen, die zusammen mit ihren Negationen auftreten, sind x und y. Von deren Klauseln haben wir bereits unter a) und b) die Resolventen berechnet. Also ist $Res^3(\mathcal{K}) = Res^2(\mathcal{K})$.

2.57   **Aufgabe 2.57** Ein Gast eines Restaurants möchte einen Cocktail bestellen und hat dabei die folgenden Wünsche:
1. Wenn der Cocktail Alkohol enthält, soll er keine Früchte enthalten.
2. Wenn er Früchte enthält, soll er weder Alkohol noch Zucker enthalten.
3. Wenn er Zucker enthält, soll er keinen Alkohol enthalten.
Könnten Sie dem Kellner helfen? Vielleicht mit dem Resolutionskalkül?

Lösung: Wir betrachten die Variablen x: Alkohol enthaltend, y: Früchte enthaltend, z: Zucker enthaltend. Dann lauten die Wünsche des Gastes:

$$x \Rightarrow \neg y, y \Rightarrow \neg(x \wedge z), \neg z \Rightarrow x.$$

Der Kellner bringt einfach ein Bier. Diese Lösung auf den ersten Blick wollen wir jetzt rein formal gewinnen und schauen, ob sie die einzig mögliche ist. Dazu benutzen wir $A \Rightarrow B \equiv (\neg A) \vee B$. Dann lauten die Bedingungen $\neg x \vee \neg y$, $\neg y \vee (\neg(x \wedge z))$, $z \vee x$. $\neg y \vee (\neg(x \wedge z))$ formen wir mit der De Morganschen Regel um zu $\neg y \vee (\neg x \wedge \neg z)$, was nach Aufgabe 2.53 c) und [WHK, Satz 2.53] logisch äquivalent ist zu $(\neg y \vee \neg x) \wedge (\neg y \vee \neg z)$. Da alle Kundenwünsche erfüllt sein müssen, erhalten wir insgesamt

$$(\neg x \vee \neg y) \wedge (\neg y \vee \neg x) \wedge (\neg y \vee \neg z) \wedge (z \vee x)$$

und das ist ein Ausdruck in konjunktiver Normalform. Die zugehörige Klauselmenge ist

$$\mathcal{K} = \{\{\neg x, \neg y\}, \{\neg y, \neg x\}, \{\neg y, \neg z\}, \{z, x\}\}$$
$$= \{\{\neg x, \neg y\}, \{\neg y, \neg z\}, \{z, x\}\}$$

2.5 Formale Aussagenlogik

Die Variablen, die zusammen mit ihren Negationen auftreten, sind x und z. Daher sind die folgenden Resolventen bildbar:

$$R(\{\neg x, \neg y\}, \{x, z\}) = \{\neg y, z\}$$
$$R(\{\neg y, \neg z\}, \{x, z\}) = \{\neg y, x\}.$$

Damit ergibt sich

$$Res(\mathcal{K}) = \{\{\neg x, \neg y\}, \{\neg y, \neg z\}, \{x, z\}, \{\neg y, x\}, \{\neg y, z\}\}$$

Jetzt treten wieder x und $\neg x$, sowie z und $\neg z$ auf. Wir können die folgenden neuen Resolventen bilden:

$$R(\{\neg x, \neg y\}, \{x, \neg y\}) = \{\neg y\} = R(\{\neg y, \neg z\}, \{\neg y, z\}).$$

Es ist also

$$Res^2(\mathcal{K}) = \{\{\neg x, \neg y\}, \{\neg y, \neg z\}, \{x, z\}, \{\neg y, x\}, \neg y, z\}, \{\neg y\}\} = Res^\infty(\mathcal{K}),$$

weil keine weiteren Variablen zusammen mit ihren Negationen auftreten. $Res^\infty(\mathcal{K}) \neq \emptyset$ ergibt, dass $Res^\infty(\mathcal{K})$, also $\mathcal{K}$ erfüllbar ist. Wenn I $Res^\infty(\mathcal{K})$ erfüllt, muss notwendig $I(\neg y) = 1$, also $I(y) = 0$ gelten. Damit gilt für alle Klauseln, die $\neg y$ enthalten, dass $I^*(A(K)) = 1$ ist. Wir müssen also nur noch dafür sorgen, dass $I^*(x \vee z) = 1$ ist.

Wir erhalten folgende Getränke, die die Kundenwünsche erfüllen:
keine Frucht, kein Zucker, aber Alkohol, also zum Beispiel Bier.
keine Frucht, kein Alkohol, aber Zucker, zum Beispiel Coca Cola.
keine Frucht, aber Alkohol und Zucker, zum Beispiel Tee mit Rum.

Kapitel 3
Einführung in die elementare Zahlentheorie

3

3   Einführung in die elementare Zahlentheorie
3.1   Teilbarkeit und Kongruenzen 57
3.2   Primfaktorzerlegung 66

3 Einführung in die elementare Zahlentheorie

3.1 Teilbarkeit und Kongruenzen

Aufgabe 3.1 Berechnen Sie bitte die folgenden Ausdrücke:
a) $\max\{7, -3, 5, 8, -7\}$.
b) $\min\{7, -3, 5, 8, -1\}$.
c) $\max\{5 \cdot k : k \leq 7\}$.

Lösung: Das Maximum $\max(x_1, \ldots, x_n)$ ist die größte der Zahlen $x_1, \ldots, x_n$. Analog ist das Minimum die kleinste dieser Zahlen. Hiermit erhalten wir:
a) $\max(7, -3, 5, 8, -7) = 8$.
b) $\min(7, -3, 5, 8, -7) = -7$.
c) $\max(\{5k : 0 \leq k \leq 7\}) = \max(\{0, 7, 14, 21, 28, 35\}) = 35$.

Aufgabe 3.2 Beweisen Sie bitte die folgenden Aussagen:
a) Teilt 6 die Zahlen b und c, so auch $5b - 27c$.
b) Teilt 6 die Zahl b und teilt b die Zahl 6 so ist $|b| = 6$.
c) Teilt 6 die Zahl $b \neq 0$, so ist $6 \leq |b|$.

Lösung: a) 6 teilt b impliziert $b = 6k$ für ein $k \in \mathbb{Z}$ (nämlich $k = \frac{6}{b}$). Ebenso gilt $c = 6\ell$ für ein $\ell \in \mathbb{Z}$. Also ist $5b - 27c = 30k - 6 \cdot 27\ell = 6(5k - 27\ell)$. $5k - 27\ell$ ist eine ganze Zahl, also teilt 6 die Zahl $5b - 27c$.
b) Nach Voraussetzung ist $b = 6k$ für ein $k \in \mathbb{Z}$ und $6 = b\ell$ für ein $\ell \in \mathbb{Z}$, also ist $b = b\ell k$ und damit $1 = \ell k$. Da k und ℓ ganze Zahlen sind, muss $\ell = k = -1$ oder $\ell = k = 1$ sein. Im ersten Fall ist $b = -6$, im zweiten $b = 6$. In jedem Fall also $|b| = \max(-6, 6) = 6$.
c) Es teile 6 die Zahl $b \neq 0$. Dann ist $b = 6k$ mit $k \in \mathbb{Z}$, $k \neq 0$. Ist $k \geq 1$, so ist $b = 6k \geq 6 > 0$, also $b = |b| \geq 6$. Ist $k < 0$ so ist $k = -\ell$ mit $\ell \geq 1$ und $b = (-\ell)6$. Also $|b| = \max(b, -b) = \max((-\ell) \cdot 6, \ell \cdot 6) = \ell \cdot 6 \geq 6$.

Aufgabe 3.3 Wir ersetzen in der vorigen Aufgabe die konkreten Zahlen 6, 5 und -27 durch allgemeine Zahlen a, k und ℓ aus $\mathbb{Z}$. Beweisen Sie bitte die folgenden Aussagen:
a) $a|b$ und $a|c$ impliziert $a|(kb + \ell c)$ für beliebige $k, \ell \in \mathbb{Z}$.
b) Gilt $a|b$ und $b|a$, so ist $|a| = |b|$.

58 3. Einführung in die elementare Zahlentheorie

c) Gilt $a|b$ und $b \neq 0$, so ist $|a| \leq |b|$.

Lösung: Wir lassen uns in allem von der vorigen Aufgabe leiten:
a) $a|b$ und $a|c$ impliziert die Existenz von ganzen Zahlen x und y mit
$$b = ax, \, c = ay, \text{ also } kb + \ell c = kax + \ell ay = a(kx + \ell y).$$
Mit $k, \ell, x, y \in \mathbb{Z}$ ist auch $(kx + \ell y) \in \mathbb{Z}$, also teilt a die Zahl $kb + \ell c$.
b) $a|b$ impliziert $b = ka$ für ein $k \in \mathbb{Z}$.
$b|a$ impliziert $a = \ell b$ für ein $\ell \in \mathbb{Z}$. Einsetzen liefert $b = k\ell b$, also $1 = k\ell$ und damit $k = \ell = 1$ oder $k = \ell = -1$, das heißt aber $b = a$ oder $b = -a$, in jedem Fall also $|b| = |a|$.
c) Es gelte $a|b$ und $b \neq 0$. Dan gibt es ein $k \in \mathbb{Z}$, $k \neq 0$ mit $b = ak$, also $|b| = |a| \cdot |k|$. Wegen $|k| \neq 0$ ist $|k| \geq 1$, also $|b| \geq |a|$.

Die beiden Funktionen div *und* mod *sind zentral in der elementaren Zahlentheorie. Wir müssen dazu zunächst für zwei ganze Zahlen a und b die Ausdrücke $\lfloor \frac{a}{b} \rfloor = \max\{k \in \mathbb{Z} : k \leq \frac{a}{b}\}$ und $\lceil \frac{a}{b} \rceil = \min\{k \in \mathbb{Z} : k \geq \frac{a}{b}\}$ einführen. Dann ist a* div $b = \begin{cases} \lfloor \frac{a}{b} \rfloor & b > 0 \\ \lceil \frac{a}{b} \rceil & b < 0 \end{cases}$.
a div b *wird als a dividiert durch b mit Rest gelesen. Den Rest erhält man durch a* mod $b = a - b \cdot (a$ div $b)$ *(gelesen a modulo b). Für weitere Informationen verweisen wir auf* [WHK, S.74 f].

3.4 **Aufgabe 3.4** Für diese und die nächste Aufgabe arbeiten Sie bitte zum Beispiel [WHK, S.74 f] durch. Berechnen Sie bitte die folgenden Größen:
a) 256 div 7,
b) 30 div (-9),
c) -80 div 13,
d) -80 div (-12).

Lösung: Wir benutzen [WHK, Satz 3.2].
a) $256 : 7 = 35$ Rest 1, also ist 256 div $7 = 35$.
b) $30 : (-9) = -3$ Rest 3, also $30 = (-9)(-3) + 3$. Nach [WHK, Satz 3.2] ist 30 div $(-9) = -3$.
c) $-80 : 13 = (-6)$ Rest (-2). Also ist $-80 = (-6) \cdot 13 + (-2) = (-7) \cdot 13 + 11$ und damit ist -80 div $13 = -7$, (und nicht -6).
d) $-80 : (-12) = 6$ Rest -8, also ist $-80 = 7 \cdot (-12) + 4$ und damit (-80) div $(-12) = 7$ (und nicht 6).

3.1 Teilbarkeit und Kongruenzen

Aufgabe 3.5 Berechnen Sie bitte die folgenden Größen. Beachten Sie dabei [WHK, Satz 3.2]!
a) $256 \bmod 7$,
b) $30 \bmod (-9)$,
c) $-80 \bmod 13$,
d) $-80 \bmod (-12)$.

Lösung: Mit den Rechnungen der vorigen Aufgabe erhalten wir
a) $256 = 7 \cdot 35 + 1$, also $256 \bmod 7 = 1$.
b) $30 = (-3) \cdot (-9) + 3$, also $30 \bmod (-9) = 3$.
c) $-80 = (-7) \cdot 13 + 11$, also $(-80) \bmod 13 = 11$.
d) $-80 = 7 \cdot (-12) + 4$, also $(-80) \bmod (-12) = 4$.

Aufgabe 3.6 Stellen Sie bitte die folgenden Zahlen in den folgenden 4 Stellenwertsystemen zur Basis b dar: $b = 2, b = 3, b = 6, b = 16$
a) 30, b) 256, c) 81, d) 1024

Lösung: Der Beweis von [WHK, Satz 3.3] auf [WHK, S. 76] lässt sich in folgendem Algorithmus in einem Pseudocode formulieren: Die zu entwickelnde Zahl sei a, die Zahl, nach der entwickelt wird, sei b.

VAR a, b, k, c, x: **INTEGER**;
y: **STRING of DIGITS**;
/*Für $b > 10$ muss man noch weitere Ziffern einführen und das Programm etwas ändern*/
EINGABE a, b;
BEGIN $k := 0; c := a; y = $;
WIEDERHOLE BIS $c = 0$
$x := c \bmod b$;
$y := \text{xy}$;
AUSGABE (x, k); /*Ausgabe dient der Kontrolle*/
$c := c \text{ DIV } b$;
$k := k + 1$;
END; /*WIEDERHOLE*/
AUSGABE $a = y$; /*Das ist die Ziffernfolge im Stellenwertsystem*/
END.
Anwendung: Darstellung von 30 im Dualsystem:

k	x	Ausgabe	c
0	0	(0,0)	15
1	1	(1,1)	7
2	1	(1,2)	3
3	1	(1,3)	1
4	1	(1,4)	0

Wir erhalten $30 = 2^4 + 2^3 + 2^2 + 2$ also $30 = 11110$ im Dualsystem.
Als zweites Beispiel wählen wir $a = 30$, $b = 16$ und erhalten $30 = 16^1 + 14$, also $30 = 1E$ im Hexadezimalsystem.
Schließlich berechnen wir noch die Darstellung von 256 $(= 2^8)$ im Sechsersystem:

k	x	Ausgabe	c
0	4	(4,0)	42
1	0	(0,1)	7
2	1	(1,2)	1
3	1	(1,3)	0

Wir erhalten $256 = 4 + 6^2 + 6^3$, also $256 = 1104$ im Sechsersystem.

Um für eine beliebige reelle Zahl $a \neq 0$ und eine beliebige natürliche Zahl m die Potenz a^m schnell auszurechnen, benutzt man den Algorithmus des schnellen Potenzierens. Hierzu stellt man m im Stellenwertsystem zur Basis 2 dar, also $m = \sum_{j=0}^{k} x_j 2^j$ mit $x_j \in \{0, 1\}$ und $x_k = 1$. Der Algorithmus lautet in einem Pseudocode formuliert:

```
BEGIN    b := a;
FOR      j := k - 1  STEP -1 DOWNTO 0 DO
                     b := b²;
                     IF x_j = 1 THEN b := b · a;
END;     /*FOR*/
AUSGABE: b;
END.
```

3.7 **Aufgabe 3.7** Berechnen Sie bitte mit Hilfe des Algorithmus des schnellen Potenzierens die folgenden Potenzen:
a) 5^{32}, b) 5^{24}, c) 3^{18}, d) 3^{12}.

Lösung: a) $32 = 2^5$, man erhält
$5 \to 5^2 = 25 \to 5^4 = 25^2 = 625 \to 5^8 = 625^2 = 390625$

3.1 Teilbarkeit und Kongruenzen

$\to 5^{16} = 390625^2 = 152587890625 =: a$
$\to 5^{32} = a^2 = 23283064365386962890625$

b) 5^{24}: Es ist $24 = 2^4 + 2^3$. Der Algorithmus startet bei

$k = 3 \quad b := 5^2 = 25 \quad x_3$ ist 1 $\quad b := 25 \cdot 5 = 125$
$k = 2 \quad b := 125^2 = 15625 \quad x_2 = 0$
$k = 1 \quad b = 15625^2 = 244140625 \quad x_1 = 0$
$k = 0 \quad b = 244140625^2 = 59604644775390625$

Wir berechnen nur noch 3^{12}. $12 = 2^3 + 2^2$
$k = 2 \quad b = 3^2 \quad x_2 = 1 \quad b = 3^2 \cdot 3 = 27$
$k = 1 \quad b = 27^2 = 729 \quad x_1 = 0$
$k = 0 \quad b = 729^2 == 531441 \quad x_0 = 0$.

Aufgabe 3.8 a) Sei $p = 7$. Berechnen Sie bitte $64^7 \mod 7$.
b) Sei $x = 123456799$ und $y = 987654321$. Zeigen Sie bitte x^y hat als letzte Ziffern 99.
Tipp: Rechnen Sie $\mod 100$.

Lösung: Die Lösungen benutzen [WHK, Korollar 3.7]. Hiernach folgt

$$a^n \mod b = \underbrace{(a \mod b)(a \mod b) \cdots (a \mod b)}_{n\,mal} \mod b.$$

a) $x = 64^7$. Es ist $64 \mod 7 = 1$, also $64^7 \mod 7 = 1$
b) $x = 123456799$, $y \in \mathbb{N}$ ungerade.
Behauptung: x^y hat als letzte Ziffer 99.
Beweis: Sei $a \equiv 99(\mod 100)$. Dann ist $a \equiv -1(\mod 100)$, denn es ist $a = 100k + 99 = 100(k+1) - 1$ für $k = a \operatorname{div} 100$. Sind also $a_1, \ldots, a_n$ beliebige Zahlen mit $a_k \equiv 99(\mod 100)$, so ist nach [WHK, Satz 3.6]

$$a_1 \cdots a_n(\mod 100) \equiv a_1(\mod 100) \cdots a_n(\mod 100)$$
$$\equiv (-1)^n(\mod 100).$$

Da y ungerade ist, ist $x^y \equiv -1(\mod 100) \equiv 99(\mod 100)$, also $x^y \mod 100 = 99$. Also hat x^y als letzte Ziffer 99.

Aufgabe 3.9 Rechnen Sie explizit nach, dass
a) $\{0, 1, 2, 3, 4, 5\}$ ein Repräsentantensystem für $\equiv (\mod 6)$ und
b) $\{0, 1, 2, 3, 4\}$ ein Repräsentantensystem für $\equiv (\mod 5)$ ist.

Lösung: a) Wir müssen explizit zeigen, dass für $0 \leq k < \ell \leq 5$ die Äquivalenzklassen A_k, in der k liegt und A_ℓ, in der ℓ liegt, verschieden sind. und außerdem, dass es zu jeder Äquivalenzklasse A ein k mit $0 \leq k \leq 5$ gibt mit $k \in A$.

Beweis: (i) Sei $0 \leq k < \ell \leq 5$. Sei $x \in A_k \cap A_\ell$. Dann ist $x \equiv k (\mod 6)$ und $x \equiv \ell (\mod 6)$, also $x = 6m + k = 6n + \ell$ für passende $m, n \in \mathbb{Z}$. Dann ist $0 = 6(m - n) + k - \ell$, also $\ell - k = 6(m - n)$. Nach Voraussetzung ist $0 \leq k < \ell \leq 5$, also $1 \leq \ell - k \leq 5$. Nach Aufgabe 3.3 folgt daraus $6 \leq \ell - k$, ein Widerspruch. Also ist $A_k \cap A_\ell = \emptyset$.

(ii) Sei A eine beliebige Äquivalenzklasse und $x \in A$. Dann ist $k := x \mod 6 \in \{0, 1, \ldots, 5\}$ und $x \equiv k (\mod 6)$, also $A = A_k$.

b) geht entsprechend.

3.10 **Aufgabe 3.10** Berechnen Sie bitte die größten gemeinsamen Teiler:
a) ggT $(27, 24)$,
b) ggT $(48, -30)$,
c) ggT $(256, 126)$.

Lösung: Wir geben hier keine Lösung an. Probieren Sie selbst den einfachen euklidischen Algorithmus. Der erweiterte euklidische Algorithmus wird für dieselben Zahlenpaare bei der Lösung der nächsten Aufgabe benutzt. Dort erhalten wir dann automatisch die Lösung.

3.11 **Aufgabe 3.11** Stellen Sie die größten gemeinsamen Teiler der vorigen Aufgabe als Ausdrücke $sa + bt$ mit geeigneten $s, t \in \mathbb{Z}$ dar. Das heißt: finden Sie passende $s, t \in \mathbb{Z}$ mit
a) ggT $(27, 24) = 27s + 24t$,
b) ggT $(48, -30) = 48s - 30t$,
c) ggT $(256, 252) = 256s + 126t$.

Tipp: Benutzen Sie den erweiterten euklidischen Algorithmus.

Lösung: Wir benutzen den erweiterten euklidischen Algorithmus [WHK, S. 80].

a) ggT$(27, 24) = 27s + 24t$
Eingabe $a = 27$, $b = 24$, $x = a$, $y = b$
$s_1 = 1 \quad s_2 = 0 \quad s = 0,$
$t_1 = 0 \quad t_2 = 1 \quad t = 1.$

3.1 Teilbarkeit und Kongruenzen 63

Es ist 27 mod 24 = 3 ≠ 0. Also

$$g = 27 \text{ div } 24 = 1, \, r = 27 \text{ mod } 24 = 3,$$
$$s = 1 - 1 \cdot 0 = 1 \quad t = -1,$$
$$s_1 = 0, \, s_2 = 1, \, t_1 = 1, \, t_2 = -1,$$
$$x = 24, \quad y = 3$$

Es ist 24 mod 3 = 0; die Whileschleife bricht ab. Die if-Abfragen entfallen! Ausgabe

$$y = 3 = \text{ggT}(27, 24)$$
$$3 = 1 \cdot 27 - 1 \cdot 24$$

Die restlichen Berechnungen sind nun klar.

Aufgabe 3.12 Zeigen Sie bitte: Zu den folgenden Zahlenpaaren (a, b) gibt es ganze Zahlen s, t mit $as + bt = 1$ und bestimmen Sie s und t.   3.12
a) $a = 243$, $b = 128$,
b) $a = 6$, $b = 35$,
c) $a = 18$, $b = 175$.

Lösung: a) Vermutlich ist ggT(243, 128) = 1, sonst wäre die Aufgabe nicht lösbar. Wir wenden den erweiterten euklidischen Algorithmus an (s. [WHK, S. 80]) und erhalten:
$a = 243 \quad , \quad b = 128,$
$x = 243 \quad , \quad y = 128,$
$s_1 = 1 \quad , \quad s_2 = 0, \, s = 0,$
$t_1 = 0 \quad , \quad t_2 = 1, \, t = 1,$

$$x \text{ mod } y = 243 - 128 = 115 \neq 0,$$
$$g = 1, s = 1, t = -1,$$
$$s_1 = 0, s_2 = 1, t_1 = 1, t_2 = -1,$$
$$x = 128, y = 115,$$
$$x \text{ mod } y = 13 \neq 0,$$
$$g = 1, s = -1, t = 2,$$
$$s_1 = 1, s_2 = -1, t_1 = -1, t_2 = 2,$$
$$x = 115, y = 13,$$

$x \mod y = 11 \neq 0.$

$g = 8, s = 9, t = -17$

$s_1 = -1, s_2 = 9, t_1 = 2, t_2 = -17$

$x = 13, y = 11$

$x \mod y = 2 \neq 0$

$g = 1, s = -10, t = 15$

$s_1 = 9, s_2 = -10, t_1 = -17, t_2 = 15$

$x = 11, y = 2$

$x \mod y = 1 \neq 0$

$g = 1, s = -10, t = 19$

$s_1 = 9, s_2 = -10, t_1 = -17, t_2 = 19$

$x = 11, y = 2$

$x \mod y = 1 \neq 0$

$g = 5, s = 59, t = -112$

$s_1 = -10, s_2 = 59, t_1 = 19, t_2 = -112$

$x = 2, y = 1$

$x \mod y = 0.$

Die Schleife bricht ab, wir erhalten $1 = 59 \cdot 243 - 112 \cdot 128$.

Aufgabe 3.13 a) Am Strand haben Kinder einen Eimer mit 3 l und einen Eimer mit 5 l Fassungsvermögen. Sie dürfen die Eimer voll gießen und umfüllen, leeren und aus dem Meer voll schöpfen. Wie müssen die Kinder vorgehen, um in einem Eimer exakt 4 l Wasser zu haben?
b) Dieselbe Aufgabe mit 5 l und 8l für die Eimer. Sie sollen als Ergebnis einmal 6 l, einmal 7 l erhalten.
c) Seien $2 \leq m < n$ teilerfremd. Die Eimer haben ein Fassungsvermögen von m bzw. n Litern. Sei $m < k < n$. Können Sie dann mit den angegebenen Manipulationen k Liter produzieren?
d) Geht das auch, wenn m und n nicht teilerfremd sind, also z.B. $m = 6$, $n = 8$ und $k = 7$ ist?
Tipp: Probieren Sie aus, wie das mit der Addition $\mod 5$ bzw. $\mod n$ zusammenhängt.

Lösung: a) Es gibt mehrere Methoden, hier ist eine: Die Kinder leeren den großen Eimer, füllen den kleinen und schütten ihn in den großen. Dann füllen sie noch einmal den kleinen und schütten ihn, soweit es geht in den großen. Im

3.1 Teilbarkeit und Kongruenzen

kleinen bleibt 1ℓ zurück. Der große wird geleert, der eine Liter in den großen gefüllt, und dann wird der volle kleine Eimer im großen entleert. Dann sind im großen exakt 4ℓ.

Eine andere, schnellere Methode: Der große wird gefüllt und in den kleinen leeren umgegossen. Im großen sind nun 2ℓ. Der kleine wird geleert und der große in den kleinen entleert, so dass der kleine 2ℓ enthält. Der große wird gefüllt und der fehlende Liter in den kleinen gekippt. Im großen sind nun 4ℓ.

b) bis d) Wir halten uns an die erste Methode; es bleibt Ihnen überlassen, die zweite Methode zu mathematisieren. Der kleine Eimer A habe m, der große Eimer B n Liter Fassungsvermögen.

(I) Zunächst fällt folgendes auf: Enthält B gerade z Liter ($0 \leq z < n$), so kann man durch die zugelassenen Manipulationen $(z+m) \mod n$ Liter im großen Eimer erhalten.

Beweis: Ist $0 \leq z < n-m$, so fülle man A voll und gieße den Inhalt nach B. Sei nun $n-m \leq z$. Füllt man A voll und gießt soviel wie möglich in B hinein, so bleiben in A genau $m-(n-z)$ Liter zurück. Nun leert man B und gießt den Inhalt von A nach B. Dann sind in B genau $m-(n-z) = m+z-n \equiv m+z \mod (n)$ Liter enthalten.

Starten wir also mit $z=0$, so erhalten wir (mit einem Induktionsschluss), dass wir $km \mod n$ Liter nach höchstens k Schritten in B haben.

(II) Seien nun m und n teilerfremd. Wir wollen begründen, dass wir jede Zahl z ($0 \leq z \leq n$) von Litern mit den angegebenen Regeln und Manipulationen erhalten. $z=0$ und $z=n$ sind kein Problem.

<u>$z=1$</u>: Nach [WHK, Theorem 3.10] gibt es wegen $\mathrm{ggT}(m,n)=1$ ganze Zahlen s und t mit $1 = m \cdot s + nt \equiv m \cdot s (\mod n)$. Ist $s > 0$, so sind wir am Ziel: wir starten mit dem geleerten Eimer B und erhalten nach (I) mit höchstens s Manipulationen $m \cdot s \mod n = 1$ Liter in B. Ist $s < 0$, so wählen wir ein $r > 0$ mit $s + r \cdot n = s' > 0$. Dann ist $ms \equiv ms' (\mod n) \equiv 1 (\mod n)$. Mit Ausschütten von B und höchstens s' Manipulationen erhalten wir $z = 1\ell$ in B.

<u>$2 \leq z \leq n-1$</u>: Nach dem vorigen Absatz ist $1 \equiv ms (\mod n)$, wo $s \in \mathbb{N}$. Dann ist aber $z \equiv m \cdot (z \cdot s)(\mod n)$. Wir starten wieder mit dem leeren Eimer und erhalten nach (I) in höchstens $z \cdot s$ Schritten genau z Liter in B.

(II) Sei nun $\mathrm{ggT}(m,n) = d > 1$.

Satz: Bei jeder zulässigen Manipulation erhält man in beiden Gefäßen nur durch d teilbare Zahlen, wenn man mit einem leeren und einem vollen Eimer startet.

Beweis: (durch Induktion)

Induktionsanfang: Im Startschritt ($n=0$) ist ein Eimer leer, 0 ist durch d teilbar, der andere voll, hat also m bzw. n Liter, beide Zahlen sind durch d teilbar.

66   3. Einführung in die elementare Zahlentheorie

Induktionsvoraussetzung: Sei n beliebig und nach n Manipulationen habe man im kleinen Eimer x Liter, im großen y Liter und d teile sowohl x wie y.
Behauptung: Nach der nächsten zulässigen Manipulation hat man in beiden Eimern wieder durch d teilbare Liter Wasser.
Beweis: (i) Wir schütten im $(n+1)$ Schritt einen Eimer aus. Da 0 durch d teilbar und im anderen Eimer eine durch d teilbare Zahl von Litern enthalten ist (x oder y, je nachdem, ob man den großen oder kleinen Eimer ausschüttet), folgt die Behauptung.
(ii) Man schüttet so viel wie möglich vom kleinen Eimer in den großen. Ist $y < n - x$, so ist der kleine Eimer leer, im großen sind $x+y$ Liter. Mit x und y ist auch $x+y$ durch d teilbar (0 sowieso) also folgt die Behauptung. Ist $y \geq n-x$, so sind nach dem Umschütten im großen Eimer n Liter, im kleinen Eimer aber $x - (n-y) = x'$ Liter. Nach Voraussetzung gilt $d|n$, $d|x$, $d|y$, also folgt $d|x'$, das ist die Behauptung.
(iii) Man schüttet so viel wie möglich vom großen in den kleinen Eimer. Analoge Überlegungen wie unter (ii) beweisen auch jetzt die Behauptung. Nach dem Prinzip der vollständigen Induktion ist der Satz bewiesen.

3.14   **Aufgabe 3.14**   Bestimmen Sie bitte das kleinste gemeinsame Vielfache kgV(27, 24), kgV(48, −30), kgV(256, 126).

Lösung: Wir berechnen ggTV(a, b) und benutzen [WHK, Satz 3.16], also kgV$(a,b) = \frac{ab}{\text{ggT}(a,b)}$.
a) ggT(27, 24) = 3, also kgV(27, 24) = $\frac{27 \cdot 24}{3} = 9 \cdot 24 = 216$
b) ggT(48 ,- 30) = 6, also kgV(48, −30) = $\frac{48 \cdot (-30)}{6} = -240$
c) ggT(256, 126) = 2, also kgV(256, 128) = $128 \cdot 126 = 16128$.

3.2 Primfaktorzerlegung

3.15   **Aufgabe 3.15** Zerlegen Sie bitte die folgenden Zahlen in Primfaktoren:
a) 144,   b) 2304,   c) 4096,   d) 5824.

Lösung: Wir ziehen aus der Zahl a die Quadratwurzel und teilen a dann durch alle Primzahlen $p \leq \sqrt{a}$. Die Primzahlen $> \sqrt{a}$ erhalten wir damit automatisch.
a) $144 : \sqrt{144} = 12$, also $144 = 12^2 = 3^2 \cdot 4^2 = 3^2 \cdot 2^4$
b) $2304 : \sqrt{2304} = 48 = 16 \cdot 3 = 2^4 \cdot 3$. Also ist $2304 = 2^8 \cdot 3^2$

3.2 Primfaktorzerlegung

c) $5824 : \sqrt{5824} \approx 76.315$, also untersuchen wir alle Primzahlen $p < 76$.
$p = 2$.

$$5824 : 2 = 2.912$$
$$2912 : 2 = 1456$$
$$1456 : 2 = 728$$
$$728 : 2 = 364$$
$$364 : 2 = 182$$
$$182 : 2 = 91$$

Also ist $5824 = 91 \cdot 2^6$.
Um 91 weiter in Primzahlen zu zerlegen, berechnen wir $\sqrt{91} \approx 9.5$ und müssen nur die Primzahlen 3, 5 und 7 testen. Da die Quersumme von 91 nicht durch 3 teilbar und $91 \mod 5 = 1$ ist, testen wir 7.
$91 : 7 = 13$. Wie oben angedeutet erhält man automatisch die Primzahlen $> \sqrt{a}$, wenn man die Teilbarkeit nur mit denen $\leq \sqrt{a}$ testet. Wir haben $5824 = 2^6 \cdot 7 \cdot 13$.

Aufgabe 3.16 Zeigen Sie bitte, dass es unendlich viele Primzahlen gibt. **3.16**
Tipp: Sind $p_1, \ldots, p_n$ Primzahlen, so ist $a = 1 + p_1 \cdots p_n$ durch keine dieser Primzahlen teilbar. Benutzen Sie nun einen Widerspruchsbeweis (siehe [WHK, S. 17]) unter Verwendung von [WHK, Theorem 3.21]

Lösung: Angenommen, es gibt nur endlich viele verschiedene Primzahlen $p_1, \ldots, p_n$. Nach [WHK, Theorem 3.21] besitzt jede Zahl $a \geq 2$ die Zerlegung $a = \prod_{p \in P(a)} p^{n_a(p)}$, wo $P(a)$ eine nicht leere Teilmenge von Primzahlen und $n_a(p) \geq 1$ ist. Nach unserer Annahme gilt $P(a) \subseteq \{p_1, \ldots, p_n\}$. Jede Zahl $a \geq 2$ ist also durch mindestens eines der p_j teilbar, weil $P(a) \neq \emptyset$. Aber die spezielle Zahl $a_0 := 1 + p_1 p_2 \cdots p_n$ ist ≥ 2 und durch *keine* der Zahlen p_j teilbar, denn sie lässt stets den Rest 1. a_0 widerspricht also [WHK, Theorem 3.21], also ist unsere Annahme, es gebe nur endlich viele Primzahlen, falsch.

Kapitel 4
Einführung in die Algebra

4 Einführung in die Algebra

4.1	Halbgruppen, Monoide und Gruppen	71
4.2	Ringe und Körper	85
4.3	Teilbarkeitslehre in Polynomringen	93
4.4	Erste Anwendungen	103
4.5	Boolesche Algebren	108

4 Einführung in die Algebra

4.1 Halbgruppen, Monoide und Gruppen

Wir erklären kurz die Begriffe Halbgruppe, kommutative Halbgruppe, Monoid und Gruppe: Eine Halbgruppe $(H, \circ)$ ist ein Paar, bestehend aus einer nicht leeren Menge H und einer Abbildung $\circ : H \times H \to H$, Verknüpfung genannt, mit der Eigenschaft der Assoziativität: Es gilt stets

$$\circ(x, \circ(y, z)) = \circ(\circ(x, y), z).$$

Normalerweise schreibt man $\circ(x, y)$ einfach als $x \circ y$. Dann lautet das Assoziativ-Gesetz $x \circ (y \circ z) = (x \circ y) \circ z$. Die Halbgruppe heißt kommutativ, wenn $x \circ y = y \circ x$ für alle $x, y \in H$ gilt. Gibt es ein Element e mit $e \circ x = x \circ e = x$ für alle x, so heißt e ein neutrales Element und die Halbgruppe heißt Monoid. Ein Monoid heißt Gruppe, wenn zu jedem x ein y mit $xy = yx = e$ existiert. y heißt dann Inverses x^{-1} von x.

In kommutativen Gruppen schreibt man oft $+$ statt $\circ$. Dann ist das Inverse $-x$ statt x^{-1}. Das neutrale Element wird dann mit 0 bezeichnet, es gilt also für das Inverse $x + (-x) = 0$. Kürzer schreibt man hierfür $x - x = 0$, allgemeiner $x - y$ statt $x + (-y)$. Für Details müssen wir auf die Literatur verweisen, siehe [WHK, Abschnitt 4.1].

Aufgabe 4.1 Sei $\mathbb{Z}_6 := \{0, 1, \ldots, 5\}$ das Standardrepräsentantensystem für $\equiv \pmod{6}$ auf $\mathbb{Z}$.
a) Wir definieren $x \oplus y = (x + y) \bmod 6$.
Zeigen Sie bitte, dass $(\mathbb{Z}_6, \oplus)$ eine Halbgruppe mit $x \oplus y = y \oplus x$, also sogar eine kommutative Halbgruppe ist.
b) Wir definieren $x \odot y = (xy) \bmod 6$.
Zeigen Sie bitte, dass $(\mathbb{Z}_6, \odot)$ eine kommutative Halbgruppe ist.
Tipp: Benutzen Sie [WHK, Korollar 3.7].

Lösung: a) Zunächst ist $x + y \mod 6 \in \mathbb{Z}_6$ nach Definition der Funktion mod 6. Wir benutzen des weiteren, dass $(\mathbb{Z}, +, 0)$ eine kommutative Gruppe ist. Wir haben dort also die Assoziativität und Kommutativität. Wenn wir unter ein Gleichheitszeichen $(\mathbb{Z})$ schreiben, weisen wir damit darauf hin, dass wir diese Eigenschaften von $\mathbb{Z}$ benutzen.

72   4. Einführung in die Algebra

(i) $\oplus$ ist assoziativ.
Beweis: Es ist

$$(x \oplus y) \oplus z = ((x \oplus y) + z) \mod 6$$
$$\underbrace{=}_{[\text{WHK, Kor.3.7}]} (x \oplus y \mod 6 + z \mod 6) \mod 6$$
$$= ((x+y) \mod)6) \mod 6$$
$$+ z \mod 6) \mod 6$$

Nun ist aber $a \mod 6 \in \mathbb{Z}_6$, also $(a \mod 6) \mod 6 = a \mod 6$. Also ist

$$(x \oplus y) \oplus z = ((x+y) \mod 6 + z \mod 6) \mod 6$$
$$\underbrace{=}_{[\text{WHK, Kor.3.7}]} ((x+y) + z) \mod 6$$
$$\underbrace{=}_{(\mathbb{Z})} (x + (y+z)) \mod 6$$
$$\underbrace{=}_{[\text{WHK, Kor.3.7}]} (x \mod 6 + ((y+z) \mod 6) \mod 6) \mod 6$$
$$= (x \mod 6 + (y \oplus z) \mod 6) \mod 6$$
$$\underbrace{=}_{[\text{WHK, Kor.3.7}]} (x + (y \oplus z)) \mod 6$$
$$= x \oplus (y \oplus z).$$

(ii) $\oplus$ ist kommutativ.
Beweis: $x \oplus y = (x+y) \mod 6 =_{(\mathbb{Z})} (y+x) \mod 6 = y \oplus x$.
b) Der Beweis geht vollkommen analog. Man muss nur $+$ durch $\cdot$ ersetzen.

4.2   **Aufgabe 4.2** Wählen Sie $m \geq 2$ beliebig statt der Zahl 6 in der vorigen Aufgabe und setzen Sie $\mathbb{Z}_m = \{0, 1, 2, \ldots, m-1\}$. Gilt dann a) und b) der vorigen Aufgabe immer noch? Beweisen Sie Ihre Aussage.
Tipp: Benutzen Sie [WHK, Korollar 3.7].

Lösung: Ersetzen Sie überall in der vorigen Lösung 6 durch m.

4.3   **Aufgabe 4.3** Sei $A = \{a, b, c\}$ die Menge der drei Buchstaben a, b, c. Geben Sie bitte alle bijektiven Abbildungen von A in sich an (es sind 6 nach [WHK, Korollar 2.23]. Nummerieren Sie sie durch $(f_1, \ldots, f_6)$ und stellen Sie eine Multi-

4.1 Halbgruppen, Monoide und Gruppen

plikationstafel für die Hintereinanderausführung ∘ von Abbildungen ([WHK, Satz 2.5]) auf. Diese Tafel sieht ausschnittweise so aus:

	f_1	f_2	f_3	...
f_1	$f_1 \circ f_1$	$f_1 \circ f_2$	$f_1 \circ f_3$	...
f_2	$f_2 \circ f_1$	$f_2 \circ f_2$	$f_2 \circ f_3$	...
f_3	$f_3 \circ f_1$	$f_3 \circ f_2$	$f_3 \circ f_3$	...
⋮	⋮	⋮	⋮	...

Es ist $f_1 \circ f_2 = f_j$ für ein bestimmtes j, also tragen Sie bei $f_1 \circ f_2$ dieses f_j ein. Prüfen Sie nun explizit die Halbgruppenaxiome nach. Ist $(A, \circ)$ kommutativ? Hat $(A, \circ)$ ein Einselement, ist $(A, \circ)$ also ein Monoid?

Lösung: Wir schreiben die bijektiven Abbildungen $f : \{a,b,c\} \to \{a,b,c\}$ nicht in der Form $\begin{pmatrix} a & b & c \\ f(a) & f(b) & f(c) \end{pmatrix}$ sondern einfach als Tripel $(f(a)f(b)f(c))$ und erhalten folgende Tabelle:

		1	2	3	4	5	6
	∘	abc	acb	bac	cba	bca	cab
1	abc	abc	acb	bac	cba	bca	cab
2	acb	acb	abc	cab	bca	cba	bac
3	bac	bac	bca	abc	cab	acb	cba
4	cba	cba	cab	bca	abc	bac	acb
5	bca	bca	bac	cba	acb	cab	abc
6	cab	cab	cba	acb	bac	abc	bca

Wir können die Tabelle übersichtlicher so schreiben:

∘	1	2	3	4	5	6
1	1	2	3	4	5	6
2	2	1	6	5	4	3
3	3	5	1	6	2	4
4	4	6	5	1	3	2
5	5	3	4	2	6	1
6	6	4	2	3	1	5

Um die Assoziativität für alle möglichen Kombinationen nachzuß-weiß-sen, müssen wir 10 Tripel (nach [WHK, Satz 2.303]) überprüfen. Statt dessen benutzen wir, dass die bijektiven Abbildungen bezüglich der Hintereinanderausführung als Verknüpfung eine Unterhalbgruppe von der Halbgruppe aller

Abbildungen von $A = \{a, b, c\}$ in sich bilden. Die Tabelle zeigt ebenso wie abstrakte Überlegungen, dass die Hintereinanderausführung bijektiver Abbildungen bijektiv ist. $S_3(A)$ ist ein Monoid, denn die Abbildung $\begin{pmatrix} abc \\ abc \end{pmatrix} = id_A$ ist das neutrale Element. Sie ist nicht kommutativ. Dazu müsste die Tabelle symmetrisch zur Hauptdiagonalen sein. Aber es ist $2 \circ 3 = 6 \neq 5 = 3 \circ 2$. Der Tabelle können Sie sogar entnehmen, dass $S_3(A)$ eine Gruppe ist. Denn für ein festes Element f sind die Abbildungen $g \mapsto f \circ g$ und $g \mapsto g \circ f$ bijektiv von $S_3(A)$ auf sich. Es gibt also ein Element $\bar{f}$ mit $f \circ \bar{f} = \bar{f} \circ f = id_A$. Zum Beispiel ist $6 \circ 5 = 5 \circ 6 = 1 = id_A$ (nach unserer Abkürzungstabelle).

Aufgabe 4.4 In der Halbgruppe $(\mathbb{Z}_6, \oplus)$ (siehe Aufgabe 4.1) bilden die Mengen $\{0, 3\}$ und $\{0, 2, 4\}$ Unterhalbgruppen.

Lösung: Eine Menge U einer Halbgruppe $(H, \cdot)$ bildet bezüglich $\cdot$ eine Unterhalbgruppe, wenn $\{x \cdot y : x, y \in U\} \subset U$ gilt (s. [WHK, Definition 4.3]). Sei $H = (\mathbb{Z}_6, \oplus)$, $U = \{0, 3\}$. Es ist $0 \oplus 3 = 3 \oplus 0 = 3$ und $3 \oplus 3 = 6$ mod $6 = 0$. Daher ist $\{x \oplus y : x, y \in U\} \subset U$. $V = \{0, 2, 4\}$. Es ist $0 \oplus x = x$ für $x \in V$, ferner $2 \oplus 2 = 4 \in V$, $2 \oplus 4 = (2+4)$ mod $6 = 0$, $4 \oplus 4 = 8$ mod $6 = 2$. Da $(\mathbb{Z}_6, \oplus)$ kommutativ ist, haben wir alle Terme $x \oplus y$ ausgerechnet. Wir erhalten $\{x \oplus y : x, y \in V\} \subset V$.

Aufgabe 4.5 Sei $G = S_3(A)$ die Menge der bijektiven Abbildungen von der dreielementigen Menge A auf sich. In G betrachten wir

$$U = \left\{ \begin{pmatrix} abc \\ abc \end{pmatrix}, \begin{pmatrix} abc \\ bca \end{pmatrix}, \begin{pmatrix} abc \\ cab \end{pmatrix} \right\}.$$

a) Zeigen Sie bitte, dass U eine Unterhalbgruppe ist.
b) Seien $V = \left\{ \begin{pmatrix} abc \\ bbc \end{pmatrix}, \begin{pmatrix} abc \\ bac \end{pmatrix} \right\}$, $W = \left\{ \begin{pmatrix} abc \\ abc \end{pmatrix}, \begin{pmatrix} abc \\ cba \end{pmatrix} \right\}$ und $X = \left\{ \begin{pmatrix} abc \\ abc \end{pmatrix}, \begin{pmatrix} abc \\ acb \end{pmatrix} \right\}$. V, W und X sind Unterhalbgruppen.

Lösung: Mit den Bezeichnungen der Lösung zur Aufgabe 4.3 erhalten wir $U = \{1, 5, 6\}$ und entnehmen der Tafel $1 \circ x = x \circ 1 = x$, $(x \in U)$, $5 \circ 5 = 6$, $6 \circ 6 = 5$, $5 \circ 6 = 6 \circ 5 = 1$. Also gilt $\{x \circ y : x, y \in U\} \subseteq U$. Der Rest geht genau so.

Sei $(H, \circ)$ eine Halbgruppe. Eine Äquivalenzrelation $\sim$ heißt Kongruenzrelation auf H, wenn aus $a \sim a'$ und $b \sim b'$ stets $a \circ b \sim a' \circ b'$ folgt. Kongruenzre-

4.1 Halbgruppen, Monoide und Gruppen

lationen sind die wichtigsten Äquivalenzrelationen in der Algebra. Sie lassen sich einfach mit bestimmten Unterhalbgruppen etc. in Verbindung setzen.
Sei $\sim$ eine Äquivalenzrelation. Die Äquivalenzklassen können Sie sich als Schubkästen einer Kommode vorstellen. Oft nimmt man als Label für einen solchen Schubkasten eines der Elemente, das in ihm liegt. Macht man dies für jeden Schubkasten, erhält man ein Repräsentantensystem.
Die Äquivalenzklassen sind also neue Objekte. Stammen sie von einer Kongruenzrelation, kann man sie auch verknüpfen. Im Schubkasten-Bild: Seien A und B zwei Äquivalenzklassen mit den Labels x und y. Dann liegt das Produkt $x \circ y$ wieder in einer Äquivalenzklasse, etwa C. Hätte man statt x nun $x' \in A$ und $y' \in B$ statt y gewählt, so würde das Produkt $x' \circ y'$ wieder in derselben Äquivalenzklasse C liegen wie das ursprüngliche Produkt. Das genau ist die Bedingung für eine Kongruenzrelation. Damit hat man eine Verknüpfung auf der Menge der Äquivalenzklassen (im Bild: auf der Kommode). Bezeichnen wir die Äquivalenzklasse, in der x liegt, mit $[x]$, so lautet die Verknüpfung $[x] \circ' [y] := [x \circ y]$. Ist $(H, \circ)$ eine Halbgruppe, so auch $(H/\sim, \circ')$, wobei $H/\sim$ die Menge der Äquivalenzklassen bezeichnet. $H/\sim$ heißt Faktorhalbgruppe. Äquivalenzklassen einer Kongruenzrelation heißen auch Nebenklassen.

Aufgabe 4.6 (vergleiche [WHK, S. 91]) Sei $H = (\mathbb{Z}_6, \oplus)$. Wir setzen $k \sim \ell$ wenn $(k - \ell) \bmod 6 \in \{0, 3\}$. Zeigen Sie bitte: 4.6
a) Für $k, \ell \in \{0, \ldots, 5\} = \mathbb{Z}_6$ ist $(k - \ell) \bmod 6 = k \oplus (6 - \ell)$, wobei $6 - \ell$ die gewöhnliche Differenz zweier natürlicher Zahlen ist.
b) $\sim$ ist eine Äquivalenzrelation. Schreiben Sie bitte die Äquivalenzklassen explizit hin!
c) $\sim$ ist sogar eine Kongruenzrelation.
Tipp: Benutzen Sie das Kriterium [WHK, S. 91 Mitte], das wir oben wieder gegeben haben. Es lautet in unserem Fall: Gilt $k \sim k'$ und $\ell \sim \ell'$, so ist $k \oplus \ell \sim k' \oplus \ell'$. Wenn Sie gar nicht weiterkommen, so hilft Ihnen die Verknüpfungstafel für $\oplus$ weiter, also die Tafel

$\oplus$	0	1	2	3	4	5
0	$0 \oplus 0$	$0 \oplus 1$	·	·	·	·
1	$1 \oplus 0$	·	·	·	·	·
2	$2 \oplus 0$	·	·	·	·	·
3	·	·	·	·	$3 \oplus 4$	·
4	·	·	·	·	·	·
5	·	·	·	·	·	·

die Sie eben ausfüllen müssen.

d) Bestimmen Sie die Faktorhalbgruppe gemäß [WHK, Satz 4.4] an. Das bedeutet genauer: Zeigen Sie: Sind K und L zwei Äquivalenzklassen, so liegt $\{k \oplus \ell : k \in K, \ell \in L\}$ in genau einer Äquivalenzklasse. Sie wird mit $K \odot L$ bezeichnet. Nach dem zitierten Satz ist die Menge $\mathbb{Z}_6/\sim$ der Äquivalenzklassen mit $\odot$ als Verknüpfung wieder eine Halbgruppe. Überzeugen Sie sich davon durch Aufstellen der Multiplikationstafel für $\odot$.

Lösung: Sei $H = (\mathbb{Z}_6, \oplus) = (\{0,1,2,3,4,5\}, \oplus)$, $U = \{0,3\}$ (Unterhalbgruppe, siehe Aufgabe 4.4)
a) Es ist

$$\begin{aligned}
k \oplus (6-\ell) &= (k+6-\ell) \mod 6 \\
&= ((k-\ell)+6) \mod 6 \\
&\underset{\text{[WHK, Kor.3.7]}}{=} ((k-\ell) \mod 6 + 6 \mod 6) \mod 6 \\
&= (k-\ell) \mod 6.
\end{aligned}$$

b) Wir weisen die Reflexivität, die Symmetrie und die Transitivität von $\sim$ nach (siehe [WHK, Definition 2.18])
$\sim$ *ist reflexiv*: Es ist $(k-k) \mod 6 = 0 \mod 6 = 0 \in U$.
$\sim$ *ist symmetrisch*: Sei $k \sim \ell$ also $(k-\ell) \mod 6 \in U$. Dann ist $(k-\ell) \mod 6 = 0$, also $k = k \mod 6 = \ell \mod 6 = \ell$, oder $(k-\ell) \mod 6 = 3$. Daraus folgt $k-\ell = 3+6r$ für ein $r \in \mathbb{Z}$, also $\ell-k = -3+6(-r) = 3+6(-r-1)$, was $(\ell-k) \mod 6 = 3$ zur Folge hat. Also gilt $\ell \sim k$.
$\sim$ *ist transitiv*: Sei $(k-\ell) \mod 6 \in U$ und $(\ell-m) \mod 6 \in U$. Dann ist $((k-\ell) \mod 6 + (\ell-m) \mod 6) \mod 6 \in U$, weil $\{x \oplus y : x, y \in U\} \subseteq U$ und
$(a \mod 6 + b \mod 6) \mod 6 = (a \mod 6) \oplus (b \mod 6)$ in $(\mathbb{Z}_6, \oplus)$. Nach Korollar 3.7 ist aber

$$\begin{aligned}
((k-\ell) \mod 6 + (\ell-m) \mod 6) \mod 6 &= (k-\ell+\ell-m) \mod 6 \\
&= (k-m) \mod 6.
\end{aligned}$$

Also gilt $k \sim m$.
c) $\sim$ *ist eine Kongruenzrelation.*
Beweis: Sei $k \sim k'$ und $\ell \sim \ell'$. Wir müssen zeigen $k \oplus \ell \sim k' \oplus \ell'$. Dazu wiederholen wir die Definition der Addition: es ist $a \oplus b = (a+b)$

4.1 Halbgruppen, Monoide und Gruppen 77

mod 6. Außerdem benutzen wir [WHK, Korollar 3.7]. Damit erhalten wir

$$(k \oplus \ell) \oplus (6 - (k' \oplus \ell')) = ((k+\ell) \mod 6 + (6 - k' - \ell') \mod 6) \mod 6$$
$$= (k + \ell + 6 - k' - \ell') \mod 6$$
$$= (k + (6 - k') + \ell + (6 - \ell')) \mod 6$$
$$= ((k + 6 - k') \mod 6$$
$$\quad + (\ell + (6 - \ell') \mod 6) \mod 6$$
$$= k \oplus (6 - k') \oplus (\ell \oplus (6 - \ell'))$$

Nach Voraussetzung sind $k \oplus (6 - k') \in U$ und $(\ell \oplus (6 - \ell')) \in U$. Wegen $\{x \oplus y : x, y \in U\} \subseteq U$ ist also auch die Summe und damit $(k \oplus \ell) \oplus (6 - (k' \oplus \ell'))$ in U, also nach Teil a) der Aufgabe $k \oplus \ell \sim k' \oplus \ell$!

d) (i) Die verschiedenen Äquivalenzklassen sind $[0] = U$, $[1] = \{1, 4\} = \{1 \oplus x : x \in U\}$ und $[2] = \{2, 5\} = \{2 \oplus x : x \in U\}$.

Beweis: Wir zeigen: $k \sim \ell$ gilt genau dann, wenn $k \in \{\ell \oplus x : x \in U\}$. Denn $k \sim \ell$ gilt genau dann, wenn $(k - \ell) \mod 6 \in U$, also $(k - \ell) \mod 6 = x$ für ein $x \in U$ ist. Das ist genau dann der Fall, wenn ein $r \in \mathbb{Z}$ existiert mit $k - \ell = x + 6r$, also $k = \ell + x + 6r$. Und das gilt genau dann, wenn $k = k \mod 6 = (\ell + x + 6r) \mod 6 = (\ell \mod 6 + x \mod 6) \mod 6 = \ell \oplus x$ ist. Damit sind die Äquivalenzklassen also
$\{\ell \oplus x : x \in U\} =: \ell \oplus U$ für $\ell \in \mathbb{Z}_6$. Es ist aber $4 \oplus U = 1 \oplus U$ wegen $4 = 1 \oplus 3$ und $3 \in U$. Ebenso $5 \oplus U = 2 \oplus U$. Also hat man alle Äquivalenzklassen angegeben.

Für die Verknüpfung der Äquivalenzklassen bei einer Kongruenzrelation gilt $[a] \odot [b] = [a \cdot b]$, siehe [WHK, S. 91]. Damit erhält man die folgende Verknüpfungstafel aus der Eigenschaft c):

$\odot$	$[0]$	$[1]$	$[2]$
$[0]$	$[0]$	$[1]$	$[2]$
$[1]$	$[1]$	$[2]$	$[0]$
$[2]$	$[2]$	$[0]$	$[1]$

Zum Beispiel ist $[2] \odot [2] = [(2 \oplus 2)] = [4] = [2]$.

Neben den Kongruenzrelationen und Faktorhalbgruppen etc. ist der Begriff des Homomorphismus in der Algebra zentral. Eine Abbildung φ der Halbgruppe $(H, \circ)$ in die Halbgruppe $(K, \circ')$ heißt Homomorphismus, wenn $\varphi(x \circ y) = \varphi(x) \circ' \varphi(y)$ für alle $x, y \in H$ gilt. Ein bijektiver Homomorphismus heißt Isomorphismus. Gibt es einen Isomorphismus zwischen H und K, so heißen H und K isomorph. Vom Standpunkt der abstrakten Algebra kann man sie nicht unterscheiden.

4.7	**Aufgabe 4.7** Sei $H = S_3(A)$ (siehe Aufgabe 4.3) und f_0 die Abbildung $\begin{pmatrix} abc \\ bac \end{pmatrix}$.

a) Was ist f_0^{-1}?

b) Zeigen Sie bitte: $\varphi : H \to H$, gegeben durch $\varphi(f) = f_0^{-1} \circ f \circ f_0$ für alle $f \in H$, ist ein Isomorphismus von H auf sich.

c) Da φ bijektiv ist, existiert φ^{-1}. Geben Sie für $\varphi^{-1}(f)$ eine explizite Formel an und zeigen Sie, dass auch φ^{-1} ein Isomorphismus ist.

Lösung: 86. a) f_0 ist unsere Abbildung 3 der Lösung zu Aufgabe 4.3. Es ergibt sich nach der dortigen Tabelle $f_0 \circ f_0 = 3 \circ 3 = id_A$. Also ist $f_0 = f_0^{-1}$.

b) Weil die Verknüpfung eine Abbildung ist, ist $\varphi(f) = f_0^{-1} \circ f \circ f_0$ eine eindeutige Zuordnung. Wir müssen die Homomorphie-Eigenschaft nachweisen, d.h. $\varphi(f \circ g) = \varphi(f) \circ \varphi(g)$ zeigen. Es ist

$$\begin{aligned}
\varphi(f) \circ \varphi(g) &= (f_0^{-1} \circ f \circ f_0) \circ (f_0^{-1} \circ g \circ f_0) \\
&\underbrace{=}_{\circ \text{ ist assoz.}} f_0^{-1} \circ f \circ (f_0 \circ f_0^{-1}) \circ g \circ f_0 \\
&= f_0^{-1} \circ \underbrace{f \circ id_A \circ g}_{=f \circ g} \circ f_0 \\
&= f_0^{-1} \circ f \circ g \circ f_0 \\
&= \varphi(f \circ g).
\end{aligned}$$

Wir zeigen, dass φ bijektiv ist, indem wir die Umkehrabbildung explizit angeben:
Sei $\psi(f) = f_0 \circ f \circ f_0^{-1}$. Dann ist

$$\varphi(\psi(f)) = f_0^{-1} \circ \psi(f) \circ f_0 = f_0^{-1} \circ (f_0 \circ f \circ f_0^{-1}) \circ f_0.$$

Wegen $id_A \circ f = f \circ id_A = f$ folgt aus der Assoziativität von $\circ$ (d.h. man darf beliebig klammern)

$$\varphi(\psi(f)) = id_A \circ f \circ id_A = f.$$

Da f beliebig war, folgt $\varphi \circ \psi = id_H$.
Genauso rechnet man $\psi \circ \varphi = id_H$ nach.

4.8	**Aufgabe 4.8** Seien H, K und L Halbgruppen. Beweisen Sie bitte die folgenden Aussagen:

a) $\varphi : H \to K$ und $\psi : K \to L$ seien Homomorphismen. Dann ist $\psi \circ \varphi : H \to L$ ein Homomorphismus.

b) Sei $\varphi : H \to K$ ein Isomorphismus. Dann ist $\varphi^{-1} : K \to H$ ebenfalls ein Isomorphismus.

4.1 Halbgruppen, Monoide und Gruppen

Lösung: a) Man muss die Homomorphieeigenschaft von $\psi \circ \varphi$ nachweisen. Seien $x, y \in H$ beliebig. Dann ist

$$\begin{aligned}(\psi \circ \varphi)(x \cdot y) &= \psi(\varphi(x \cdot y)) \\ &\underbrace{=}_{\varphi\,Hom} \psi(\varphi(x) \cdot \varphi(y)) \underbrace{=}_{\psi\,Hom} \psi(\varphi(x)) \cdot \psi(\varphi(y)) \\ &= (\psi \circ \varphi)(x) \cdot (\psi \circ \varphi)(y).\end{aligned}$$

b) φ^{-1} ist bijektiv als Umkehrabbildung einer bijektiven Abbildung. Wir müssen also nur zeigen, dass φ^{-1} die Homomorphieeigenschaft hat. Genauer: Seien $x, y \in K$ beliebig und $\varphi^{-1}(xy) = u$, $\varphi^{-1}(x) \cdot \varphi^{-1}(y) = v$. Wir müssen $u = v$ zeigen. Es ist $\varphi(u) = xy$ und

$$\begin{aligned}\varphi(v) &= \varphi(\varphi^{-1}(x) \cdot \varphi^{-1}(y)) \\ &\underbrace{=}_{\varphi\,Hom} \varphi(\varphi^{-1}(x)) \cdot (\varphi(\varphi^{-1}(y))) \\ &= xy.\end{aligned}$$

Damit ist $\varphi(u) = \varphi(v)$, also $u = \varphi^{-1}(u)) = \varphi^{-1}(\varphi(v)) = v$.

Aufgabe 4.9 Seien H und K Halbgruppen. Auf $H \times K = \{(x, y) : x \in H, y \in K\}$ definieren wir $(x, y) \circ (u, v) = (xu, yv)$ (vergleiche [WHK, Satz 4.25]).
a) Zeigen Sie bitte: $(H \times K, \circ)$ ist eine Halbgruppe, das direkte Produkt von H und K.
b) Seien H und K Monoide mit Einselementen e_H, e_K. Dann ist (e_H, e_K) Einselement von $(H \times K, \circ)$, dies ist also ebenfalls ein Monoid.
c) Sind H und K Gruppen, so auch $H \times K$.
d) Stellen Sie bitte eine Verknüpfungstafel für $(H \times K, \circ)$ im Fall $H = K = (\mathbb{Z}_2, \oplus)$ auf.

4.9

Lösung: a) Wir müssen zeigen, dass $\circ$ assoziativ ist und benutzen hierzu, dass die Verknüpfungen auf H und K assoziativ sind. Seien (x_j, y_j) $(j = 1, 2, 3)$ aus $H \times K$ beliebig. Es ist

$$\begin{aligned}((x_1, y_1) \circ (x_2, y_2)) \circ (x_3, y_3)) &= (x_1 x_2, y_1 y_2) \circ (x_3, y_3) \\ &= ((x_1 x_2) x_3, (y_1 y_2) y_3) \\ &= (x_1 (x_2 x_3), y_1 (y_2 y_3)) \\ &= (x_1 y_1) \circ (x_2 x_3, y_2 y_3) \\ &= (x_1, y_1) \circ ((x_2, y_2) \circ (x_3, y_3))\end{aligned}$$

Damit ist die Assoziativität bewiesen.
b) Sei $(x,y) \in H \times K$ beliebig. Es ist

$$(e_H, e_K) \circ (x,y) = (e_H x, e_K y) = (x,y) = (x e_H, y e_K) = (x,y)(e_H, e_K).$$

Dabei haben wir benutzt, dass e_H Einselement in H und e_K Einselement in K ist. Es ist also

$$(e_H, e_K) \circ (x,y) = (x,y) = (x,y) \circ (e_H, e_K),$$

womit die Behauptung bewiesen ist.
c) Sei $(x,y) \in H \times K$ beliebig, x^{-1} das Inverse zu x in H und y^{-1} das Inverse zu y in K. Wir behaupten, dass (x^{-1}, y^{-1}) das Inverse zu (x,y) in $H \times K$ ist.
Beweis

$$(x^{-1}, y^{-1}) \circ (x,y) = (x^{-1}x, y^{-1}y) = (e_H, e_K)$$
$$= (xx^{-1}, yy^{-1}) = (x,y) \circ (x^{-1}, y^{-1})$$

d) Wir stellen zunächst die Verknüpfungstafel für $(\mathbb{Z}_2, \oplus)$ auf:

$\otimes$	0	1
0	0	1
1	1	0

Damit ergibt sich die Verknüpfungstafel für $(\mathbb{Z}_2 \times \mathbb{Z}_2, \circ)$ so:

$\circ$	$(0,0)$	$(0,1)$	$(1,0)$	$(1,1)$
$(0,0)$	$(0,0)$	$(0,1)$	$(1,0)$	$(1,1)$
$(0,1)$	$(0,1)$	$(0,0)$	$(1,1)$	$(1,0)$
$(1,0)$	$(1,0)$	$(1,1)$	$(0,0)$	$(0,1)$
$(1,1)$	$(1,1)$	$(1,0)$	$(0,1)$	$(0,0)$

Aufgabe 4.10 Seien H und K Halbgruppen und φ eine Abbildung von H nach K. Zeigen Sie bitte: φ ist genau dann ein Homomorphismus, wenn der Graph $G_\varphi = \{(x, \varphi(x)) : x \in H\}$ eine Unterhalbgruppe von $(H \times K, \circ)$ ist.
Tipp: Ist φ ein Homomorphismus, gilt also stets $\varphi(xy) = \varphi(x)\varphi(y)$, so ist leicht nachzurechnen, was

$$(x, \varphi(x)) \circ (y, \varphi(y))$$

ist und dass dies in G_φ liegt. Ist umgekehrt G_φ eine Unterhalbgruppe, so gilt

$$(xy, \varphi(x)\varphi(y)) = (x, \varphi(x)) \circ (y, \varphi(y)) \in G_\varphi,$$

4.1 Halbgruppen, Monoide und Gruppen

also ...

Lösung: (I) Sei $\varphi : H \to K$ ein Homomorphismus.
Behauptung: $G_\varphi = \{(x, \varphi(x)) : x \in H\}$ ist eine Unterhalbgruppe von $(H \times K, \circ)$ aus der vorigen Aufgabe.
Beweis: Nach [WHK, Definition 4.3] müssen wir nur zeigen; sind $(x, \varphi(x))$ und $(y, \varphi(y)) \in G_\varphi$ beliebig, so ist auch $(x, \varphi(x)) \circ (y, \varphi(y)) \in G_\varphi$. Aber es ist nach Definition von $\circ$

$$(x, \varphi(x)) \circ (y, \varphi(y)) = (xy, \varphi(x)\varphi(y)) =_{\varphi \, Hom} (xy, \varphi(xy)) \in G_\varphi.$$

Wir haben also nur $\varphi(x)\varphi(y) = \varphi(xy)$, d.h. die Homomorphieeigenschaft von φ benutzen müssen.
(II) Sei φ eine Abbildung von $H \to K$ und G_φ sei eine Unterhalbgruppe von $(H \times K, \circ)$.
Behauptung: φ ist ein Homomorphismus.
Beweis: Wir müssen $\varphi(x, y) = \varphi(x)\varphi(y)$ für alle $x, y \in H$ zeigen. Wir haben als Voraussetzung: Für alle $x, y \in H$ ist $(x, \varphi(x)) \circ (y, \varphi(y)) \in G_\varphi$. Nun ist $(x, \varphi(x)) \circ (y, \varphi(y)) = (xy, \varphi(x)\varphi(y)) \in G_\varphi$. Andererseits ist $(xy, \varphi(xy)) \in G_\varphi$. Da G_φ Graph von φ und $xy = xy$ ist, muss $\varphi(x)\varphi(y) = \varphi(xy)$ gelten (vergl. Aufgabe 2.19).

Aufgabe 4.11 Sei $H = (\mathbb{Z}_6, \oplus)$. Zeigen Sie bitte:
a) H ist eine Gruppe
b) Sei $\varphi : \mathbb{Z}_6 \to \mathbb{Z}_3$ gegeben durch $\varphi(k) = k \bmod 3$. Dann ist φ ein Homomorphismus.
c) Bestimmen Sie den Kern $\ker(\varphi)$ von φ.
d) $\mathbb{Z}_6 / \ker(\varphi)$ ist die aus Aufgabe 4.4 berechnete Gruppe. Diese ist also isomorph zu $\mathbb{Z}_3$.

Lösung: a) Wir hatten schon in Aufgabe 4.1 gezeigt, dass $(\mathbb{Z}_6, \oplus)$ ein kommutatives Monoid mit 0 als neutralem Element ist. Wir müssen also nur noch beweisen: Zu jedem $x \in \mathbb{Z}_6$ existiert ein $y \in \mathbb{Z}_6$ mit $x \oplus y = 0$. Aber das ist ganz einfach: es ist $x \oplus (6-x) = (x + 6 - x) \bmod 6 = 0$. Also ist $y = (6-x)$ ($-$ ist hier die Subtraktion in $\mathbb{Z}$. Wegen $0 \leq x \leq 5$ ist $6 - x \in \mathbb{Z}_6$). Zum besseren Verständnis schreiben wir $\oplus_6$ für die Addition in $\mathbb{Z}_6$ und analog $\oplus_3$ für die in $\mathbb{Z}_3$.
b) Es ist $\varphi(k \oplus_6 \ell) = (k \oplus_6 \ell) \bmod 3$. Wir müssen also $(k \oplus_6 \ell) \bmod 3 = (k \bmod 3) \oplus_3 (\ell \bmod 3)$ zeigen. Für $0 \leq k, \ell \leq 5$ ist $k \oplus_6 \ell = (k + \ell) \bmod 6$. Damit gibt es ein $r \in \mathbb{Z}$ (man kann sich überlegen, dass $r = 0$ oder 1 ist) mit

$k+\ell = k\oplus_6\ell+6r$, also $k\oplus_6\ell = k+\ell-6r$ und damit $(k\oplus_6\ell) \mod 3 = (k+\ell) \mod 3$, weil 3 ein Teiler von 6 ist. Aber $(k+\ell) \mod 3 = (k \mod 3) \oplus_3 (\ell \mod 3)$ nach Definition von $\oplus_m$ (für $m \geq 2$). Damit ist die Behauptung bewiesen.

c) Es ist $\ker(\varphi) = \{k \in \mathbb{Z}_6 : \varphi(k) = 0 \in \mathbb{Z}_3\} = \{0, 3\}$.

d) In Aufgabe 4.4 hatten wir $\mathbb{Z}_6/\ker(\varphi)$ berechnet und die Äquivalenzklassen $[0], [1], [2]$ gefunden. Die dort angegebene Verknüpfungstafel zeigt, dass $\psi : [k] \to k$ von $\mathbb{Z}_6/\ker(\varphi)$ auf $\mathbb{Z}_3$ ein Isomorphismus ist.

4.12 **Aufgabe 4.12** Zeigen Sie bitte, dass $S_3(A)$ (siehe Aufgabe 4.3) die von

$$\left\{ \begin{pmatrix} abc \\ bac \end{pmatrix}, \begin{pmatrix} abc \\ bca \end{pmatrix} \right\}$$

erzeugte Gruppe ist (vergleiche [WHK, Satz 4.12]).

Lösung: Wir benutzen die Nummerierung und Multiplikationstafel der Lösung zu Aufgabe 4.3. Die Abbildung $\begin{pmatrix} abc \\ bac \end{pmatrix}$ hat dort die Nummer 3 die Abbildung $\begin{pmatrix} abc \\ bca \end{pmatrix}$ die Nummer 5. Wir zeigen, dass die Menge $A := \{3^{\circ k_1} \cdot 5^{\circ k_2} : k_j \in \mathbb{N}_0\}$ bereits gleich $S_3(A)$ ist. (vergl. den in der Aufgabe zitierten Satz).($x^{\circ k}$ bedeutet $\underbrace{x \circ x \circ \cdots \circ x}_{k\mathrm{mal}}$.) Dazu benutzen wir die Tabelle der Lösung zur zitierten Aufgabe. Es ist $3^{\circ 2} = id_A = 1 \in A$. Außerdem ist $5^{\circ 2} = 6$, $3^{\circ 5} = 2$, $3^{\circ 6} = 4$, also ist

$$S_3(A) = \{3^{\circ 2}, 3 \circ 5, 3, 3 \circ 5^{\circ 2} 5, 5^{\circ 2}\} = <A>.$$

Die Ordnung eines Elementes a in einem Gruppe $(H, \cdot, e)$ ist entweder ∞, wenn nämlich $a^k \neq e$ für alle $k \in \mathbb{N}$ gilt, oder aber sie ist die kleinste natürliche Zahl n mit $a^n = e$. In einer additiv geschriebenen Gruppe lautet die Bedingung: entweder ist $n \cdot a (= \underbrace{a+a+a+\cdots+a}_{n\ mal}) \neq 0$ für alle $n \in \mathbb{N}$, dann ist die Ordnung ∞, oder sie ist die kleinste Zahl n mit $n \cdot a = 0$. Die Ordnung $|G|$ einer Gruppe ist einfach die Anzahl ihrer Elemente.

4.13 **Aufgabe 4.13** Sei $G = (\mathbb{Z}_6, \oplus)$. Bestimmen Sie bitte die Ordnung $o(k)$ der Elemente $k \in \mathbb{Z}_6$.

4.1 Halbgruppen, Monoide und Gruppen

Lösung: $o(0) = 1$, $o(1) = 6$, denn $\underbrace{1 \oplus 1 \oplus \cdots \oplus 1}_{k \leq 5 \text{ mal}} = k$. $o(2) = 3$, denn
$2 \oplus 2 = 4, 2 \oplus 2 \oplus 2 = 0$, $o(3) = 2$, denn $3 \oplus 3 = 0$. $o(4) = 3$, denn $4 \oplus 4 = 2$
$4 \oplus 4 \oplus 4 = 0$. $o(5) = 6$. Denn $\underbrace{5 \oplus \cdots \oplus 5}_{k\text{mal}} = k \cdot 5 \mod 6$ (nach [WHK, Korollar 3.7]) und $k \cdot 5 \mod 6 = k(6-1) \mod 6$ also $o(5) = o(1)$.

Aufgabe 4.14 Sei $\varphi : \mathbb{Z} \to \mathbb{Z}_6$, gegeben durch $\varphi(k) = k \mod 6$. Zeigen Sie bitte, dass φ ein Homomorphismus von $(\mathbb{Z}, +)$ auf $(\mathbb{Z}_6, \oplus)$ ist. Was ist der Kern, was sind die Äquivalenzklassen? Zeigen Sie explizit, dass $\mathbb{Z}/\ker(\varphi)$ isomorph ist zu $(\mathbb{Z}_6, \oplus)$. Das heißt insbesondere: Stellen Sie eine Verknüpfungstafel für die Äquivalenzklassen auf und geben Sie den Isomorphismus explizit an.

Tipp: Zeigen Sie, dass die Äquivalenzklassen gerade $\{6k : k \in \mathbb{Z}\}$, $\{6k+1 : k \in \mathbb{Z}\}, \ldots, \{6k+5 : k \in \mathbb{Z}\}$ sind.

Lösung: Dass φ ein Homomorphismus ist, folgt aus [WHK, Korollar 3.7] auf folgende Weise:

$$\begin{aligned}\varphi(k) \oplus \varphi(\ell) &= (\varphi(k) + \varphi(\ell)) \mod 6 \\ &= (k \mod 6 + \ell \mod 6) \mod 6 \\ &= (k + \ell) \mod 6 \\ &= \varphi(k + \ell).\end{aligned}$$

Ist $k \in \mathbb{Z}_6$, aufgefasst als Teilmenge von $\mathbb{Z}$, so ist $\varphi(k) = k$, also ist φ surjektiv. Der Kern ist

$$\begin{aligned}\varphi^{-1}(0) &= \{k \in \mathbb{Z} : k \mod 6 = 0\} \\ &= \{6n : n \in \mathbb{Z}\} =: U.\end{aligned}$$

Ist $0 \leq k \leq 5$, so ist $\varphi^{-1}(k) = \{k + 6n : n \in \mathbb{Z}\} =: k + U$. Damit sind die Äquivalenzklassen gerade die $[k] = k + U$ für $0 \leq k \leq 5$. Nach [WHK, Satz 4.4] ist die Verknüpfung der Äquivalenzklassen gerade durch $[k] \odot [\ell] = [k+\ell]$ gegeben.
Da $[r] = [r \mod 6]$ ist erhält man

$$[k] \odot [\ell] = [(k+\ell) \mod 6] = [k \oplus \ell].$$

Wir definieren also $\psi([k]) = k$ und erhalten $\psi([k] \odot [\ell]) = k \oplus \ell = \psi([k]) \oplus \psi([\ell])$. Also ist ψ der gewünschte Isomorphismus.

4.15 **Aufgabe 4.15** a) Sei $p = 5$ und G eine Gruppe der Ordnung 5. Zeigen Sie bitte, dass G isomorph ist zu $(\mathbb{Z}_5, \oplus)$.
Tipp: Sei $e \neq a \in G$. Was ist $o(a)$? ($o(a)$ ist immer ein Teiler der Gruppenordnung, das heißt, ein Teiler der Anzahl der Elemente in G, siehe [WHK, Satz 4.15])?
b) Gilt a) für eine beliebige Primzahl anstelle von $p = 5$?
c) Gilt a) für $p = 4$?
Tipp: zu c) Welche Ordnung hat $G = (\mathbb{Z}_2, \oplus) \times (\mathbb{Z}_2, \oplus)$ (siehe Aufgabe 4.9)

Lösung: a) Sei e das neutrale Element und $e \neq x \in G$ beliebig. Nach [WHK, Satz 4.15] ist die Ordnung $o(x)$ ein Teiler der Gruppenordnung, also ist $o(x) = 5$ wegen $x \neq e$. Es sind $x^k \neq x^\ell$ für $0 \leq k < \ell \leq 4$. Also ist $G = \{e, x, x^2, x^3, x^4\}$, da G ja nur 5 Elemente enthält. Wir zeigen nun, dass $G \cong (\mathbb{Z}_5, \oplus)$. Dazu definieren wir $\varphi(k) = x^k$. Dann ist $\varphi(k \oplus \ell) = x^{k \oplus \ell} = x^{(k+\ell) \bmod 5}$. Nun ist $k + \ell = k \oplus \ell + 5r$ mit $r = 0$ oder 1, weil aus $0 \leq k, \ell \leq 4$ stets $0 \leq k + \ell \leq 8$ folgt. Damit ist $x^k \cdot x^\ell = x^{k+\ell} = x^{k \oplus \ell} \cdot x^{5r} = x^{k \oplus \ell}$, weil $x^\circ = x^5 = e$. Also ist $\varphi(k)\varphi(\ell) = \varphi(k \oplus \ell)$, also ist φ ein Homomorphismus. Da φ bijektiv ist, folgt die Behauptung.

b) Sei G eine Gruppe der Ordnung p, wo p eine Primzahl ist. Ist $e \neq x$, so ist $1 \neq o(x)$ und $o(x)$ ist nach dem zitierten Satz ein Teiler der Primzahl p, also ist $o(x) = p$. Nach [WHK, Satz 4.22 b] ist $\{e, x, \ldots, x^{p-1}\}$ die von x erzeugte Untergruppe. Da sie p Elemente hat, ist sie gleich G. Wir definieren $\varphi : (\mathbb{Z}_p, \oplus) \to G$ durch $\varphi(k) = x^k$ und erhalten wie unter a), dass φ ein Isomorphismus ist.

c) $G = (\mathbb{Z}_2, \oplus) \times (\mathbb{Z}_2, \oplus)$ hat 4 Elemente, also die Ordnung 4. Der Gruppentafel in der Lösung zu Aufgabe 4.9 entnimmt man, dass für beliebiges $x \in G$ $x \oplus x = 0$ gilt. Es gibt also kein Element der Ordnung 4, a) gilt also nicht für $p = 4$.

4.16 **Aufgabe 4.16** Zeigen Sie bitte $(\mathbb{Z}_6, \oplus) \cong (\mathbb{Z}_2, \oplus) \times (\mathbb{Z}_3, \oplus)$, indem Sie den Isomorphismus explizit konstruieren!
Tipp: Arbeiten Sie den Beweis von [WHK, Satz 4.26] anhand des Beispiels von $(\mathbb{Z}_6, \oplus)$ durch!

Lösung: Wir beziehen uns laut Anleitung auf den Beweis des genannten Satzes. Es ist $6 = 2 \cdot 3$. Da $(\mathbb{Z}_6, \oplus)$ additiv geschrieben wird, müssen wir Potenzen durch Vielfache ersetzen; es ist also

$$k \cdot x = \underbrace{x \oplus x \oplus \cdots \oplus x}_{k \text{ Summanden}}.$$

4.2 Ringe und Körper

Sei $H = \{x \in \mathbb{Z}_6 : 2x = 0\} = \{0,3\}$, $K = \{x \in \mathbb{Z}_6 : 3x = 0\} = \{0,2,4\}$. Wir definieren $\varphi : H \times K \to \mathbb{Z}_6$ durch $\varphi((x,y)) = x \oplus y$. Wir rechnen explizit nach, dass φ ein Homomorphismus ist.

$$
\begin{aligned}
\varphi((x_1, y_1) \oplus (x_2, y_2)) &= \varphi((x_1 \oplus x_2, y_1 \oplus y_2) \\
&= x_1 \oplus x_2 \oplus y_1 \oplus y_2 \\
&\underbrace{=}_{\mathbb{Z}_6 \text{ kommutativ}} (x_1 \oplus y_1) \oplus (x_2 \oplus y_2) \\
&= \varphi((x_1, y_1)) \oplus \varphi((x_2, y_2)).
\end{aligned}
$$

Wir zeigen, dass φ injektiv ist. Sei also $\varphi((x,y)) = x \oplus y = 0$. Wir prüfen direkt nach, dass das nur für $x = y = 0$ möglich ist (im Buch wird das eleganter, aber schwerer verständlich gezeigt). Sei $x = 3$. Da $y \in K$ ist, ist $y = 0, 2$ oder 4, aber $3 \oplus 2 = 5$, $3 \oplus 4 = 1$, $3 \oplus 0 = 3$, alle $\neq 0$. Ist aber $x = 0$, so ist $x \oplus y = 0$, also $y = 0$. Damit ist bewiesen, dass der Kern von φ gleich $\{(0,0)\}$ ist. φ ist damit injektiv. Wegen $|H \times K| = 6 = |\mathbb{Z}_6|$ ist φ bijektiv, also ein Isomorphismus.

Aufgabe 4.17 Zeigen Sie bitte $(\mathbb{Z}_4, \oplus) \not\cong (\mathbb{Z}_2, \oplus) \times (\mathbb{Z}_2, \oplus)$.
Tipp: $\mathbb{Z}_4$ hat ein Element der Ordnung 4. In $\mathbb{Z}_2 \times \mathbb{Z}_2$ haben alle Elemente $(a,b) \neq (0,0)$ die Ordnung 2. Warum widerspricht dies Beispiel [WHK, Satz 4.26] nicht?

Lösung: Angenommen es gäbe einen Isomorphismus φ von $\mathbb{Z}_4$ auf $\mathbb{Z}_2 \times \mathbb{Z}_2$. Es ist $1 \oplus 1 = 2 \neq 0$ in $\mathbb{Z}_4$. Aber in $\mathbb{Z}_2 \times \mathbb{Z}_2$ gilt $(a,b) \oplus (a,b) = (a \oplus a, b \oplus b) = (0,0)$ für jedes Element (a,b). Damit hätte man wegen der Injektivität von φ insbesondere

$$(0,0) \neq \varphi(2) = \varphi(1) \oplus \varphi(1) = 0,$$

ein Widerspruch.

Was dahinter steht, ist das Folgende: *ist φ ein Isomorphismus der Gruppe G auf die Gruppe H so gilt für die Ordnungen $o(x) = o(\varphi(x))$.* Können Sie das beweisen?

4.2 Ringe und Körper

Ein Ring $(R, +, \cdot)$ ist eine Menge R mit zwei Verknüpfungen $+$ und $\cdot$, so dass $(R, +)$ eine additiv geschriebene kommutative Gruppe mit neutralem Element

0 ist, ferner $(R, \cdot)$ eine Halbgruppe ist und die Distributivgesetze gelten:
$$a \cdot (b+c) = a \cdot b + a \cdot c, \ (c+d) \cdot a = c \cdot a + b \cdot a.$$

Ist die Halbgruppe $(R, \cdot)$ kommutativ - wie in diesem Kapitel fast ausschließlich - so braucht man natürlich nur eine der beiden Formeln, also eines der Distributivgesetze nachzuweisen, um zu zeigen, dass R ein Ring ist.

Hat $(R, \cdot)$ ein Einselement, so sagt man, es handelt sich um einen Ring mit Eins. In diesem Fall kann man sich alle Elemente der Halbgruppe $(R, \cdot)$ anschauen, zu denen bezüglich $\cdot$ ein Inverses existiert. Ein solches Element heißt Einheit. Die Menge der Einheiten wird mit R^* bezeichnet, bildet eine Gruppe und heißt daher die Einheitengruppe von R. Ist R kommutativ und ist $R^* = R \setminus \{0\}$, also jedes Element $\neq 0$ invertierbar in $(R, \cdot)$, so heißt R Körper.

4.18 **Aufgabe 4.18** Wir führen in $\mathbb{Z}_6$ eine Multiplikation ein: $k \odot \ell := k\ell \bmod 6$. Zeigen Sie bitte:

a) $(\mathbb{Z}_6, \odot)$ ist ein kommutatives Monoid mit 1 als neutralem Element.

b) Es gelten die Distributivgesetze $k \odot (\ell \oplus m) = k \odot \ell \oplus k \odot m$

Tipp: Benutzen Sie ausgiebig [WHK, Korollar 3.7]

c) $(\mathbb{Z}_6, \oplus, \odot)$ ist ein kommutativer Ring mit Eins.

Tipp: c) ist nur die Zusammenfassung von a), b) und Aufgabe 4.11.

d) Bestimmen Sie die Einheiten in $\mathbb{Z}_6$.

Tipp: Benutzen Sie [WHK, Korollar 3.13]

Lösung: a) Zunächst ist für $k, \ell \in \mathbb{Z}_6$ die Zahl $k\ell \bmod 6$ wieder aus $\mathbb{Z}_6$, die Abbildung $\mathbb{Z}_6 \times \mathbb{Z}_6 \ni (k, \ell) \mapsto k\ell \bmod 6 \in \mathbb{Z}_6$ also eine Verknüpfung. Es ist $k \odot \ell = \ell \odot k$ wegen $k\ell \bmod 6 = \ell k \bmod 6$. Ferner ist nach [WHK, Korollar 3.7]

$$\begin{aligned}(k \odot \ell) \odot m &= (k\ell \bmod 6) \cdot (m \bmod 6) \bmod 6 \\ &= (k\ell m) \bmod 6 \\ &= (k \bmod 6)(\ell m \bmod 6) \bmod 6 \\ &= k \odot (\ell \odot m).\end{aligned}$$

Also ist $\odot$ assoziativ und – wie oben schon gezeigt – auch kommutativ. Es ist $1 \odot k = k \bmod 6 = k$. Also ist 1 das Einselement. $(\mathbb{Z}_6, \odot, 1)$ also ein Monoid.

b) Mit Hilfe des angegebenen Korollars und der Distributivgesetze in $(\mathbb{Z}, +, \cdot)$ erhalten wir $k \odot (\ell \oplus m) = k(\ell \oplus m) \bmod 6 = (k((\ell + m) \bmod 6)) \bmod 6$.

4.2 Ringe und Körper

Da $k \in \mathbb{Z}_6$ ist $k = k \mod 6$. Also ist

$$\begin{aligned}
k \odot (\ell \oplus m) &= (k \mod 6 \cdot (\ell + m) \mod 6) \mod 6 \\
&= k \cdot (\ell + m) \mod 6 \\
&= (k\ell + km) \mod 6 \\
&= (k\ell \mod 6 + km \mod 6) \mod 6 \\
&= (k \odot \ell + k \odot m) \mod 6 \\
&= k \odot \ell \oplus k \odot m.
\end{aligned}$$

Damit ist das Distributivgesetz bewiesen.

c) Nach Aufgabe 4.11 ist $(\mathbb{Z}_6, \oplus, 0)$ eine Gruppe. Mit a) und b) folgt, dass $(\mathbb{Z}_6, \oplus, \odot)$ ein kommutativer Ring ist. 1 ist das Einselement.

d) Wir müssen alle Elemente x in $\mathbb{Z}_6$ finden, zu denen es ein y mit $x \odot y = 1$ gibt. Das erste ist 1. Es ist $2 \odot 3 = 6 \mod 6 = 0$, also kann es weder zu 2 noch zu 3 ein y mit $x \odot y = 1$, $(x = 2, 3)$, denn wäre $2 \odot y = 1$, so wäre $3 = 3 \odot (2 \odot y) = (3 \odot 2) \odot y = 0$, ein Widerspruch. Es ist $3 \odot 4 = 0$, also ist auch 4 keine Einheit. Aber 5 ist wegen $5 \odot 5 = 25 \mod 6 = 1$ eine Einheit. Also ist $\{1, 5\}$ die Menge der Einheiten.

Aufgabe 4.19 Zeigen Sie bitte: 4.19
a) Für jedes $n \geq 2$ ist $(\mathbb{Z}_n, \oplus, \odot)$ ein kommutativer Ring mit Eins. Dabei ist $\mathbb{Z}_n 0\{0, 1, \ldots, n-1\}$, $k \oplus \ell = (k + \ell) \mod n$, $k \odot \ell = (k\ell) \mod n$.
b) Ist n eine Primzahl, so ist $(\mathbb{Z}_n, \oplus, \odot)$ ein Körper.
Tipp: [WHK, Korollar 3.13]

Lösung: a) Siehe die Lösung der vorigen Aufgabe, bei der man 6 durch n ersetzt.
b) Sei p eine Primzahl. Wir müssen zeigen: zu jedem $x \neq 0$ aus $\mathbb{Z}_p$ gibt es ein y mit $xy = 1$. Sei $1 \leq x \leq p - 1$ beliebig. Wir benutzen das angegebene Korollar. Wegen $\ggT(x, p) = 1$ (p ist Primzahl!) gibt es ein $d \in \mathbb{Z}$ mit $dx \equiv 1 \mod p$. Setzen wir $y = d \mod p$, so erhalten wir wegen $x = x \mod p$

$$\begin{aligned}
y \odot x &= yx \mod p \\
&= (d \mod p \cdot x \mod p) \mod p \\
&= dx \mod p = 1.
\end{aligned}$$

Aufgabe 4.20 a) Finden Sie alle Elemente $a, b \neq 0$ in $\mathbb{Z}_6$ mit $a \odot b = 0$, also   4.20
$ab \equiv 0 \pmod 6$. Ist also $(\mathbb{Z}_6, \oplus, \odot)$ ein Körper?

88   4. Einführung in die Algebra

b) Sei jetzt allgemeiner n keine Primzahl (wie $n = 6$ unter a). Zeigen Sie bitte: es gibt Elemente $a, b \neq$ in $\mathbb{Z}_n$ mit $a \odot b = 0$, also $ab \equiv 0 \,(\mathrm{mod}\ n)$.
Tipp: Verwenden Sie die Definition einer Primzahl [WHK, Definition 3.19]. Da n **keine** Primzahl ist, müssen Sie durch Verneinung der Charakterisierung von Primzahlen eine Bedingung für n finden, keine Primzahl zu sein. Im Teil a) war $6 = 2 \cdot 3$, allgemein $n = ? \cdot ?$.
Bemerkung: Die letzten beiden Aufgaben ergeben: $\mathbb{Z}_n$ **ist genau dann ein Körper, wenn** n **eine Primzahl ist**, und das ist [WHK, Korollar 4.58]

Lösung: a) Wir haben in der Lösung von Aufgabe 4.18 Teil d) bereits 2, 3 und 4 als Zahlen erkannt, zu denen es $y \neq 0$ mit $x \circ y = 0$ gibt; 1 und 5 hingegen sind Einheiten.
b) Sei n keine Primzahl. Dann gibt es Zahlen $q, r \geq 2$ mit $n = qr$ und natürlich $q, r \leq n - 1$. Damit ist $q, r \in \mathbb{Z}_n \setminus \{0\}$ und $q \odot r = qr \,\mathrm{mod}\, n = 0$. Also ist $(\mathbb{Z}_n, \oplus, \odot)$ kein Körper.

4.21 **Aufgabe 4.21** Lösen Sie bitte das folgende Gleichungssystem:

$$\begin{aligned} x &\equiv 13 \quad (\ \mathrm{mod}\ 7) \\ x &\equiv 2 \quad (\ \mathrm{mod}\ 8) \\ x &\equiv 1 \quad (\ \mathrm{mod}\ 9) \end{aligned}$$

Tipp: Konstruktive Lösung des Gleichungssystems im chinesischen Restsatz (Korollar 4.60 [WHK, S. 121]). Für die Lösung von ggT$(a, b) = 1$ benutzen Sie bitte den erweiterten Euklidischen Algorithmus [WHK, S. 80]

Lösung: Die nächste Aufgabe ist sehr ähnlich, aber interessanter. Deshalb geben wir hier keine Lösung an.

4.22 **Aufgabe 4.22** Eine Räuberbande von 17 Mitgliedern (aus dem 18. Jh.) teilte sich die Beute von x Dukaten. Eine Dukate blieb übrig, um die man sich prügelte, wobei einer starb. Nun teilte man wieder auf, es blieben 10 Dukaten übrig. Wieder wurde einer erschlagen. Nun endlich ließen sich die x Dukaten gerecht und ohne Rest aufteilen. Wie groß war x mindestens?
Tipp: Chinesischer Restsatz, s. vorige Aufgabe.

Lösung: Aus der ersten Teilung erhalten wir $x \equiv 1 \mod 17$, aus der zweiten Teilung erhalten wir $x \equiv 10 \mod 16$ und aus der dritten $x \equiv 0 \mod 15$. 15, 16 und 17 sind offensichtlich teilerfremd, also können wir das explizite Lösungsverfahren für den Beweis des chinesischen Restsatzes verwenden. Wir

4.2 Ringe und Körper

bestimmen zunächst die Lösungen der Gleichungssysteme

$$x_1 \equiv 1 \pmod{17}, \ x_1 \equiv 0 \pmod{16}, \ x_1 \equiv 0 \pmod{15},$$
$$x_2 \equiv 0 \pmod{17}, \ x_2 \equiv 1 \pmod{16}, \ x_2 \equiv 0 \pmod{15},$$
$$x_3 \equiv 0 \pmod{17}, \ x_3 \equiv 0 \pmod{16}, \ x_3 \equiv 1 \pmod{15},$$

und setzen dann die gesuchte Lösung aus diesen zusammen.

(I) $n_1 = 17$, $N_1 = 15 \cdot 16 = 240$. Es ist ggT$(17, 240) = 1$. Wir bestimmen Zahlen s und t mit

$$1 = 240s + 17t.$$

Der erweiterte euklidische Algorithmus ergibt $1 = -8 \cdot 240 + 113 \cdot 17$ und damit $1 \equiv -8 \cdot 240 \pmod{17}$, $0 \equiv -8 \cdot 240 \pmod{16}$ und $\pmod{15}$.

(II) Im zweiten Schritt ist $n_2 = 16$, $N_2 = 17 \cdot 15 = 255$. Hier erhält man durch Kopfrechnen $1 = 16 \cdot 16 - 1 \cdot 255 \equiv 255 \pmod{16}$, $0 \equiv -255 \pmod{17}$ und $\pmod{15}$

(III) Im dritten Schritt ist $n_3 = 15$, $N_3 = 17 \cdot 16 = 272$. Mit dem erweiterten euklidischen Algorithmus ergibt sich $1 = -7 \cdot 272 + 127 \cdot 15$, also $1 \equiv -7 \cdot 272 \pmod{15}$, $0 \equiv -7 \cdot 272 \pmod{16}$ und $\pmod{17}$.

(IV) im vierten Schritt setzen wir $y = 1 \cdot (-8) \cdot 240 + 10 \cdot (-255) + 0 \cdot (-7) \cdot 272 = -4470$. Nach Konstruktion gilt

$$y \equiv 1 \pmod{17}$$
$$y \equiv 10 \pmod{16}$$
$$y \equiv 0 \pmod{15}.$$

Wir berechnen nun $x = y \bmod 15 \cdot 16 \cdot 17 = y \bmod 4080$. Es ist $y \operatorname{div} 4080 = \lfloor \frac{-4470}{4080} \rfloor = -2$, also erhält man mit [WHK, Satz 3.2] $x = -4470 + 2 \cdot 4080 = 3690$.

Andere (größere) Lösungen sind $3690 + k \cdot 4080$ mit $k \geq 1$.

In der Zahlentheorie spielt die Eulersche φ-Funktion eine wichtige Rolle. Sei $\mathbb{Z}_n^*$ die Einheitengruppe im Ring $\mathbb{Z}_n$. Dann ist $\varphi(n) = |\mathbb{Z}_n^*|$ für $n \geq 2$. $\varphi(1) = 1$.

Aufgabe 4.23 Berechnen Sie bitte die Eulersche φ–Funktion $\varphi(n)$ für $n = 6$, $n = 15$, $n = 32$, $n = 60$.
Tipp: [WHK, Korollar 4.62]

Lösung: Wir benutzen die Formel aus [WHK, Korollar 4.62 c]
a) $n = 6 = 2 \cdot 3$; $\varphi(6) = 1 \cdot 2 = 2$.

b) $n = 15 = 3 \cdot 5$; $\varphi(15) = 2 \cdot 4 = 8$.
c) $n = 32 = 2^5$; $\varphi(32) = 2^4 = 16$.
d) $n = 60 = 2^2 \cdot 3 \cdot 5$ $\varphi(60) = 2 \cdot 2 \cdot 4 = 16$.

Aufgabe 4.24 a) Berechnen Sie bitte k^{-1} mod n für $k = 2, 3, 4, \ldots, 12$ und $n = 13$.
b) Berechnen Sie bitte $k^{\varphi(n)}$ mod n für $k = 5$ und $n = 6, 15, 32, 60$.

Lösung: a) Wir betrachten den Ring $\mathbb{Z}_{13}$, der ein Körper ist, weil p eine Primzahl ist. Das Inverse zu $k \in \mathbb{Z}_{13}^* = \{1, 2, \cdots 12\}$ kann man nach [WHK, Korollar 3.13] auf folgende Art bestimmen: Wegen ggT$(13, k) = 1$ berechnet man mit dem erweiterten euklidischen Algorithmus $s, t \in \mathbb{Z}$ mit $1 = sk$ mod $13 = s$ mod $13 \cdot k$ mod 13, also ist s mod 13 das Inverse zu k mod 13.

Auf diesem Weg muss man 11 mal den erweiterten euklidischen Algorithmus anwenden, aber damit kommt man zum Ziel.

Hier ist ein anderer, weniger sturer Weg. $G := \mathbb{Z}_{13}^*$ hat die Ordnung $12 = 4 \cdot 3$; damit ist G nach [WHK, Satz 4.26] isomorph zum kartesischen Produkt $H \times K$ mit $H = \{x \in G : x^4 = 1\}$ und $K = \{x \in G : x^3 = 13\}$. Das Inverse in $H \times K$ ist leicht zu berechnen: $(x^k, y^\ell)^{-1} = (x^{4-k}, y^{3-\ell})$. Wir geben den Isomorphismus $\varphi : H \times K \to G$ konkret an. Ist dann $k \in G$, so berechnen wir leicht das Inverse $(\varphi^{-1}(k))^{-1}$ von $\varphi^{-1}(k)$ in $H \times K$, es sei (u, v), also $(u, v) \cdot \varphi^{-1}(k) = (1, 1)$. Dann gilt

$$1 = \varphi(1,1) = \varphi((u,v)\varphi^{-1}(k)) = \varphi((u,v)) \cdot \varphi(\varphi^{-1}(k)) = \varphi((u,v)) \cdot k.$$

Also ist $\varphi(u, v)$ das Inverse von k.

Um dies alles durchschaubar umzusetzen, bezeichnen wir die Potenzen von $x \in G$ mit $x^{\odot k}$. Nach [WHK, Korollar 3.7] ist

$$x^{\odot k} = \underbrace{x \odot \cdots \odot x}_{k\,\text{mal}} = x^k \mod 13.$$

Wir vermuten, dass H zyklisch ist und finden durch Probieren $5^{\odot 1} = 5$, $5^{\odot 2} = 25 \mod 13 = 12$; $5^{\odot 3} = 12^{\odot 5} = 60 \mod 13 = 8$ und $5^{\odot 4} = 8 \odot 5 = 40 \mod 13 = 1$. Damit ist $H = \{1, 5, 12, 8\}$. Noch einfacher findet man $3^{\odot 1} = 3$, $3^{\odot 2} = 9$, $3^{\odot 3} = 27 \mod 13 = 1$. Nach den Beweisen von [WHK, Satz 4.26] ist der Isomorphismus φ gegeben durch $\varphi((x, y)) = x \odot y = xy \mod 13$. Wir stellen alles in einer Tabelle zusammen:

4.2 Ringe und Körper

$H \times K$	$H \times K$ ausgerechnet	$\varphi((x,y)) = k$	Inverses k^{-1}
$(1,1)$	$(1,1)$	1	1
$(5,1)$	$(5,1)$	5	8
$(5^{\odot 2},1)$	$(12,1)$	12	12
$(5^{\odot 3},1)$	$(8,1)$	8	5
$(1,3)$	$(1,3)$	3	9
$(5,3)$	$(5,3)$	2	7
$(5^{\odot 2},3)$	$(12,3)$	10	4
$(5^{\odot 3},3)$	$(8,3)$	11	6
$(1,3^{\odot 2})$	$(1,9)$	9	3
$(5,3^{\odot 2})$	$(5,9)$	6	11
$(5^{\odot 2},3^{\odot 2})$	$(12,9)$	4	10
$(5^{\odot 3},3^{\odot 2})$	$(8,9)$	7	2

Wir haben wir die letzte Spalte berechnet? So, wie wir das oben abstrakt dargestellt haben. Als Beispiel berechnen wir 10^{-1}. Es ist $10 = \varphi(12,3) = \varphi(5^{\odot 2}, 3)$. Das Inverse von $(5^{\odot 2}, 3)$ in $H \times K$ ist

$$(5^{\odot 2}, 3)^{-1} = (5^{\odot 2}, 3^{\odot 2}) = (12, 9).$$

Denn es ist $(5^{\odot 2}, 3^{\odot 2})(5^{\odot 2}, 3) = (5^{\odot 4}, 3^{\odot 3}) = (1,1)$. Also ist das Inverse von 10 gleich $\varphi((12,9)) = 12 \cdot 9 \mod 13 = 108 \mod 13 = 4$.

b) Um größere Klarheit zu erhalten, schreiben wir für die in $\mathbb{Z}_n$ gebildeten Potenzen $x^{\odot k}$. $x^{\odot k} = \underbrace{x \odot x \odot \cdots \odot x}_{k\,\text{Faktoren}}$. Es ist $x^{\odot k} = x^k \mod n$.

(1) $n = 6$, $\varphi(n) = 2$, $5^{\odot 2} = 25 \mod 6 = 1$.
(2) $n = 15$, $\varphi(n) = 8$, $5^{\odot 2} = 25 \mod 15 = 10$. $5^{\odot 4} = 10^{\odot 2} = 100 \mod 15 = 10$. Also ist $5^{\odot \varphi(n)} = 5^{\odot 8} = (5^{\odot 4})^{\odot 2} = 10^{\odot 2} = 10$.
(3) $n = 32$, $\varphi(n) = 16$. Es ist $5^{\odot 2} = 25$, also $5^{\odot 4} = 25^2 \mod 32 = 625 \mod 32 = 17$.
Daraus folgt $5^{\odot 8} = 17^{\odot 2} = 289 \mod 32 = 1$, und das ergibt $5^{\odot \varphi(n)} = 5^{\odot 16} = (5^{\odot 8})^{\odot 2} = 1$.
(4) $n = 60$, $\varphi(n) = 16$. Es ist $5^{\odot 4} = 5^4 \mod 60 = 625 \mod 60 = 25 = 5^{\odot 2}$. Daraus folgt

$$5^{\odot 16} = (5^{\odot 4})^{\odot 4} = (5^{\odot 2})^{\odot 4} = (5^{\odot 4})^{\odot 2} = (5^{\odot 2})^{\odot 2} = 5^{\odot 4} = 5^{\odot 2} = 25.$$

Zusammengefasst: $5^{\odot \varphi(60)} = 25$.

Aufgabe 4.25 Bestimmen Sie bitte explizit die Umkehrabbildung des Isomorphismus

$$\varphi : \mathbb{Z}_{15} \to \mathbb{Z}_5 \times \mathbb{Z}_3 \,, \; x \mapsto (x \bmod 5, x \bmod 3)$$

4.25

(siehe [WHK, Satz 4.59]).
Tipp: Konstruktive Lösung des Gleichungssystems in [WHK, Korollar 4.60] (chinesischer Restsatz).

Lösung: Die Aufgabe besteht darin, zu einem Paar $(y_1, y_2) \in \mathbb{Z}_5 \times \mathbb{Z}_3$ ein $y \in \mathbb{Z}_{15}$ mit $\varphi(y) = (y \mod 5, y \mod 3) = (y_1, y_2)$ zu bestimmen, das heißt, die Gleichungen $y \equiv y_1 \mod 5$ und $y \equiv y_2 \mod 3$ zu lösen. Wir wenden dazu das angegebene Lösungsverfahren an.
Zunächst bestimmen wir x_1 mit $x_1 \equiv 1 \mod 5$ und $x_1 \equiv 0 \mod 3$. Das ist in diesem Fall ganz einfach und ohne den erweiterten euklidischen Algorithmus möglich: $x_1 = 6$. Ebenso bestimmen wir x_2 mit $x_2 \equiv 0 \mod 5$ und $x_2 \equiv 1 \mod 3$. Es ergibt sich $x_2 = 10$.
Sei nun $(y_1, y_2) \in \mathbb{Z}_5 \times \mathbb{Z}_3$ beliebig vorgegeben.
Behauptung: $y = x_1 y_1 + x_2 y_2 \mod 15$ erfüllt $\varphi(y) = (y_1, y_2)$.
Beweis: Nach der Definition von y gibt es ein $k \in \mathbb{N}_0$ mit $x_1 y_1 + x_2 y_2 - 15k = y$. Aber dann ist

$$\begin{aligned} y \mod 5 &= x_1 y_1 \mod 5 + x_2 y_2 \mod 5 + (-15k) \mod 5 \\ &= x_1 \mod 5 \cdot y_1 \mod 5 + x_2 \mod 5 \cdot y_2 \mod 5 + 0 \\ &= y_1. \end{aligned}$$

Denn nach Konstruktion ist $x_1 \mod 5 = 1$, $x_2 \mod 5 = 0$ und $(-15k) \mod 5 = 0$. Analog erhält man $y \mod 3 = y_2$. Daraus folgt die Behauptung.

Aufgabe 4.26 Welche der Zahlen $x \in \mathbb{Z}_{15} \setminus \{0\}$ ist *kein* Teiler von 6?
Tipp: Nach der vorigen Aufgabe ist $\varphi(6) = (1, 0)$. Zeigen Sie einfach, dass die einzigen Paare (u, v), die $(1, 0)$ *nicht* teilen gerade $(0, x)$ sind mit $x = 1, 2$. Benutzen Sie dabei, dass $\mathbb{Z}_5 \setminus \{0\}$ eine Gruppe ist, also jedes Element einen Teiler hat, weil 5 eine Primzahl ist. Bestimmen Sie nun $\varphi^{-1}((0, x))$. Das sind genau die Elemente, die keine Teiler von $6 = \varphi^{-1}((1, 0))$ sind. Warum?

Lösung: Da das Berechnen von Teilern in $\mathbb{Z}_{15}$ kompliziert ist, benutzen wir, dass $15 = 5 \cdot 3$, $\mathbb{Z}_{15}$ also nach dem Chinesischen Restsatz [WHK, Satz 4.59] isomorph ist zu $\mathbb{Z}_5 \times \mathbb{Z}_3$, wobei der Isomorphismus φ durch $\varphi(k) = (k \mod 3, k \mod 5)$ gegeben ist ($k \in \mathbb{Z}_{15}$). Es ist $\varphi(6) = (1, 0)$ und wir müssen nun alle $(x, y) \in \mathbb{Z}_5 \times \mathbb{Z}_3$ bestimmen, die $(1, 0)$ *nicht* teilen. Haben wir solch ein (x, y) gefunden, so teilt $\varphi^{-1}(x, y)$ auch $\varphi^{-1}((1, 0)) = 6$ nicht, weil auch φ^{-1} ein Isomorphismus ist (vergl. Aufgabe 4.9 und die vorangegangene Aufgabe).
(x, y) teilt $(1, 0)$ genau dann, wenn es (u, v) gibt mit $(x, y)(u, v) = (1, 0)$. Wegen $(x, y)(u, v) = (xu, yv)$ ist das genau dann der Fall, wenn $xu = 1$ und

$yv = 0$. Nun sind $\mathbb{Z}_3$ und $\mathbb{Z}_5$ nach Aufgabe 4.19 Körper. $yv = 0$ gilt also genau dann, wenn $y = 0$ oder $v = 0$. Weiter gilt $xu = 1$ genau dann wenn $u = x^{-1}$ in $\mathbb{Z}_5^*$ ist. Also sind die Teiler von $(1,0)$ gerade die Elemente (x,y) mit $x \in \mathbb{Z}_5^*$ und $y \in \mathbb{Z}_3$. Dann gilt $(x,y)(x^{-1},0) = (1,0)$. Also teilt (x,y) das Element $(1,0)$ genau dann *nicht*, wenn $x = 0$. Damit ist die Menge der $(x,y) \neq (0,0)$, die $(1,0)$ nicht teilen, gerade $\{(0,1), (0,2)\}$.

Wir berechnen $\varphi^{-1}((0,1)) =: z_1$ und $\varphi^{-1}((0,2)) =: z_2$ gemäß der vorangegangenen Aufgabe und erhalten: Die beiden einzige Zahlen in $\mathbb{Z}_{15}$, die die 6 *nicht* teilen, sind also $z_1 = 5$ und $z_2 = 10$. Das klingt überraschend, deshalb probieren wir zu zeigen, dass 13 die 6 teilt (in $\mathbb{Z}_{15}$!). Es ist $\varphi(13) = (13 \mod 5, 13 \mod 3) = (3,1)$. Wir bestimmen Elemente (x,y) mit

$$(x,y)(3,1) = (3x,y) = (1,0) (= \varphi(6)).$$

Es ist $x = 2; y = 0$. Also gilt $(3,1)(2,0) = (1,0)$ in $\mathbb{Z}_5 \times \mathbb{Z}_3$. Nach der vorigen Aufgabe ist $\varphi^{-1}(2,0) = 12$. Tatsächlich ist $13 \cdot 12 \mod 15 = 156 \mod 15 = 6$.

4.3 Teilbarkeitslehre in Polynomringen

Aufgabe 4.27 Berechnen Sie bitte die folgenden Polynomprodukte über $\mathbb{K} = \mathbb{Q}$:

a) $(x + 2x^2)(1 + x^5)$,
b) $(x - 5x^3)(23 + 27x - 10x^2)$,
c) $(x^5 - 1)(1 + x + x^2 + x^3 + x^4)$.

Lösung: a)

$$\begin{aligned}(x + 2x^2)(1 + x^5) &= (x + 2x^2) + (x + 2x^2)x^5 \\ &= x + 2x^2 + x^6 + 2x^7.\end{aligned}$$

b)

$$\begin{aligned}(x - 5x^3)(23 + 27x - 10x^2) &= x(23 + 27x - 10x^2) - 5x^3(23 + 27x - 10x^2) \\ &= 23x + 27x^2 - 10x^3 - 115x^3 - 135x^4 + 50x^5 \\ &= 23x + 27x^2 - 125x^3 - 135x^4 + 50x^5.\end{aligned}$$

c)
$$(x^5 - 1)(1 + x + x^2 + x^3 + x^4) = x^5(1 + x + x^2 + x^3 + 4x^4)$$
$$-1 - x - x^2 - x^3 - x^4$$
$$= x^5 + x^6 + x^7 + x^8 + x^9$$
$$-1 - x - x^2 - x^3 - x^4.$$

4.28 **Aufgabe 4.28** Berechnen Sie bitte die folgenden Polynomprodukte über $\mathbb{K} = \mathbb{Z}_2$:
a) $(x + 1)(x + x^2 + x^5)$,
b) $(x^4 + 1)(1 + x + x^2 + x^3)$,
c) $(x + x^2 + x^3)(x + x^4)$.
Achtung: Denken Sie daran: $x^m + x^m = 0$ über $\mathbb{K}_2$ wegen $1 + 1 = 0$ in $\mathbb{K}_2$.

Lösung: In $\mathbb{Z}_2$ gilt $1 + 1 = 0$ und $1 = -1$.
a)
$$(x + 1)(x + x^2 + x^5) = x(x + x^2 + x^5) + x + x^2 + x^5$$
$$= x^2 + x^3 + x^6 + x + x^2 + x^5$$
$$= x + \underbrace{(1 + 1)}_{=0} x^2 + x^3 + x^5 + x^6$$
$$= x + x^3 + x^5 + x^6$$

b)
$$(x^2 + 1)(1 + x + x^2 + x^3) = x^2(1 + x + x^2 + x^3) + (1 + x + x^2 + x^3)$$
$$= x^2 + x^3 + x^4 + x^5 + 1 + x + x^2 + x^3$$
$$= 1 + x + (1 + 1)x^2 + (1 + 1)x^3 + x^4 + x^5$$
$$= 1 + x + x^4 + x^5$$

c)
$$(x + x^2 + x^3)(x + x^4) = x^2(1 + x + x^2)(1 + x^3)$$
$$= x^2(1 + x + x^2 + (1 + x + x^2)x^3)$$
$$= x^2(1 + x + x^2 + x^3 + x^3 + x^5)$$
$$= x^2 + x^3 + x^4 + x^5 + x^6 + x^7$$

Sei $\mathbb{K}$ ein beliebiger Körper und $0 \neq P(x)$ ein Polynom, $P(x) = a_0 + a_1x + \cdots + a_nx^n$. Dabei sei $a_n \neq 0$ und x^n sei die höchste in $P(x)$ vorkommende

4.3 Teilbarkeitslehre in Polynomringen

Potenz von x. Dann heißt n der Grad grad(P) *des Polynoms. Ist P das Nullpolynom, so setzt man* grad$(P) = -\infty$.

Aufgabe 4.29 Sei $\mathbb{K}$ ein beliebiger Körper, P ein Polynom vom Grad m, Q ein solches vom Grad n. Zeigen Sie bitte: grad$(PQ) =$ grad$(P) +$ grad(Q).
Tipp: Schreiben Sie $P = a_0 + a_1 x + \cdots + a_m x^m$, $Q = b_0 + b_1 x + \cdots + b_n x^n$. Wegen $a_m \neq 0$ (grad$(P) = m$) und $b_n \neq 0$ (grad$(Q) = n$) ist $a_m b_n \neq 0$ weil $\mathbb{K}$ ein Körper ist. Aber $a_m b_n$ ist der Koeffizient von x^{m+n} und alle anderen Potenzen x^k in pq haben einen niedrigeren Exponenten, d.h. $k < m + n$.

Lösung: Wir könnten die Formel 4.1 auf [WHK, S. 100] benutzen, aber sie ist nicht ganz einfach zu verstehen, obwohl ein Informatiker mit der auf derselben Seite eingeführten Faltung vertraut sein sollte, da sie bei manchen Algorithmen für die schnelle Multiplikation von Zahlen benutzt wird.
Wir beweisen stattdessen die Grad-Formel durch Induktion: Sei $n_0 \in \mathbb{N}_0$ eine beliebige fest gewählte Zahl und $Q(x) = b_0 + b_1 x + \ldots + b_{n_0} x^{n_0}$ ein beliebiges Polynom vom Grad n_0. Insbesondere ist $b_{n_0} \neq 0$.
(I) Sei $P(x) = a_m x^m$ mit $a_m \neq 0$. Dann ist

$$P(x)Q(x) = a_m b_0 x^m + a_m b_1 x^{m+1} + \cdots + a_m b_{n_0} x^{m+n_0}.$$

Da $a_m b_{n_0} \neq 0$ ($\mathbb{K}$ ist ein Körper), folgt grad$(PQ) =$ grad$(P) +$ grad(Q).
(II) Jetzt beginnt der Induktionsbeweis: Die zu beweisende Behauptung lautet: Sei P ein beliebiges Polynom $\neq 0$. Dann ist grad$(PQ) =$ grad$(P) + n_0$.
Beweis: Ist grad$(P) = 0$, also $P = a_0 x^0 = a_0$, so folgt die Behauptung aus (I).
Induktionsannahme: Sei $m \in \mathbb{N}_0$ eine Zahl, so dass grad$(PQ) =$ grad$(P) + n_0$ für alle P vom grad $\leq m$ gilt.
Behauptung: Die Formel gilt für alle Polynome vom Grad $m + 1$.
Beweis: Sei $P(x) = a_0 + a_1 x + \cdots + a_m x^m + a_{m+1} x^{m+1}$ mit $a_{m+1} \neq 0$. Dann ist $P(x) = a_{m+1} x^{m+1} + P_1(x)$ mit grad$(P_1) \leq m$. ($P_1(x) = a_0 + \cdots + a_m x^m$).
Damit ist $P(x)Q(x) = a_{m+1} x^{m+1} Q(x) + P_1(x) Q(x)$.
Es ist nach Induktionsvoraussetzung grad$(P_1 Q) =$ grad$(P_1) +$ grad$(Q) \leq m + n_0$ (wenn $a_m \neq 0$, steht hier das Gleichheitszeichen, aber das ist hier egal) und grad$(a_{m+1} x^{m+1} Q(x)) = m + 1 + n_0$ nach (I). Also hat die Summe beider Polynome den Grad $m + 1 + n_0 =$ grad$(P) +$ grad(Q). Damit folgt nach dem Prinzip der vollständigen Induktion unsere Behauptung.
Nun war $n_0 \in \mathbb{N}_0$ und Q beliebig mit grad$(Q) = n_0$ gewählt. Daraus folgt die allgemeine Grad-Formel.

4.30 **Aufgabe 4.30** Sei $P(x) = 2x$ über dem Ring $\mathbb{Z}_4$. Zeigen Sie bitte, dass $P \cdot P = P^2 = 0$ das Nullpolynom ist. Ist das ein Widerspruch zur in Aufgabe 4.29 bewiesenen Gradformel?

Lösung: Es ist $P(x)P(x) = 2 \cdot 2 \cdot x^2 = 0$, weil $2 \cdot 2 \mod 4 = 0$. Es liegt kein Widerspruch zum zitierten Satz vor, denn dort wurde vorausgesetzt, dass der Ring, über dem die Polynome gebildet werden, ein Körper ist. $\mathbb{Z}_4$ ist aber kein Körper (weil 4 keine Primzahl ist, siehe Aufgabe 4.19).

Die Polynomdivision mit Rest haben Sie vielleicht schon in der Schule kennengelernt. Sie spielt dieselbe wichtige Rolle wie die Division mit Rest in $\mathbb{Z}$. Tatsächlich gelten auch hier im Polynomring über einem Körper ganz ähnliche Sätze wie im Ring $\mathbb{Z}$.

Wir beschreiben die Division zweier Polynome $P(x)$ und $Q(x)$ mit Rest durch den folgenden Algorithmus im Pseudocode:

PROCEDURE Polynomdivision $P : Q$ mit Rest.
VAR $B(x), D(x), E(x), R(x), S(x)$: Polynome;
Eingabe $P(x), Q(x) \neq 0$.
BEGIN
  $S(x) := P(x)$;
  $R(x) := P(x)$;
  $D(x) := 0$;
WHILE $\text{grad}(S(x)) \geq \text{grad}(Q(x))$ **DO**

$B(x) := \dfrac{\text{höchster Koeffizient von } S(x)}{\text{höchster Koeffizient von } Q(x)} \cdot x^{\text{grad}(S(x)) - \text{grad}(Q(x))}$,

$D(x) := D(x) + B(x)$,

$E(x) := B(x)Q(x)$,

$S(x) := S(x) - E(x)$, /*die höchste Potenz vom alten $S(x)$ fällt weg*/

$R(x) := S(x)$;

END /WHILE/
AUSGABE

$D(x) = P(x) \text{ DIV } Q(x)$;
$R(x) = P(x) \text{ MOD } Q(x)$;
$P(x) = Q(x)D(x) + R(x)$.

END /PROCEDURE/
Wir zeigen den Algorithmus nun an einem Beispiel. Sei $P(x) = 2x^3 + x^2 - 4x + 1$, $Q(x) = x^2 + 1$.

4.3 Teilbarkeitslehre in Polynomringen

1. Schritt: Es ist $P(x) = S(x)$ und damit $\operatorname{grad}(S(x)) = 3 > \operatorname{grad}(Q(x)) = 2$. Also

$$\begin{aligned}
B(x) &= \frac{2}{1} \cdot x^{3-2} = 2x, \\
D(x) &= B(x) = 2x, \\
E(x) &= 2x \cdot (x^2 + 1) = 2x^3 + 2x, \\
S(x) &= x^2 - 6x + 1, \\
R(x) &= x^2 - 6x + 1.
\end{aligned}$$

2. Schritt: Es ist $\operatorname{grad}(S(x)) = 2 \geq \operatorname{grad}(Q(x)) = 2$, also

$$\begin{aligned}
B(x) &= \frac{1}{1} \cdot x^{2-2} = 1, \\
D(x) &:= D(x) + B(x) = 2x + 1, \\
E(x) &= 1 \cdot Q(x) = x^2 + 1, \\
S(x) &= -6x, \\
R(x) &= -6x.
\end{aligned}$$

3. Schritt: Es ist $\operatorname{grad}(S(x)) = 1 < \operatorname{grad}(Q(x)) = 2$. Also verlassen wir die While-Schleife und erhalten die Ausgabe

$$\begin{aligned}
2x + 1 &= (2x^3 + x^2 - 4x + 1)\ DIV\ (x^2 + 1), \\
-6x &= (2x^3 + x^2 - 4x + 1)\ MOD\ (x^2 + 1), \\
2x^3 + x^2 - 4x + 1 &= (x^2 + 1)(2x + 1) - 6x.
\end{aligned}$$

Aufgabe 4.31 Sei $\mathbb{K} = \mathbb{Q}$. Dividieren Sie die folgenden Polynome mit Rest, schreiben Sie also $G = PQ + R$ mit $\operatorname{grad}(R) < \operatorname{grad}(Q)$.
a) $G = 3x^2 + x + 3$, $Q = x - 2$.
b) $G = 2x^3 - 1$, $Q = x^2 + x + 1$.
c) $G = x^5 - x^4 + x^3 - x^2 + x - 1$, $Q = (x + 1)$.
d) $G = 8x^3 - 8$, $Q = x^2 + 2$.

4.31

Lösung: Wir rechnen nur die Aufgabenteile a) und d).

$$3x^2 + x + 3 : x - 2,$$

1. Schritt
$S(x) = 3x^2 + x + 3$, $Q(x) = x - 2$
$B(x) = 3x$, $D(x) = 3x$

$E(x) = 3x^2 - 6x$
$S(x) = 3x^2 + x + 3 - (3x^2 - 6x) = 7x + 3$
$R(x) = 7x + 3$
$\operatorname{grad}(S) = 1 = \operatorname{grad}(Q)$.

2. Schritt
$B(x) = 7$, $D(x) = 3x + 7$
$E(x) = 7x - 14$
$S(x) = 7x + 3 - (7x - 14) = 17$
$R(x) = 17$
$\operatorname{grad}(S) = 0 < \operatorname{grad}(Q)$
Also ist $3x^2 + x + 3 = (3x + 7)(x - 2) + 17$.

d) Wir schreiben jetzt diesen Algorithmus in einer anderen Form:

$$
\begin{array}{rrrrrrrr}
8x^3 & & & - & 8 & : x^2 + 2 & = & 8x - 16 \\
\hline
8x^3 & + & 16x & & & & & \\
\hline
& - & 16x & - & 8 & & & \\
& - & 16x & - & 32 & & & \\
\hline
& & & & \underline{24} & & &
\end{array}
$$

Das auf der Linie stehende Polynom wird immer vom darüber stehenden abgezogen. Der Rest ist unterstrichen. Wir erhalten $8x^3 - 8 = (8x - 16)(x^2 + 2) + 24$.

Ein Ideal J in einem kommutativen Ring R ist ein Unterring, für den $RJ := \{xy : x \in R, y \in J\} \subseteq J$ gilt. Ideale sind Kerne von Ringhomomorphismen und daher zur Untersuchung der Ringstruktur und der Faktorringe wichtig. In Polynomringen werden sie zur Konstruktion bestimmter Körper benutzt (zum Beispiel des Körpers $\mathbb{C}$ der komplexen Zahlen, vergleiche Aufgabe 4.36 a)). Sie spielen aber auch bei zyklischen Codes eine Rolle.

Aufgabe 4.32 Sei $\mathbb{K} = \mathbb{R}$ und $p(x) = x^2$. Sei $J = \{x^2 q(x) : q \in \mathbb{R}[x]\}$.
a) Zeigen Sie bitte: $J = \{q \in \mathbb{R}[x] : q = 0 \text{ oder } \operatorname{grad}(q) \geq 2\}$
b) Zeigen Sie bitteexplizit, dass J ein Ideal ist, weisen Sie also alle Eigenschaften eines Ideals bei J nach
c) Sei $x \sim y$ falls $x - y \in J$. Hierdurch wird eine Kongruenzrelation definiert (s. [WHK, S. 114 und Satz 4.48]. Zeigen Sie bitte: genau dann ist L eine Äquivalenzklasse für $\sim$, wenn es ein Polynom p_L vom Grad ≤ 1 gibt mit $L = \{p_L + q : q \in J\} = p_L + J$.
Darüber hinaus sind p_1 und p_2 verschiedene Polynome vom Grad ≤ 1, so sind $L_1 = \{p_1 + q : q \in J\}$ und $L_2 = \{p_2 + q : q \in J\}$ zwei *verschiedene* Äquivalenzklassen.

4.3 Teilbarkeitslehre in Polynomringen

Lösung: a) Sei $r \in J$. Dann gibt es ein q mit $r = x^2 q$. Ist $q \neq 0$, so ist

$$\mathrm{grad}(r) = \mathrm{grad}(x^2) + \mathrm{grad}(q) = 2 + \mathrm{grad}(q) \geq 2.$$

b) i) J ist eine Untergruppe bezüglich der Addition.
Beweis: $x^2 q_1 + x^2 q_2 = x^2(q_1 + q_2) \in J$
(ii) Ist $r \in J$, also $r = x^2 q$ und ist $p \in \mathbb{R}[x]$ beliebig, so ist $pr = x^2 pq \in J$.
c) Sei L eine Äquivalenzklasse für die angegebene Äquivalenzrelation. Sei $0 \neq p \in L$ beliebig und $p_1 \equiv p \mod x^2$. Dann ist $p - p_1 = x^2(p \operatorname{div} x^2)$ aus J. Also ist $p \sim p_1$ und es ist $\mathrm{grad}(p_1) \leq 1$. Sei nun $q \in L$ ein weiteres Element. Dann ist $p - q \in J$, also $p = q + x^2 \cdot r$, woraus $p \mod x^2 = q \mod x^2 = p_1$ folgt, also ist $p = p_1 + x^2 \cdot (p \operatorname{div} x^2)$ und $q = p_1 + x^2 (q \operatorname{div} x^2)$. Daraus folgt $L = p_1 + J$. d.h. p_1 ist unser gesuchtes p_L. Ist $L = p_1 + J = p_2 + J$ mit $\mathrm{grad}(p_j) \leq 1$, so ist $p_1 \sim p_2$ also $p_1 - p_2 \in J$. Wegen a) und $\mathrm{grad}(p_1 - p_2) \leq 1$ folgt $p_1 - p_2 = 0$, also $p_1 = p_2$.

Ist $\sim$ eine Kongruenzrelation in einem Ring R, so kann man die Menge $R/\sim$ der Äquivalenzklassen zu einem Ring machen. Man setzt einfach $[x] + [y] = [x + y]$ und $[x] \cdot [y] = [xy]$, wo wieder $[u]$ die Äquivalenzklasse bezeichnet, in der u liegt. $R/\sim$, versehen mit diesen Verknüpfungen bildet den Faktorring zu $\sim$.
Sei R kommutativ und $\sim$ eine Äquivalenzrelation. Genau dann ist $\sim$ eine Kongruenzrelation, wenn die Äquivalenzklasse $[0]$ ein Ideal J ist. Dann sind die Äquivalenzklassen $[x] = \{x + y : y \in J\} =: x + J$. Deshalb schreibt man für den Faktorring auch R/J statt $R/\sim$.

Aufgabe 4.33 (Fortsetzung der vorigen Aufgabe) Sei $\mathbb{K} = \mathbb{R}$.   **4.33**
a) Sei $p_1 = a_0 + a_1 x$, $p_2 = b_0 + b_1 x$ und $r(p_1, p_2) = p_1 p_2 - a_1 b_1 x^2 = a_0 b_0 + (a_0 b_1 + a_1 b_0) x$. Dann ist $p_1 p_2 + J = r(p_1, p_2) + J$.
b) Sei $\mathbb{K}[x]/J$ der Faktorring (s. [WHK, Theorem 4.45]). Die Addition ist also gegeben durch $(p_1 + J) + (p_2 + J) := (p_1 + p_2) + J$, die Multiplikation durch $(p_1 + J)(p_2 + J) := p_1 p_2 + J$.
Sei $L = p_L + J$ und $\varphi(L) = p_L$. Zeigen Sie bitte:
φ bildet $\mathbb{K}[x]/J$ bijektiv auf $\{p \in \mathbb{K}[x] : grad(p) \leq 1\} =: \mathbb{K}_1[x]$ ab.
Tipp: Das ist der Inhalt der vorigen Aufgabe c).
c) Auf $\mathbb{K}_1[x]$ definieren wir $p_1 \oplus p_2 = p_1 + p_2$ und $p_1 \odot p_2 = r(p_1, p_2)$ (siehe Teil a). Zeigen Sie bitte, dass $\varphi(p_1 + J) + (p_2 + J) = p_1 \oplus p_2$ und $\varphi((p_1 + J)(p_2 + J)) = p_1 \odot p_2$ ist.
Tipp: Für die Addition benutzt man die Definition von $(p_1 + J) + (p_2 +$

J) für $\odot$ benutzt man Teil a) dieser Aufgabe. Damit ist $(\mathbb{K}_1[x], \oplus, \odot)$ ein kommutativer, zu $\mathbb{K}[x]/J$ isomorpher Ring.
d) Sei $p(x) = x$, also $p \in \mathbb{R}_1[x]$. Dann ist $p \odot p = 0$.

Lösung: a) Es ist $p_1 p_2 = a_0 b_0 + (a_0 b_1 + a_1 b_0) x + a_1 b_1 x^2$. Damit ist $p_1 p_2$ div $x^2 = a_1 b_1$, $p_1 p_2$ mod $x^2 = a_0 b_0 + (a_0 b_1 + a_1 b_0) x = r(p_1, p_2)$. $p_1 p_2 + J$ ist die Äquivalenzklasse in der $p_1 p_2$ liegt. Wegen $p_1 p_2 - p_1 p_2$ mod $x^2 = a_1 b_1 x^2 \in J$ ist $p_1 p_2 \sim p_1 p_2$ mod x^2, also ist $p_1 p_2 + J = (p_1 p_2$ mod $x^2) + J$.
b) Nach dem Teil c) der vorigen Aufgabe ist φ injektiv. Sei q ein Polynom mit grad$(q) \leq 1$. Dann ist $q + J =: L$ die Klasse der zu q äquivalenten Polynome, also ist $q = p_L$ und φ damit auch surjektiv.
c) (i) *Behauptung* $\varphi((p_1 + J) + (p_2 + J)) = p_1 \oplus p_2$.
Beweis Es ist $(p_1 + J) + (p_2 + J) = (p_1 + p_2) + J$, also $\varphi((p_1 + J) + (p_2 + J)) = \varphi((p_1 + p_2) + J) = p_1 + p_2 = p_1 \oplus p_2$ nach Definition von $\oplus$.
(ii) *Behauptung* $\varphi((p_1 + J)(p_2 + J)) = p_1 \odot p_2$.
Beweis: Es ist $(p_1 + J)(p_2 + J) = p_1 p_2 + J$. Nach Teil a) dieser Aufgabe ist dies gerade gleich $(p_1 p_2$ mod $x^2) + J$ und grad$(p_1 p_2$ mod $x^2) \leq 1$, also ist $p_1 p_2$ mod $x^2 \in \mathbb{K}_1[x]$. Damit ist $\varphi((p_1 + J)(p_2 + J)) = p_1 p_2$ mod $x^2 = p_1 \odot p_2$ nach Definition von $\odot$.
d) Es ist $p \odot p = p \cdot p$ mod $x^2 = x^2$ mod $x^2 = 0$. Die allgemeine Multiplikationsformel in $\mathbb{K}_1[x]$ ist $(a_0 + a_1 x) \odot (b_0 + b_1 x) = a_0 b_0 + (a_0 b_1 + a_1 b_0) x$. Denn es ist

$$(a_0 + a_1 x) \odot (b_0 + b_1 x) = (a_0 b_0 + (a_0 b_1 + a_1 b_0) x + a_1 b_1 x^2) \mod x^2.$$

Aufgabe 4.34 Prüfen Sie bitte nach, dass das obige Ergebnis über $(\mathbb{R}_1[x], \oplus, \odot)$ für einen beliebigen Körper $\mathbb{K}$ an Stelle von $\mathbb{R}$ gilt.
Tipp: Sie müssen bei Ihrer Lösung der vorigen beiden Aufgaben nachweisen, dass sie für jeden Körper gilt, dass Sie also spezielle Eigenschaften reeller Zahlen (wie etwa die Ordnung $\leq$) nicht benutzt haben.

Lösung: Das Ergebnis gilt für jeden Körper, denn wir haben nur die Polynomdivision mit Rest benutzt, und die gilt in $\mathbb{K}[x]$, wo $\mathbb{K}$ ein beliebiger Körper ist.

Aufgabe 4.35 Sei $\mathbb{K}$ ein beliebiger Körper (stellen Sie sich $\mathbb{K} = \mathbb{R}$ oder $\mathbb{K} = \{0, 1\}$ vor) und $f = 1 + x^2$ ferner $J = \{(1 + x^2) q : q \in \mathbb{K}[x]\}$. Zeigen Sie bitte:
a) J ist ein Ideal.

4.3 Teilbarkeitslehre in Polynomringen

b) Ein Repräsentantensystem für $\mathbb{K}[x]/J$ ist wieder $\mathbb{K}_1[x] := \{p \in \mathbb{K}[x] : \text{grad}(p) \leq 1\}$. Sei $p_1(x) = a_0 + a_1x$, $p_2(x) = b_0 + b_1x$. Es ist $p_1(x)p_2(x) = a_0b_0 + (a_0b_1 + a_1b_0)x + a_1b_1(x^2+1) - a_1b_1$, also $p_1p_2 + J = \tilde{r}(p_1, p_2) + J$ mit $\tilde{r}(p_1, p_2) = (a_0b_0 - a_1b_1) + (a_0b_1 + a_1b_0)x = p_1p_2 \mod (x^2+1)$.

c) Sei $p_1 \oplus p_2 = p_1 + p_2$ und $p_1 \odot p_2 = \tilde{r}(p_1, p_2)$. Dann ist $(\mathbb{K}_1[x], \oplus, \odot)$ isomorph zu $\mathbb{K}[x]/J$.

Tipp: Gehen Sie wie in der vorigen Aufgabe vor.

Lösung: *Bemerkung:* J ist die Menge aller Polynome p, aus denen man (x^2+1) ausklammern kann.

(a) (I) *Behauptung:* J ist bezüglich der Addition eine Untergruppe von $\mathbb{K}[x]$.
Beweis: (i) Seien $p_1, p_2 \in J$. Dann gibt es Polynome q_1, q_2 mit $p_j = (x^2+1)q_j$. Damit ist $p_1 + p_2 = (x^2+1)q_1 + (x^2+1)q_2 = (x^2+1)(q_1 + q_2)$ also ist $p_1 + p_2 \in J$.
(ii) Auch das additive Inverse $-p$ liegt in J, wenn $p \in J$. Denn ist $p = (x^2+1)q$, so ist $-p = (x^2+1)(-q)$. Aus (i) und (ii) folgt die Behauptung.
(II) *Behauptung.* J ist ein Ideal, d.h. zusätzlich zu (I) gilt: Ist $p_1 \in J$ und $p_2 \in \mathbb{K}[x]$, so ist $p_1p_2 \in J$.
Beweis: Ist p_1 aus J, so ist $p_1 = (x^2+1)q$ für ein Polynom q. Damit ist $p_1p_2 = (x^2+1)(qp_2)$, also aus J.

b) *Behauptung:* $p_1p_2 + J = p_1p_2 \mod (x^2+1) + J$.
Beweis: Wegen $p_1p_2 - (p_1p_2 \mod (x^2+1)) = a_1b_1(x^2+1) \in J$ ist $p_1p_2 \sim p_1p_2 \mod (x^2+1)$. Daraus folgt, dass beide Äquivalenzklassen $p_1p_2 + J$ und $p_1p_2 \mod (x^2+1) + J$ gleich sind.

c) Sei $\varphi : \mathbb{K}[x]/J \to \mathbb{K}_1[x]$ gegeben durch $\varphi(p + J) = p \mod (x^2+1)$.
(I) *Behauptung:* φ ist injektiv.
Beweis: Sei $p_1 := p \mod (x^2+1) = q \mod (x^2+1) = q_1$. Dann ist $p + J = p_1 + J = q_1 + J = q + J$.
(II) *Behauptung:* φ ist surjektiv.
Beweis: Sei $p \in \mathbb{K}_1[x]$ beliebig. Wegen $\text{grad}(p) \leq 1$ ist $p = p \mod (x^2+1)$ und damit $\varphi(p + J) = p$.
(III) Im Folgenden wählen wir immer Repräsentanten aus $\mathbb{K}_1[x]$, d.h. wenn wir eine Äquivalenzklasse als $p + J$ schreiben, so setzen wir $p = p \mod (x^2+1)$, also $\text{grad}(p) \leq 1$ voraus.
Dann ist (vergl. die vorige Aufgabe)

$$\varphi((p + J) + (q + J)) = \varphi((p + q) + J) = p + q = p \oplus q$$

und $\varphi((p + J)(q + J)) = \varphi(pq + J)$
$= \varphi(pq \mod (x^2+1)) + J) = pq \mod (x^2+1) = p \odot q$.

Damit ist gezeigt, dass φ ein Homomorphismus ist. Da φ bijektiv ist, ist φ ein Isomorphismus.

Aufgabe 4.36 (Fortsetzung der vorigen Aufgabe) Zeigen Sie bitte:
a) Ist $\mathbb{K} = \mathbb{R}$, so gilt für das Polynom $p(x) = x$ in $(\mathbb{K}_1, \oplus, \odot)$ der vorigen Aufgabe $p \odot p = -1$, oder salopp $x^2 = -1$.
b) Sei $\mathbb{K} = \mathbb{K}_2$ und $p(x) = 1 + x$. Dann gilt $p \odot p = 0$, also ist $(\mathbb{K}_2, \oplus, \odot)$ kein Körper.

Lösung: a) Es ist $x \odot x = x^2 \mod (x^2 + 1)$. Es ist $x^2 = (x^2 + 1) - 1$, also ist $x^2 \mod (x^2 + 1) = -1$.
b) Es ist $(1 + x) \odot (1 + x) = (1 + x)^2 \mod (1 + x^2)$. Nun ist $(1 + x)^2 = 1 + x + x + x^2 = 1 + x^2$ wegen $x + x = x \cdot (1 + 1) = 0$ in $\mathbb{K}_2$. Also ist $(1 + x)^2 \mod (1 + x^2) = 0$ und damit $(1 + x) \odot (1 + x) = 0$.
Bemerkung: Der Grund für Teil b) liegt darin, dass das Polynom $1 + x^2$ über $\mathbb{K}_2$ nicht prim ist, vergl. [WHK, Satz 4.75].

Ein Polynom P heißt prim, wenn aus $P = QR$ folgt, dass Q oder R den Grad 0 haben. Äquivalent dazu ist, dass das von P erzeugte Ideal maximal ist.
Wir diskutieren kurz den Nachweis, wann Polynome vom Grad 2 und 3 prim sind:
Ist P ein Polynom vom Grad 2, so ist P genau dann kein Primelement, wenn es ein Polynom vom Grad 1 gibt, das P teilt. Denn für einen echten Teiler Q gilt $1 \leq \mathrm{grad}(Q) < \mathrm{grad}(P)$, also $\mathrm{grad}(Q) = 1$. Ein solches Polynom teilt P aber nach [WHK, Korollar 4.70] genau dann, wenn P eine Nullstelle in $\mathbb{K}$ hat.
Ein Polynom P vom Grad 3 ist genau dann kein Primelement, wenn es einen Teiler Q besitzt. Dann gilt $1 \leq \mathrm{grad}(Q) \leq 2$. Ist $\mathrm{grad}(Q) = 1$, so besitzt P eine Nullstelle. Ist $\mathrm{grad}(Q) = 2$, so ist $P = QR$, wo $\mathrm{grad}(R) = 1$ ist. P ist also auch jetzt genau dann kein Primelement, wenn P eine Nullstelle in $\mathbb{K}$ besitzt.

Aufgabe 4.37 Untersuchen Sie die folgenden Polynome daraufhin, ob sie prim sind.
a) $P(x) = x^2 + 1$ über $\mathbb{R}$ (also $P \in \mathbb{R}[x]$).
b) $P(x) = x^2 + 1$ über $\mathbb{K}_2$ (also $P \in \mathbb{K}_2[x]$).
c) $P(x) = x^2 + x + 1$ über $\mathbb{R}$.
d) $P(x) = x^3 + x + 1$ über $\mathbb{K}_2$.

Lösung: Mit der der Aufgabe vorangehenden Überlegung lässt sich die Aufgabe leicht lösen.
a) x^2+1 hat in $\mathbb{R}$ keine Nullstelle, denn sonst gäbe es eine reelle Zahl a mit $a^2 = -1$. Aber alle Quadrate sind größer oder gleich 0, ein Widerspruch, weil $-1 < 0$. Also ist $x^2 + 1$ ein Primelement in $\mathbb{R}[x]$.
b) In $\mathbb{K}_2$ gilt $1+1 = 0$, also hat $x^2 + 1$ die Nullstelle 1, $x^2 + 1$ ist also *kein* Primelement.
c) Es ist $x^2+x+1 = (x+1)^2 - x$. Wir zeigen, dass es keine Nullstelle in $\mathbb{R}$ gibt. Wäre a eine Nullstelle, so wäre $(a+1)^2 = a$, insbesondere wäre $a \geq 0$. Damit ist aber $a+1 > a$ und $(a+1) > 1$, also $(a+1)^2 = (a+1)\cdot(a+1) > a(a+1) > a$, ein Widerspruch.
Da $x^2 + x + 1$ keine Nullstelle in $\mathbb{R}$ besitzt, ist es ein Primelement in $\mathbb{R}[x]$.
d) $x^3 + x + 1$ hat keine Nullstelle in $\mathbb{K}_2$, denn $0 + 0 + 1 = 1 \neq 0$ und $\underbrace{1+1}_{=0} +1 = 1 \neq 0$. Also ist $x^3 + x + 1$ ein Primelement in $\mathbb{K}_2[x]$.

Aufgabe 4.38 Berechnen Sie alle Teiler von $x^4 - 1$ in $\mathbb{K}_2[x]$.

Lösung: In $\mathbb{K}_2$ ist $-1 = 1$ (wegen $1 + 1 = 0$). Also ist

$$(x^4 - 1) = (x^2 + 1)(x^2 - 1) = (x^2 - 1)^2 = (x+1)^2(x-1)^2 = (x+1)^4.$$

Also erhält man als Teiler: $(x+1), (x+1)^2, (x+1)^3$.

4.4 Erste Anwendungen

> **Codierung mit Polynomen**
> *Sei $R = \mathbb{K}_2^n$. Ein (binärer) Code C ist einfach eine Teilmenge von R. C heißt linear, wenn C eine Untergruppe in R (bezüglich der Addition) ist. Auf R führen wir den Shift S ein: S ist die durch $S(x_0, x_1, \ldots, x_{n-1}) = (x_1, \ldots, x_{n-1}, x_0)$ erklärte Abbildung. Ein Code C heißt zyklisch, wenn er linear ist und $S(C) = C$ gilt.*

Aufgabe 4.39 Welcher der folgenden Codes C ist linear, welcher zyklisch?
a) $C = \{(0,0,0,0), (1,1,1,1)\} \subset \mathbb{K}_2^4$.
b)

$$C = \{(0,0,0,0), (0,1,0,0,1), (0,0,1,0,1),$$
$$(1,0,0,1,1), (0,1,1,0,0), (1,1,0,1,0), (1,0,1,1,0), (1,1,1,1,1)\}$$

in $\mathbb{K}_2^5$.

c) $C = \{(1,0,1),(1,1,0),(0,1,1)\} \subset \mathbb{K}_2^3$.

Lösung: a) C ist zyklisch: Wegen $(1,1,1,1) + (1,1,1,1) = (0,0,0,0)$ sieht man schnell, dass $\{x+y : x,y \in C\} \subseteq C$ gilt, also ist C wegen $x = -x$ eine Untergruppe von $\mathbb{K}_2^4$ ist. Damit ist C linear. Da in jedem $x \in C$ alle Einträge gleich sind, ist C sogar zyklisch.

b) Um herauszubekommen, ob C zyklisch ist, müssen wir zunächst zeigen, dass C eine Untergruppe von $\mathbb{K}_2^5$ ist. Da $|C| = 8$ ist, müssen wir $\binom{8}{2} = 16$ Additionen nachprüfen, da $\mathbb{K}_2^5$ kommutativ ist. Wir führen dies nur beispielhaft aus: $(0,1,0,01) + (0,0,1,01) = (0,1,1,0,0) \in C$ usw.. Wir prüfen nun nach, ob C zyklisch ist. Dazu müssen wir nachweisen, dass für jedes Wort $c = (c_0, \cdots, c_{n-1})$ auch $c' := (c_{n-1}, c_0, c_1, \cdots, c_{n-2})$ in C liegt. Das sind maximal 8 Tests. $0' = 0$; $(0,1,0,0,1)' = (1,0,1,0,0)$. Die beiden einzigen Worte in c mit genau zwei Einsen sind $(0,1,0,0,1)$ und $(0,1,1,0,0)$, also ist $(0,1,0,0,1)' \notin C$. C ist damit *nicht* zyklisch.

c) Da $(0,0,0) \notin C$, ist C keine Untergruppe von $\mathbb{K}_2^3$, also nicht linear und damit (nach Definition zyklischer Codes) erst recht nicht zyklisch.

4.40 **Aufgabe 4.40** (siehe [WHK, Abschnitt 4.4.2])
Sei $k = 5$ $n = 8$ und $g(x) = 1 + x^3$. Wir wollen das Wort $(1,1,0,1,1)$ senden und identifizieren es mit $1 + x + x^3 + x^4 = m(x)$; wir multiplizieren es mit x^3 und erhalten $x^3 + x^4 + x^6 + x^7 =: p(x) = m(x)x^3$. Das entspricht dem String $(0,0,0,1,1,01,1)$. Wir bilden $c(x) = p(x) - (p(x) \mod g(x)) = g(x) \cdot (p(x) \text{ div } g(x))$.

a) Berechnen Sie $c(x)$ und geben den zugehörigen String an, der gesendet wird

b) Es wurde der String $(0,0,0,1,1,1,1,1)$ empfangen. Ihm entspricht das Polynom $d(x) = x^3 + x^4 + x^5 + x^6 + x^7$. Was ist $d(x) \mod g(x)$? Stellen Sie damit fest, ob ein Übermittlungsfehler vorliegt.

Lösung: a) Das Generatorpolynom ist $g(x) = 1 + x^3$; um $p(x)$ div $g(x)$ zu finden, führen wir die Division mit Rest durch (siehe Aufgabe 4.31, insbesondere den dortigen Algorithmus).

$$S(x) = x^7 + x^6 + x^4 + x^3, \quad Q(x) = g(x)$$
$$R(x) = x^7 + x^6 + x^4 + x^3$$
$$D(x) = 0$$

4.4 Erste Anwendungen

1.

$$B(x) = x^7 : x^3 = x^4$$
$$D(x):=D(x) + B(x) = x^4$$
$$E(x) = B(x)g(x) = x^4 + x^7$$
$$S(x):=S(x) - E(x) = x^6 + x^3$$
$$R(x) = x^6 + x^3$$

2.

$$B(x) = x^3$$
$$D(x) = x^4 + x^3$$
$$E(x) = x^3 + x^6$$
$$S(x) = S(x) - E(x) = 0$$

Das Verfahren bricht ab. Es ist $x^7 + x^6 + x^4 + x^3 = (x^3+1)(x^4+x^3)$, insbesondere ist $p(x) \mod g(x) = 0$, also $c(x) = p(x)$. Es wird also $(0,0,0,1,1,0,1,1)$ gesendet.

b) Mit demselben Verfahren wie oben berechnen wir $d(x) : g(x)$

$$S(x) = d(x) = x^3 + x^4 + x^5 + x^6 + x^7 \,;\, Q(x) = g(x)$$
$$R(x) = S(x)$$
$$D(x) = 0$$

1.

$$B(x) = x^7 : x^3 = x^4$$
$$D(x) = x^4$$
$$E(x) = x^4 + x^7$$
$$S(x):=S(x) - E(x) = x^6 + x^5 + x^3$$
$$R(x):=S(x) = x^6 + x^5 + x^3$$

2.

$$B(x) = x^6 : x^3 = x^3$$
$$D(x) = x^4 + x^3$$
$$E(x) = x^3 + x^6$$
$$S(x):=S(x) - E(x) = x^5$$
$$R(x) = x^5$$

3.

$$B(x) = x^5 : x^3 = x^2$$
$$D(x) = x^4 + x^3 + x^2$$
$$E(x) = x^2 + x^5$$
$$S(x) := S(x) - E(x) = -x^2 = x^2 \quad \text{wir rechnen in} \mathbb{K}_2[x])$$
$$R(x) = x^2$$

Wegen grad(S) < grad(Q) bricht das Verfahren ab. Wir erhalten

$$d(x) \mod g(x) = x^2 \neq 0.$$

Es liegt ein Übermittlungsfehler vor.

❯ Ein öffentliches Verschlüsselungsverfahren

4.41 **Aufgabe 4.41** RSA-Verschlüsselung, [WHK, S. 134ff]
Seien $n_1 = 187$, $n_2 = 493$, $n_3 = 1189$.
Drei Empfänger mit den öffentlichen Schlüsseln $(n_j, 3)$ erhalten die gleiche Nachricht m (eine Zahl) verschlüsselt als $S_1 = 168$, $S_2 = 236$, $S_3 = 709$. Versuchen Sie ohne sture Primzahlzerlegung (d.h. ohne dass Sie die kleinen Zahlen n_j von vornherein in Primzahlen zerlegen) herauszubekommen, was die Zahl m ist.

Lösung: Wir gehen (trotz der kleinen Zahlen) wie auf [WHK, S. 138 Mitte] vor und prüfen zunächst mit dem euklidischen Algorithmus (der einfache ist besonders schnell) ob ggT$(n_i, n_j) = 1$.
Berechnung von ggT(493, 187) mit dem Algorithmus auf [WHK, S. 79] oben.
$x = 493$, $y = 187$

$x \mod y$=119 $\neq 0$; also $r = 119$; $x = 187$; $y = 119$

$x \mod y$=68 $\neq 0$, also $r = 68$; $x = 119$; $y = 68$

$x \mod y$=51 $\neq 0$, also $r = 51$; $x = 68$; $y = 51$

$x \mod y$=17 $\neq 0$, also $r = 17$; $x = 51$; $y = 17$

$x \mod y$=0.

Es folgt ggT (493, 187) = 17.
Also ist $n_1 = 11 \cdot 17$, $n_2 = 29 \cdot 17$; Es ist $\varphi(n_1) = 10 \cdot 16 = 160$. Wir suchen nun d mit $3d \equiv 1(\mod 160)$; es ist $3 \cdot 53 = 159 \equiv (-1) \mod 160$, also $3 \cdot 107 = 321 \equiv 1 \mod 160$. Damit ist $d = 107$.

4.4 Erste Anwendungen

Wir müssen nun noch $m = s_1^d \mod 187$ berechnen. Dazu benutzen wir das schnelle Potenzieren [WHK, S. 76]. Hierfür müssen wir 107 im Dualsystem darstellen. Das geschieht auf folgende Weise:

$$107 = 2 \cdot 53 + 1$$
$$53 = 2 \cdot 26 + 1$$
$$26 = 2 \cdot 13$$
$$13 = 2 \cdot 6 + 1$$
$$6 = 2 \cdot 3$$
$$3 = 2 \cdot 1 + 1$$
$$1$$

Das ergibt zurückgerechnet $107 = 1 + 2 + 8 + 32 + 64$. Die Darstellung im Dualsystem ist als 1101011.
Das schnelle Potenzieren läuft nun so:

j	x	b
		$b := 168$
5		$b = 168^2 \mod 187 = 174$
	1	$b = 174 \cdot 168 \mod 187 = 60$
4		$b = 60^2 \mod 187 = 47$
3		$b = 47^2 \mod 187 0152$
	1	$b = 152 \cdot 168 \mod 187 = 104$
2		$b = 104^2 \mod 187 = 157$
1		$b = 157^2 \mod 187 = 152$
	1	$b = 152 \cdot 168 \mod 187 = 104$
0		$b = 104^2 \mod 187 = 157$
	1	$b = 157 \cdot 168 \mod 187 = 9.$

Damit haben wir das gesendete Wort als $m = 9$ erhalten. In der Tat ist $9^3 \mod 187 = 729 \mod 187 = 168$.

Aufgabe 4.42 Sei jetzt $n_1 = 1189, n_2 = 901, n_3 = 1357, e = 3$ und $S_1 = 529, S_2 = 492, S_3 = 25$. Versuchen Sie jetzt (wieder ohne direkte Primzahlzerlegung) herauszubekommen, was die Zahl m ist.
Tipp: Chinesischer Restsatz ([WHK, Korollar 4.60]).

Lösung: Es lässt sich leicht nachprüfen und wird auch durch den Tipp angedeutet, dass n_1, n_2 und n_3 paarweise teilerfremd sind. Wir lösen also das Gleichungssystem

$$a \equiv 529 \quad \mod 1189$$
$$a \equiv 492 \quad \mod 901$$
$$a \equiv 25 \quad \mod 1357$$

mit dem konstruktiven Lösungsverfahren [WHK, S. 121]. Es ist $n_1 = 1189 \quad N_1 = 901 \cdot 1357 = 1222657$. Es ist nach Konstruktion ggT$(N_1, n_1) = 1$. Nach langwierigen Rechnungen erhält man $a = 4096$, also $m = 16$.

4.5 Boolesche Algebren

Eine Boolesche Algebra ist eine Menge B, auf der zwei Verknüpfungen $\vee$ und $\wedge$ erklärt sind, die ferner zwei verschiedene Elemente 0 und 1 enthält, so dass folgende Axiome gelten:
1. $\vee$ und $\wedge$ sind assoziativ und kommutativ.
2: Es gelten die Distributivgesetze $x \vee (y \wedge z) = (x \wedge y) \vee (x \wedge z)$ und $x \wedge (y \vee z) = (x \vee y) \wedge (x \vee z)$.
3. $x \wedge 0 = 0$ und $x \wedge 1 = x$ für alle x.
4. $x \vee 0 = x$ und $x \vee 1 = 1$ für alle x.
5. Zu jedem x gibt es genau ein x', Komplement zu x genannt, mit $x \wedge x' = 0$ und $x \vee x' = 1$.
Der Zusammenhang mit der Ringtheorie ist durch folgende Konstruktion gegeben: man setzt $x + y = (x \vee y) \wedge (x \wedge y)'$ und $xy = x \wedge y$. Dann ist $(B, +, \cdot)$ ein kommutativer Ring mit 0 als additivem neutralen Element und 1 als Einselement. In ihm ist $x^2 = x$ für jedes x.
In den folgenden Aufgaben finden Sie wichtige Beispiele.

Aufgabe 4.43 Zeigen Sie bitte, dass die folgenden Mengen mit den angegebenen Verknüpfungen Boolesche Algebren sind:
a) Sei M eine beliebige Menge. Für $A \subseteq M$ sei $A^c = M \setminus A$. Dann ist die Potenzmenge $\mathcal{P}(M)$, versehen mit den Verknüpfungen $\cup, \cap$, der Komplement-Bildung $A \to A^c$ und mit $\emptyset$ als Null bzw M als 1 eine Boolesche Algebra.
b) $\mathbb{K}_2$ mit $x \vee y = \max(x, y)$, $x \wedge y = \min(x, y)$, und $x' = (1 + x) \mod 2$, sowie 0 und 1.
c) $\mathbb{K}_2^n$ mit den Verknüpfungen koordinatenweise ($x \vee y = (x_1 \vee y_1, \ldots, x_n \vee y_n)$ usw.), sowie $0 = (0, \ldots 0)$ und $1 = (1, \ldots 1)$ als Null- bzw. Einselement.

4.5 Boolesche Algebren

Lösung: Wir weisen in allen Fällen die Eigenschaften 1. bis 5. oben nach:
a) 1. Es ist $A \cup B = B \cup A$ und $A \cup (B \cup C) = (A \cup B) \cup C$,
ebenso $A \cap B = B \cap A$ und $A \cap (B \cap C) = (A \cap B) \cap C$. Diese Dinge sind klar.
2. *Behauptung:* $A \cup (B \cap C) = (A \cup B) \cap (A \cup C)$.
Beweis: (I) Sei $x \in A \cup (B \cap C)$ beliebig. Dann ist $x \in A$ oder ($x \in B$ und $x \in C$).
(i) Sei $x \in A$. Dann ist $x \in (A \cup B)$ und $x \in A \cup C$, also $x \in (A \cup B) \cap (A \cup C)$.
(ii) Sei $x \notin A$. Dann muss ($x \in B$ und $x \in C$) gelten; also haben wir $x \in (A \cup B)$ und $x \in A \cup C$, und damit $x \in (A \cup B) \cap (A \cup C)$.
(i) und (ii) schöpfen alle Möglichkeiten für $x \in A \cup (B \cap C)$ aus. Da x beliebig war folgt $A \cup (B \cap C) \subseteq (A \cup B) \cap (A \cup C)$.
(II) Sei nun $x \in (A \cup B) \cap (A \cup C)$ beliebig.
(i) Ist $x \in A$, so ist $x \in A \cup (B \cap C)$.
(ii) Sei $x \notin A$. Dann muss x in B und in C liegen, also $x \in B \cap C \subseteq A \cup (B \cap C)$.
Da (i) und (ii) alle Möglichkeiten für $x \in (A \cup B) \cap (A \cup C)$ ausschöpfen und $x \in (A \cup B) \cap (A \cup C)$ beliebig war, folgt $(A \cup B) \cap (A \cup C) \subseteq A \cup (B \cap C)$.
Aus (I) und (II) folgt die Gleichheit.
Das andere Distributivgesetz $A \cap (B \cup C) = (A \cap B) \cup (A \cap C)$ wird ganz entsprechend bewiesen.
3. Offensichtlich ist $A \cap \emptyset = \emptyset$ und $A \cap M = A$, ferner
4. $A \cup \emptyset = A$ und $A \cup M = M$.
5. Es gilt $A \cap (M \setminus A) = \emptyset$, $A \cup (M \setminus A) = M$, da $M \setminus A = \{x \in M : x \notin A\}$ ist. Wir müssen nun zeigen, dass bei gegebenem A keine andere Menge A' mit diesen beiden Eigenschaften existiert. Anders ausgedrückt: Ist $A' \subseteq M$ mit $A \cap A' = \emptyset$ und $A \cup A' = M$, so ist $A' = X \setminus M$.
Beweis: Aus $A \cap A' = \emptyset$ folgt $A' \subseteq M \setminus A$, und aus $A \cup A' = M$ folgt $M \setminus A \subseteq A'$, aus beiden zusammen also die Behauptung.
b) Wir stellen einfach die Verknüpfungstafel auf. Es bleibt für die Eigenschaft 1. also zu zeigen:

$$\max(\max(x,y),z) = \max(x, \max(y,z)).$$

Analog muss man dies für min zeigen.

x	y	z	$\max(x,y)$	$\max(\max(x,y),z)$	$\max(y,z)$	$\max(x,\max(y,z))$
1	1	1	1	1	1	1
1	1	0	1	1	1	1
1	0	1	1	1	1	1
1	0	0	1	1	0	1
0	1	1	1	1	1	1
0	1	0	1	1	1	1
0	0	1	0	1	1	1
0	0	0	0	0	0	0

Die beiden Spalten $\max(\max(x,y),z)$ und $\max(x,\max(y,z))$ sind gleich, woraus die Eigenschaft 1 folgt.
Für min geht man analog vor.
2. Auch die Distributivität zeigt man einfach mit Tabellen.
3. und 4. sind klar.
5. $x \wedge (1-x) = 0$. Denn ist $x = 1$, so ist $1 - x = 0$, ist $x = 0$, so ist $x \wedge (1-x) = \min(x, 1-x) = 0$.
$x \vee (1-x) = \max(x, 1-x) = 1$ ist ebenso einfach.
Es bleibt zu zeigen, dass $1-x$ das einzige Element ist mit diesen beiden Eigenschaften. Sei also $x \in \{0,1\}$ beliebig und $y \in \{0,1\}$ erfüllt $x \wedge y = 0$, $x \vee y = 1$.
Behauptung: $y = 1-x$.
Beweis: Ist $x = 0$, so ist $1 = x \vee y = \max(0,y)$, also $y = 1 = 1-x$. Ist $x = 1$, so ist $0 = x \wedge y = \min(x,y)$, also $y = 0 = 1-x$.
c) 1.
$$x \vee (y \vee z) = (x_1 \vee (y_1 \vee z_1), \ldots, x_n \vee (y_n \vee z_n))$$
$$= ((x_1 \vee y_1) \vee z_1, \ldots, (x_n \vee y_n) \vee z_n) = (x \vee y) \vee z.$$

Nach diesem Muster beweist man auch $x \wedge (y \wedge z) = (x \wedge y) \wedge z$ und die Eigenschaft 2 bis 5.

4.44 **Aufgabe 4.44** Sei $(B, \vee, \wedge, {}^c, 0, 1)$ eine Boolesche Algebra. Wir definieren $a \leq b$ falls $a \wedge b = a$. Zeigen Sie bitte:
a) Im Fall $B = \mathcal{P}(M)$ (s.o.) ist $A \leq B$ genau dann, wenn $A \subseteq B$
b) Im Fall $B = \mathbb{K}_2^n$ ist $(a_1, \ldots, a_n) \leq (b_1, \ldots, b_n)$ genau dann wenn $a_j \leq b_j$ für $j = 1, \ldots, n$ ist.
c) In den Fällen a) und b) ist $\leq$ eine Ordnungsrelation, wie schon das Symbol andeutet. Zeigen Sie bitte: auch im Fall, dass B beliebig ist, ist $\leq$ eine Ordnungsrelation.

4.5 Boolesche Algebren

Lösung: a) Sei $B = \mathcal{P}(M)$ und $A \leq B$ sei definiert durch $A \cap B = A$.
Behauptung: $A \leq B$ gilt genau dann, wenn $A \subseteq B$ gilt.
Beweis: (I) Es gelte $A \leq B$, also $A \cap B = A$. Sei $x \in A$ beliebig. Dann ist $x \in A \cap B$, also $x \in B$. Da x beliebig gewählt war ist $A \subseteq B$.
(II) Ist $A \subseteq B$, so ist offensichtlich $A \cap B = A$.
b) In $\mathbb{K}_2$ haben wir die klassische Ordnungsrelation $0 \leq 0, 0 \leq 1, 1 \leq 1$. Die durch "$a \leq b$ genau dann, wenn $a \wedge b = a$ gegebene Ordnung" stimmt mit der klassischen wegen $a \wedge b = \min(a,b)$ überein. Im Fall $B = \mathbb{K}_2^n$ folgt nun die Behauptung, weil $a \wedge b$ koordinatenweise berechnet wird.
c) Sei B eine Boolesche Algebra. Wir definieren $a \leq b$ wenn $a \wedge b = a$ und müssen die Reflexivität, Antisymmetrie und Transitivität nachweisen.
Reflexivität: Behauptung: es gilt stets $a \leq a$.
Beweis: Es ist $a = a \wedge 1 = a \wedge (a \vee a') = (a \wedge a) \vee (a \wedge a') = (a \wedge a) \vee 0 = a \wedge a$; wobei wir wesentlich vom Distributivgesetz (Regel 2) und von den Eigenschaften des Komplements Gebrauch gemacht haben.
Antisymmetrie: Behauptung: $a \leq b$ und $b \leq a$ hat $a = b$ zur Folge.
Beweis: Wir benutzen die Kommutativität: wegen $a \leq b$ ist $a \wedge b = a$. Wegen $b \leq a$ ist $b \wedge a = b$. Wegen $a \wedge b = b \wedge a$ ist $a = b$.
Transitivität: Behauptung: Ist $a \leq b$ und $b \leq c$, so ist $a \leq c$.
Beweis: Hier benutzen wir die Assoziativität von $\wedge$. Sei $a \leq b$, also $a \wedge b = a$ und $b \leq c$, also $b \wedge c = b$. Dann ist

$$a \wedge c = \underbrace{(a \wedge b)}_{=a} \wedge c = a \wedge \underbrace{(b \wedge c)}_{=b} = a \wedge b = a,$$

also $a \leq c$.
Bemerkung: Wir haben nur die Verknüpfung $\wedge$ benutzt. Die Ordnung in einer Booleschen Algebra hat viele weitere wichtige Eigenschaften, die man dann mit Hilfe von $\vee$ und der Komplementbildung erhält.

Aufgabe 4.45 Sei B eine Boolesche Algebra und J ein echtes Ideal in dem Ring $(B, +, \cdot)$. Zeigen Sie bitte: B/J ist ein Ring mit den Eigenschaften aus [WHK, Satz 4.81], also eine Boolesche Algebra für die entsprechenden Verknüpfungen.

Lösung: B/J ist der Ring der Nebenklassen ([WHK, Theorem 4.45]) Mit B ist auch B/J kommutativ. Da $J \neq B$ ist, ist die Nebenklasse $1 + J$ ungleich J, also das Einselement (siehe das zitierte Theorem). Natürlich gilt für eine beliebige Nebenklasse $(x + J)(x + J) = x^2 + J = x + J$ wegen $x^2 = x$. Das heißt $(x + J)^2 = (x + J)$. Damit ist B/J mit den Verknüpfungen

$(x+J) \vee (y+J) = (x \vee y) + J$ und $(x+J) \wedge (y+J) = x \wedge y + J$, sowie $(x+J)' = (1+J) + (x+J) = (1+x) + J$ nach [WHK, Satz 4.81] eine Boolesche Algebra.

Aufgabe 4.46 Sei $V = \{x, y\}$ und $\mathcal{A} = \mathcal{A}(V)$ die Menge der Ausdrücke der Aussagenlogik über V mit der Äquivalenz $A \equiv B$, falls für alle Belegungen $I : V \to \{0, 1\}$ stets $I^*(A) = I^*(B)$ gilt. Wie sieht die Boolesche Algebra $\hat{\mathcal{A}}$ aus (s. [WHK, Theorem 4.86])?

Lösung: Nach [WHK, Theorem 4.97] ist $\hat{\mathcal{A}}_2$ isomorph zu $F_2(\mathbb{K}_2) = \{f : f$ ist Abbildung von $\mathbb{K}_2^2$ in $\mathbb{K}_2\}$.
Es ist
$$|\hat{\mathcal{A}}_2| = |F_2(\mathbb{K}_2)| = |\mathbb{K}_2^{(\mathbb{K}_2^2)}| = 2^4 = 16.$$

Es gibt also 16 verschiedene Äquivalenzklassen. Wir wollen die Atome von $\hat{\mathcal{A}}_2$ explizit bestimmen. Dabei ist a ein Atom der Booleschen Algebra B, wenn aus $a \wedge b \neq 0$ stets $a \wedge b = a$ folgt. Um die Atome in unserem Fall zu bestimmen, betrachten wir die vier verschiedenen Elemente $a = (0, 0), b = (0, 1), c = (1, 0), d = (1, 1)$ in $\mathbb{K}_2^2$. Sie stellen die vier möglichen Belegungen $I_u : V \to \mathbb{K}_2$ dar mit $I_u(x) = u_1, I_u(y) = u_2, (u_1, u_2) = u = a, b, c, d$. Wir erhalten nach dem letzten Absatz auf [WHK, S. 147] (der bis S. 148 geht) die folgenden Aussagen:

$$A_a = (\neg x) \wedge (\neg y), A_b = (\neg x) \wedge y, A_c = (x \wedge \neg y), A_d = x \wedge y.$$

Die zugehörigen Äquivalenzklassen $[A_a], \ldots, [A_d]$ bilden die Atome in $\hat{\mathcal{A}}_2$. Dass jeder Ausdruck in einer Äquivalenzklasse der Form $[A_a] \vee [A_b]$ usw. liegt, beruht auf [WHK, Korollar 4.96]. Wendet man dies Korollar auf die zu $\hat{\mathcal{A}}_2$ isomorphe Boolesche Algebra $F_2(\mathbb{K}_2)$ an, so erhält man eine Präzisierung des [WHK, Theorem 2.53], nämlich die genaue Beschreibung der untereinander inäquivalenten disjunktiven Normalformen.

Aufgabe 4.47 Zeigen Sie bitte: $\mathbb{K}_2^n$ und $\mathcal{P}(\{1, \ldots, n\})$ sind isomorphe Boolesche Algebren.
Tipp: Setze $\varphi(A) = (1_A(1), \ldots, 1_A(n))$, wo $1_A(x) = \begin{cases} 1 & x \in A \\ 0 & \text{sonst} \end{cases}$.
φ ist der gewünschte Isomorphismus.

Lösung: Sei $B = \mathcal{P}(\{1, \ldots, n\})$ und $\varphi : B \to \mathbb{K}_2^n$, gegeben durch $\varphi(A) = (1_A(1), \ldots, 1_A(n))$, wo 1_A die Indikatorfunktion von A ist. Wir setzen $M = \{1, \ldots, n\}$.

4.5 Boolesche Algebren

Behauptung: φ ist ein Boolescher Isomorphismus.
Beweis: Wir müssen zeigen, das φ bijektiv und wirklich ein Homomorphismus ist.
(i) φ ist injektiv: Denn ist $A \neq B$ so ist $1_A \neq 1_B$ und damit $\varphi(A) \neq \varphi(B)$. φ ist surjektiv, da φ injektiv und $|\mathcal{P}(M)| = 2^n = |\mathbb{K}_2^n|$ ist.
(ii) $\varphi(M \setminus A) = 1 - \varphi(A) = (1 - 1_A(1), \ldots, 1 - 1_A(n))$. Denn $x \in M \setminus A$ gilt genau dann, wenn $x \notin A$ also genau dann wenn $1_A(x) = 0$, das heißt aber $1 - 1_A(x) = 1$ ist.
(iii) $\varphi(A \cap B) = \varphi(A) \wedge \varphi(B)$.
Denn x ist genau dann aus $A \cap B$, wenn sowohl $1_A(x) = 1$, als auch $1_B(x) = 1$ ist; damit gilt $x \in A \cap B$ genau dann, wenn $\min(1_A(x), 1_B(x) = 1$. Nun ist $a \wedge b = (\min(a_1, b_1), \ldots, \min(a_n, b_n))$. Also folgt die Behauptung.
(iv) $\varphi(A \cup B) = \varphi(A) \vee \varphi(B)$.
Denn sei $x \in A \cup B$. Dann ist $x \in A$ oder $x \in B$, also $1_A(x) = 1$ oder $1_B(x) = 1$, das heißt $\max(1_A(x), 1_B(x) = 1$. Ist x aber kein Element aus $A \cup B$, so ist $1_A(x) = 1_B(x) = 0$, also $\max(1_A(x), 1_B(x) = 0$. Damit ist

$$\varphi(A \cup B) = (1_{A \cup B}(1), \ldots, 1_{A \cup B}(n))$$
$$= (\max(1_A(1), 1_B(1)), \ldots, \max(1_A(n), 1_B(n)))$$
$$= \varphi(A) \vee \varphi(B).$$

Damit ist alles bewiesen.

Sei $B = \mathbb{K}_2^n$. Mit x_j bezeichnen wir nicht nur die j. Koordinate eines Elements x in B, sondern auch die Koordinatenfunktion $x_j : (x_1, \ldots, x_n) \to x_j$. Ein Boolesches Monom ist ein Produkt von Koordinatenfunktionen, also etwa $x_1 x_2 x_5$. Eine Boolesche Polynomfunktion ist eine Summe von Booleschen Monomen.

Aufgabe 4.48 Sei $F : \mathbb{K}_2^4 \to \mathbb{K}_2$ gegeben durch $F(x_1, \ldots, x_4) = (x_1 + \ldots + x_4)$ mod 2. Zeigen Sie bitte, dass F eine Boolesche Polynomfunktion ist.

4.48

Lösung: Nach [WHK, Korollar 4.96] müssen wir alle $a \in \mathbb{K}_2^4$ mit $F(a) = 1$ bestimmen. Wegen [WHK, Korollar 3.7] ist $F(x_1, \ldots, x_4) = (x_1 \mod 2 + \cdots + x_4 \mod 2) \mod 2$, also ist $F(a) = 1$ genau dann, wenn a eine ungerade Zahl von Einsen als Koordinaten hat. Das ist für $(1,0,0,0)$, $(0,1,0,0)$, $(0,0,1,0)$, $(0,0,0,1)$ sowie für $(1,1,1,0)$, $(1,1,0,1)$, $(1,0,1,1)$, $(0,1,1,1)$ der

Fall. Gemäß dem zitierten Korollar 4.96 erhält man

$$F(x_1,\ldots,x_4) = (x_1 \wedge x_2' \wedge x_3' \wedge x^4) \vee (x_1' \wedge x_2 \wedge x_3' \wedge x_4')$$
$$\vee (x_1' \wedge x_2' \wedge x_3 \wedge x_4') \vee (x_1' \wedge x_2' \wedge x_3' \wedge x_4)$$
$$\vee (x_1 \wedge x_2 \wedge x_3 \wedge x_4') \vee (x_1 \wedge x_2 \wedge x_3' \wedge x_4)$$
$$\vee (x_1 \wedge x_2' \wedge x_3 \wedge x_4) \vee (x_1' \wedge x_2 \wedge x_3 \wedge x_4).$$

Kapitel 5

Elementare Grundlagen der Analysis

5

5 Elementare Grundlagen der Analysis

5.1	Der Körper der reellen Zahlen	117
5.2	Der Körper der komplexen Zahlen	119
5.3	Folgen und Konvergenz	122
5.4	Unendliche Reihen	130
5.5	Komplexe Zahlenfolgen und Reihen	135

5 Elementare Grundlagen der Analysis

5.1 Der Körper der reellen Zahlen

Aufgabe 5.1 Beweisen Sie bitte die folgenden Formeln:
a) $\frac{1}{2}(a+b+|a-b|) = \max(a,b) = -\min(-a,-b)$.
b) $\frac{1}{2}(a+b-|a-b|) = \min(a,b) = -\max(-a,-b)$.
c) $-|a| \leq a \leq |a|$.

Lösung: a) Sei zunächst $a \geq b$. Dann ist $a - b \geq 0$, also $|a-b| = a-b$. Setzt man dies in die linke Seite der Gleichung ein, so erhält man $\frac{1}{2}(a+b+|a-b|) = \frac{1}{2}(a+b+a-b) = a = \max(a,b)$, denn es gilt ja $a \geq b$. Ist nun aber $a \leq b$, so ist $a - b \leq 0$, also $-(a-b) = b - a \geq 0$ und damit $|a-b| = b-a$. Setzt man dies wieder ein, so ist die linke Seite gleich $b = \max(a,b)$.
Wir müssen noch die zweite Gleichheit beweisen. Sei wieder zunächst $a \geq b$. Dann ist $\max(a,b) = a$. Ferner ist $-a \leq -b$, also ist $\min(-a,-b) = -a$, woraus die zweite Gleichung in diesem Falle folgt. Ganz analog beweist man sie, wenn $b \geq a$ ist.
b) Der Beweis läuft völlig analog.
c) Sei zunächst $a \geq 0$. Dann ist $a = |a| \geq 0$ und damit $-|a| \leq 0$, also $-|a| \leq 0 \leq a = |a|$, die Ungleichung ist also bewiesen. Sei nun $a < 0$. Dann ist $|a| = -a > 0$ und $-|a| = -(-a) = a$. Also erhält man $-|a| = a < 0 < |a|$. Damit ist auch jetzt die Ungleichung gezeigt.

Wir wiederholen den Begriff der oberen Grenze $\sup(M)$ und der unteren Grenze $\inf(M)$ einer Menge $M \subset \mathbb{R}$: Es gebe überhaupt eine Zahl c mit $x \leq c$ für alle $x \in M$. Ist das der Fall, so heißt M nach oben beschränkt und c heißt obere Schranke von M. b heißt obere Grenze $\sup(M)$ von M, wenn b erstens eine obere Schranke von M ist und wenn zweitens $b \leq c$ für jede andere obere Schranke c von M gilt. Dass eine nach oben beschränkt Menge stets eine obere Grenze besitzt, folgt aus dem Vollständigkeitsaxiom für $\mathbb{R}$, siehe [WHK, Abschnitt 5.1.4].
Es gebe eine Zahl c' mit $x \geq c'$ für alle $x \in M$. Ist das der Fall, so heißt M nach unten beschränkt und c' heißt untere Schranke von M. b' heißt untere Grenze $\inf(M)$ von M, wenn b' erstens eine untere Schranke von M ist und zweitens $c' \leq b'$ für jede andere untere Schranke c' von M gilt.
Eine nach oben und nach unten beschränkte Menge heißt beschränkt.

Man erhält leicht die folgende Charakterisierung der oberen Grenze: Es ist $b = \sup(M)$, wenn erstens $b \geq x$ für alle $x \in M$ gilt, und wenn zweitens zu jedem $\varepsilon > 0$ ein $x \in M$ existiert mit $b - \varepsilon < x \leq b$. Ein analoges Kriterium charakterisiert $\inf(M)$.

5.2

Aufgabe 5.2 Bestimmen Sie bitte die untere und die obere Grenze der folgenden Teilmengen von $\mathbb{R}$:
a) $M = [0, 7.5[$.
b) $M = \{x : x \in [0,4], x^2 \geq 2\}$.
Tipp: Vergleichen Sie mit [WHK, Satz 5.11]. Dort ist gezeigt, dass $\sqrt{2}$ die obere Grenze einer passenden Menge ist. Adaptieren Sie den dortigen Beweis an die Situation der Aufgabe.

Lösung: a) (i) $\inf([0, 7.5[) = 0$. Denn $[0, 7.5[= \{x \in \mathbb{R} : 0 \leq x < 7.5\}$. Damit gilt $0 \leq x$ für alle $x \in [0, 7.5[$, 0 ist also untere Schranke des Intervalls. Ist $s \in \mathbb{R}$ mit $s \leq x$ für alle $x \in [0, 7.5[$, so ist insbesondere $s \leq 0 \in [0, 7.5[$. Damit ist $0 = \inf([0, 7.5[)$.
(ii) $\sup([0, 7.5[) = 7.5$. Denn nach Definition des rechts offenen Intervalls gilt $x < 7.5$ für alle x aus dem Intervall. Also ist 7.5 eine obere Schranke. Angenommen, 7.5 ist *nicht* die obere Grenze. Dann gibt es eine obere Schranke y mit $y < 7.5$ und $x \leq y$ für alle $x \in [0, 7.5[$. Aber die Zahl $x_0 = \frac{1}{2}(y + 7.5)$ erfüllt $y < x_0 < 7.5$; denn es ist

$$y = \frac{y+y}{2} < \frac{y+7.5}{2} < \frac{7.5+7.5}{2} = 7.5.$$

Damit ist $x_0 \in [0, 7.5[$ und $x_0 > y$, im Widerspruch dazu, dass y eine obere Schranke war.
b) Da $4 \in M$ und $M \subseteq [0,4]$ folgt $4 = \sup(M)$ (vergleiche den Beweis $0 = \inf([0, 7.5[)$. M ist durch 0 nach unten beschränkt, also existiert $u = \inf(M)$. Wegen $2^2 = 4 > 2$ ist $2 \in M$, also $u \leq 2$.
Behauptung: $u^2 = 2$
Beweis: Wir zeigen dies in zwei Schritten: (i) $2 \leq u^2$ und (ii) $2 \geq u^2$.
(i) $2 \leq u^2$:
Wir benutzen die Definition des Infimums: Sei $\varepsilon > 0$ beliebig. Dann gibt es ein $x \in M$ mit $u \leq x < u + \varepsilon$, weil $u + \varepsilon$ keine untere Schranke von M ist. Dann ist $u^2 \leq x^2 \leq u^2 + 2\varepsilon u + \varepsilon^2$. Wegen $u \leq 2$ und $x \in M$ ist $2 \leq x^2 \leq u^2 + 2 \cdot \varepsilon \cdot 2 + \varepsilon^2 = u^2 + 4\varepsilon(1 + \varepsilon^2/4)$. Für $0 < \varepsilon < 1$ erhalten wir $2 \leq u^2 + 4\varepsilon \cdot 2 = u^2 + 8\varepsilon$ und damit $2 - u^2 \leq 8\varepsilon$, also $\frac{2-u^2}{8} < \varepsilon$. Da $0 < \varepsilon < 1$ beliebig sein kann, folgt $\frac{2-u^2}{8} \leq \inf\{\varepsilon : 0 < \varepsilon < 1\} = 0$, also $2 \leq u^2$.

(ii) $2 \geq u^2$. Um das zu zeigen, nehmen wir an, es gilt $2 < u^2$. Wir suchen ein b mit $0 < b < 1$ und $2 < u^2(1-b)^2$. Wenn wir das hätten, wäre $x = u(1-b) < u$ (wegen $1 - b < 1$) und $2 < x^2$, also $x \in M$, ein Widerspruch zu $u = \inf(M) \leq x$.
Wir brauchen nur solch b zu finden. Angenommen wir hätten es schon. Dann würde $\frac{2}{u^2} < 1 - 2b + b^2$ gelten. Wegen $b^2 > 0$ sehen wir: wir brauchen nur b zu wählen mit $\frac{2}{u^2} = 1 - 2b$ oder $b = \frac{1}{2} - \frac{1}{u^2}$. Wegen $2 < u^2$ ist $0 < \frac{1}{2} - \frac{1}{u^2} < \frac{1}{2} < 1$ und $u^2(1-b)^2 = u^2(1 - 2b + b^2) > u^2 \cdot \frac{2}{u^2} = 2$.
Damit führte unsere Annahme, es gälte $2 < u^2$, zum Widerspruch, also ist $2 = u^2$.

Für die meisten der folgenden Aufgaben der Analysis und der Linearen Algebra stehen Ihnen **Visualisierungen** *zur Verfügung. Gehen Sie dafür zur Web-Seite http://min.informatik.uni-tuebingen.de und clicken Sie in der linken Themenliste den Punkt "Mathe-Visualisierungen" an. In der Überblicksliste finden Sie nun zum Beispiel "Komplexe Zahlen". Damit können Sie die Addition und Multiplikation komplexer Zahlen veranschaulichen. Lesen Sie dazu die "Anleitung" auf der Seite "Komplexe Zahlen". Sie können damit auch prüfen, ob Ihre Berechnungen stimmen. Bitte lesen Sie auch sorgfältig die Handhabung des Koordinatenkreuzes. Of werden Ihnen sonst Zahlen verloren gehen. Viel Spaß!*

5.2 Der Körper der komplexen Zahlen

Seien $w = a + ib$ und $z = c + id$ zwei komplexe Zahlen, wobei a, b, c, d reell sind, also a der Realteil $\Re(w)$ und b der Imaginärteil $\Im(w)$ von w ist, usw.. i ist die imaginäre Einheit, also $i^2 = -1$ (siehe auch Aufgabe 4.36) a)). Dann ist $w + z = (a+c) + i(b+d)$ und $wz = (a+ib)(c+id) = (ac - bd) + i(bc+ad)$. Ferner ist $|z| = \sqrt{\Re(z)^2 + \Im(z)^2}$.
Sei $w = a + ib$ mit $a, b \in \mathbb{R}$. Dan heißt $\overline{w} := a - ib$ die zu w konjugiert komplexe Zahl. Das Produkt $\overline{w} w = a^2 + b^2$ ist reell, genauer: $\overline{w} w = a^2 + b^2 = |w|^2$.

Aufgabe 5.3 Berechnen Sie bitte die folgenden Ausdrücke komplexer Zahlen, genauer: bestimmen Sie reelle Zahlen a und b, so dass die angegebenen Gleichungen erfüllt sind (für jede Gleichung ergeben sich natürlich andere a und b):
a) $(5 + 7i) + (6 - 5i) = a + bi$.
b) $(5 + 7i)(6 - 5i) = a + bi$.
c) $\frac{1}{5+7i} = a + bi$.

d) $\overline{\frac{1}{5+7i}} = a + bi$ (konjugiert komplexe Zahl)

Lösung: a) Geben Sie die beiden Zahlen in den Computer ein und schauen Sie sich die Summe an. Der Realteil der Summe ist gleich der Summe der Realteile der Summanden, der Imaginärteil der Summe ist gleich der Summe der Imaginärteile der Summanden. Das sieht man an der Zeichnung besonders schön. Man erhält also $(5 + 7i) + (6 - 5i) = 11 + 2i$.
b) Die Multiplikation lässt sich ebenfalls sehr schön darstellen, was wir aber erst später beweisen können: Man addiert den Winkel, den die erste Zahl mit der reellen Achse bildet, zu dem Winkel den die zweite Zahl mit der reellen Achse bildet (modulo 2π im Bogenmaß). Damit hat man die Richtung des Produkts. Die Länge (das ist der Absolutbetrag, oder Abstand vom Nullpunkt) des Produkts ist einfach das Produkt der Längen der einzelnen Faktoren. Schauen Sie sich das an.
Algebraisch ist $(5 + 7i)(6 - 5i) = (5 \cdot 6 - (7 \cdot (-5))) + (7 \cdot 6 + 5 \cdot (-5)) \cdot i = 65 + 17i$.
c) Wir erweitern den Bruch mit der zum Nenner konjugiert komplexen Zahl, damit der Nenner reell wird. $\frac{1}{5+7i} = \frac{5-7i}{(5+7i)(5-7i)}$.
Nun ist

$$(a+bi)(a-bi) = a^2 - (-b)b + ((-ba) + ba)i$$
$$= a^2 + b^2 + 0 \cdot i = a^2 + b^2.$$

Also ist $\frac{1}{5+7i} = \frac{5-7i}{5^2+7^2} = \frac{5}{74} - \frac{7}{74} \cdot i$.
d) Allgemein ist $\overline{c+di} = c - di$.
In unserem Fall erhalten wir

$$\overline{\frac{1}{5+7i}} = \overline{\left(\frac{5}{74} - \frac{7}{74}i\right)} = \frac{5}{74} + \frac{7}{74}i.$$

5.4 **Aufgabe 5.4** a) Sei $u, v \in \mathbb{C}$. Zeigen Sie bitte $\overline{u} + u = 2\Re(u) \leq 2|u|$.
b) Zeigen Sie bitte: $|u + v|^2 \leq (|u| + |v|)^2$.
c) Folgern Sie, dass auch für den Absolutbetrag komplexer Zahlen gilt: $|u + v| \leq |u| + |v|$.
d) Zeigen Sie bitte: Es gilt $||u| - |v|| \leq |u - v|$.
e) Zeigen Sie bitte: Es gilt $|u - v| \leq |u - w| + |w - v|$.
Tipp: Schauen Sie sich die Beweise von [WHK, Satz 5.5 d) und e)] an. Lassen sie sich auf komplexe Zahlen übertragen?

5.2 Der Körper der komplexen Zahlen

Lösung: a) Sei $u = a + bi$ mit $a, b \in \mathbb{R}$. Dann ist $\bar{u} = a - bi$, also $\bar{u} + u = 2a = 2\mathfrak{R}(u)$. Es ist $|u| = \sqrt{a^2 + b^2} \geq \sqrt{a^2} = |a| \geq a$. Damit ist $\bar{u} + u = 2a \leq 2|a| \leq 2|u|$.

b) Es ist allgemein $|z|^2 = \bar{z} \cdot z$. Wir erhalten also $|u+v|^2 = \overline{(u+v)} \cdot (u+v)$. Nun ist $\overline{u+v} = \bar{u} + \bar{v}$ ([WHK, Satz 5.14 a)]). Damit ist

$$|u+v|^2 = (\bar{u} + \bar{v})(u+v) = \bar{u}u + \bar{v}u + \bar{u}v + \bar{v}v.$$

Nun ist nach [WHK, Satz 5.14 b] $\overline{uv} = \bar{u}\bar{v}$. Berücksichtigen wir noch $\bar{u}u = |u|^2$ etc., so ergibt sich $|u+v|^2 = |u|^2 + |v|^2 + u\bar{v} + \overline{u\bar{v}} = |u|^2 + |v|^2 + 2\mathfrak{R}(u\bar{v})$. Jetzt benutzen wir Teil a) der Aufgabe und erhalten $2\mathfrak{R}(u\bar{v}) \leq 2|u\bar{v}|$. Nun ist für beliebige komplexe Zahlen w und z

$$|wz|^2 = \overline{wz} \cdot wz = \bar{w} \cdot \bar{z} \cdot w \cdot z = \bar{w}w \cdot \bar{z}z = |w|^2|z|^2$$

und damit $|wz| = |w| \cdot |z|$. Außerdem ist

$$|\bar{v}|^2 = \mathfrak{R}(\bar{v})^2 + \mathfrak{I}(\bar{v})^2, \text{ aber } \mathfrak{I}(\bar{v}) = -\mathfrak{I}(v), \mathfrak{R}(\bar{v}) = \mathfrak{R}(v),$$

also ist $|\bar{v}|^2 = \mathfrak{R}(v)^2 + \mathfrak{I}(v)^2 = |v|^2$ und damit $|\bar{v}| = |v|$. Wenden wir das alles auf $|u\bar{v}|$ an, so erhalten wir $|u\bar{v}| = |u| \cdot |\bar{v}| = |u| \cdot |v|$. Damit erhalten wir $2\mathfrak{R}(u\bar{v}) \leq 2|u| \cdot |v|$. Damit ergibt sich

$$|u+v|^2 = |u|^2 + |v|^2 + 2\mathfrak{R}(u\bar{v}) \leq |u|^2 + |v|^2 + 2|u| \cdot |v| = (|u| + |v|)^2.$$

c) Ziehen wir die Wurzel, so erhalten wir $|u+v| \leq |u| + |v|$.

d) Wir probieren, ob wir dem Tipp folgen können. Um c) benutzen zu können, formulieren wir d) mit anderen Buchstaben.
Behauptung: $|a-b| \leq |a-c| + |c-b|$
Beweis: Es ist $|a-b| = |(a-c) + (c-b)|$. Wenden wir c) für $u = a-c$ und $v = c-b$ an, so erhalten wir

$$|a-b| = |u+v| \leq |u| + |v| = |a-c| + |c-b|.$$

e) Jetzt übertragen wir den Beweis von [WHK, Satz 5.5 e] auf unsere Situation. Um c) anwenden zu können, formulieren wir d) mit neuen Buchstaben:

$$||a| - |b|| \leq |a - b|.$$

Es ist $|a| = |(a-b) + b|$. Wir wenden c) mit $u = (a-b)$, $v = b$ an und erhalten $|a| = |(a-b) + b| \leq |a-b| + |b|$, also $|a| - |b| \leq |a-b|$. Genauso ergibt sich $|b| - |a| \leq |b - a|$. Nun ist aber

$$|b-a| = |(-1)(a-b)| = |(-1)| \cdot |a-b| = |a-b|,$$

wobei die zweite Gleichheit aus der oben bewiesenen Formel $|wz| = |w| \cdot |z|$ folgt. Damit ist $|a| - |b| \leq |a - b|$ und $-(|a| - |b|) = |b| - |a| \leq |a - b|$, also $||a| - |b|| = \max(|a| - |b|, -(|a| - |b|)) \leq |a - b|$.

5.3 Folgen und Konvergenz

> **Typen von Folgen, Konvergenz**
> *Eine (reelle) Folge $u = (u_n)_{n \geq k}$ ist nichts anderes als eine Abbildung $u : \{k, k+1, k+2, k\ldots\} \subseteq \mathbb{N}, n \to u_n$. Sie beginnt mit dem Startindex $k \in \mathbb{Z}$. Meistens ist $k = 1$ oder $k = 0$.*

Anleitung zur Benutzung des Applets "Folgen und Reihen".
Systemvoraussetzung: Java muss installiert sein.
Gehen Sie mit Ihrem Browser zu
http://min.informatik.uni-tuebingen.de
Klicken Sie "Mathe-Visualisierungen" und dort "Folgen und Reihen" an. Klicken Sie jetzt das Symbol "Programm starten" an. Es erscheint ein Fenster mit einem Koordinatenkreuz. Darunter kommt ein Eingabefenster mit den Alternativen "Folgen", "Reihe". Klicken Sie "Folge", falls dort nicht schon der schwarze Punkt ist. In der Zeile $a(n) =$ geben Sie die Formel für a_n ein, z.B. $1/n^2$. Beim Startindex geben Sie 1 ein und drücken die Eingabetaste. Die ersten 30 Glieder der Folge werden gezeichnet. Klicken Sie "Anpassen" an, wird das Koordinatensystem "optimal" angepasst, was aber oft nicht optimal ist. Sie können das Koordinatensystem selbst einstellen, indem Sie "Einstellungen" anklicken. Sie können auch mehr als 30 Glieder zeichnen lassen.
Rechts im Bild erscheint die eingegebene Gleichung und der Startwert. Klicken Sie diese Gleichung mit der rechten Maustaste an, so öffnet sich ein Menüfenster, das selbsterklärend ist.
Zum Vergleich mehrerer Folgen geben Sie diese nacheinander (jede mit Eingabe-Taste abschließen) ein. Sie werden in unterschiedlichen Farben gezeichnet. Die Gleichungen erscheinen in der gleichen Farbe. Sie können die Folgen einzeln wieder löschen (rechter Mausklick zum Öffnen des Menüfensters).

5.5 **Aufgabe 5.5** Untersuchen Sie die unten stehenden Folgen am Bildschirm und geben Sie anhand des Bildes an, welches Verhalten die jeweilige Folge zeigt. Ändern Sie das Koordinatensystem wie angegeben, das heißt insbesondere ersetzen Sie die vorgegebene Zahl 30 durch $n_{\max}$. Bitte a) bis d) in einem Bild!
a) $a_n = \frac{1}{n}$, $n_{\max} = 100$.

5.3 Folgen und Konvergenz

b) $a_n = \frac{1}{n^2}$, $n_{\max} = 100$.
c) $a_n = \frac{1}{\sqrt{(n)}}$, $n_{\max} = 100$.
d) $a_n = (n+1)^2 \, 2^{-n}$, $n_{\max} = 100$.
e) $a_n = (1 + (-1)^n)$, $n_{\max} = 100$.
f) Eine rekursiv definierte Folge: Startwert 1, Startindex 1, $a_n = \frac{1}{2}(a_{n-1} + \frac{4}{a_{n-1}})$. Die Eingabe erfolgt als $\frac{1}{2}(a(n-1) + \frac{4}{a(n-1)})$, $n_{\max} = 20$.
g) $S_n = \sum_{k=1}^{n} \frac{1}{k}$. Wir klicken "Reihe" an, geben $a(n) = \frac{1}{n}$ und Startindex 1 an. $n_{\max} = 50$.
Klicken Sie "anpassen" an und schauen, was der größte y–Wert ist. Setzen Sie jetzt über Einstellungen $n_{\max} = 100$. Was ist jetzt der größte y–Wert? Probieren Sie auch noch $n_{\max} = 10000$.
h) Geben Sie jetzt (nachdem Sie die alte Reihe gelöscht und das Koordinatensystem wieder auf $[0, 100] \times [0, 1]$ eingestellt haben) die Reihe $S_n = \sum_{k=1}^{n} (-1)^{k+1}/k$ ein. Variieren Sie $n_{\max}$.

Lösung: a) Die Folge häuft sich bei 0. Sie "strebt dorthin". Sie fällt.
b) Die Folge strebt gegen 0, aber schneller als die vorige. Sie fällt.
c) Die Folge strebt gegen 0, aber langsamer als die vorige. Wählen Sie dazu $n_{\max} = 1000$. Sie fällt.
d) Die Folge strebt gegen 0 und zwar am schnellsten. Das erkennen Sie am besten für $n_{\max} = 20$; sie fällt ab dem 4. Glied.
e) Die Folge ist periodisch mit Periode 2, das heißt, es gilt $u_{n+2} = u_n$ für alle n.
f) Die Folge "strebt gegen 2" und zwar ziemlich schnell. Das testen Sie so: Sie wählen die x–Achse $[0, 10]$ und die y–Achse $[1.9, 2.1]$. Ab welchem n liegen die Glieder a_n im Bild? Probieren Sie es nun mit y–Achse $[1.999, 2.001]$. Sie müssen bei "Einstellungen" die Zahl der angezeigten Nachkommastellen auf 5 erhöhen, sonst wird die y–Achse irreführend beschriftet. Die Folge fällt.
g) Die Folge wächst. Sie verlässt immer den voreingestellten Bildschirm, wenn man nur $n_{\max}$ groß genug wählt. Sie scheint gegen ∞ zu streben (vergl. die nächsten beiden Aufgaben).
h) Diese Folge strebt gegen eine feste Zahl zwischen 0.6 und 0.7

Aufgabe 5.6 Es ist $1 + \frac{1}{2} \geq 2 \cdot \frac{1}{2}$, $\frac{1}{3} + \frac{1}{4} \geq 2 \cdot \frac{1}{4}$, $\frac{1}{5} + \frac{1}{6} + \frac{1}{7} + \frac{1}{8} \geq 4 \cdot \frac{1}{8}$, $\frac{1}{9} + \cdots + \frac{1}{16} \geq 8 \cdot \frac{1}{16}$.
Welche allgemeine Formel ergibt sich für $\frac{1}{2^n+1} + \cdots + \frac{1}{2^{n+1}}$?

5.6

Lösung: *Behauptung:* $\frac{1}{2^n+1} + \cdots + \frac{1}{2^{n+1}} \geq \frac{1}{2}$.
Beweis: Für $1 \leq k \leq 2^n$ ist $2^n + k \leq 2^n + 2^n = 2^{n+1}$.

Also ist $\frac{1}{2^n+k} \geq \frac{1}{2^{n+1}}$. Und damit ist

$$\frac{1}{2^n+1} + \frac{1}{2^n+2} + \cdots + \frac{1}{2^{n+1}} = \sum_{k=1}^{2^n} \frac{1}{2^n+k} \geq 2^n \cdot \frac{1}{2^{n+1}} = \frac{1}{2}.$$

5.7 **Aufgabe 5.7** Sei $a_n = 1 + \frac{1}{2} + \frac{1}{3} + \cdots + \frac{1}{n}$. Zeigen Sie bitte, dass diese Folge nicht beschränkt ist.
Tipp: Zeigen Sie zunächst mit Hilfe der vorigen Aufgabe, dass $(1+1/2) + (1/3 + 1/4 + \cdots + 1/8) + (1/9 + \cdots + \frac{1}{16}) + \cdots + (\frac{1}{2^n+1} + \cdots + \frac{1}{2^{n+1}}) \geq n/2$ gilt.

Lösung: Nach der vorigen Aufgabe ist

$$(1+1/2) + (1/3+1/4) + \cdots + (\frac{1}{2^n+1} + \cdots + \frac{1}{2^{n+1}}) = 1 + \frac{1}{2}$$
$$+ \sum_{j=1}^{n} \sum_{k=1}^{2^j} \underbrace{\frac{1}{2^j+k}}_{\geq 1/2}$$
$$\geq 1 + \frac{1}{2} + \frac{n}{2} \geq \frac{n}{2}.$$

Damit können wir beweisen, das $(a_n)_{n\geq 1}$ unbeschränkt ist. Dazu müssen wir zeigen: zu jeder beliebigen Zahl M gibt es ein $n(M)$ mit $M < a_n$ für alle $n \geq n(M)$. Nach Archimedes Axiom ([WHK, S. 150]) gibt es ein $n_1 \in \mathbb{N}$ mit $M < n_1 \cdot \frac{1}{2}$. Wir setzen $n(M) = 2^{n_1+1}$. Dann ist nach der Ungleichung

$$a_{n(M)} = 1 + \frac{1}{2} + \cdots + \frac{1}{2^{n_1+1}} \geq n_1 \cdot \frac{1}{2} > M.$$

Ist $n \geq n(M)$ beliebig, so ist

$$a_n = 1 + \frac{1}{2} + \cdots + \frac{1}{2^{n_1+1}} + \frac{1}{2^{n_1+1}+1} + \cdots + \frac{1}{n} \geq a_n(M) > M.$$

Damit ist die Folge unbeschränkt.

Eine Folge $(u_n)_{n\geq 1}$ konvergiert gegen die Zahl c, wenn es zu jedem $\varepsilon > 0$ eine natürliche Zahl $n(\varepsilon)$ mit $|c - u_n| < \varepsilon$ für alle $n \geq n(\varepsilon)$ gibt. Man sagt auch, die Folge ist konvergent gegen c. Die Zahl c heißt Grenzwert der Folge, in Zeichen $c = \lim_{n\to\infty} u_n$.
Wir brauchen dieses Kriterium nicht für alle reelle $\varepsilon > 0$ zu prüfen, sondern nur für alle $1/r$ mit $r \in \mathbb{N}$. Denn angenommen es gibt zu jedem $r \in \mathbb{N}$ ein $n(1/r)$ mit $|c - u_n| < 1/r$ für alle $n \geq n(1/r)$. Ist dann $\varepsilon > 0$ beliebig

5.3 Folgen und Konvergenz

vorgegeben, so gibt es nach Archimedes Axiom ein $r \in \mathbb{N}$ *mit* $r > 1/\varepsilon$, *als* $1/r < \varepsilon$. *Um das Konvergenzkriterium für* ε *zu verifizieren, wählt man einfach* $n(\varepsilon) = n(1/r)$.
Oft benutzt man nicht dieses Kriterium zum Nachweis der Konvergenz, sondern Rechenregeln für den Grenzwert, die es erlauben, die Konvergenz kompliziert aufgebauter Folgen auf die von einfacher gebauten zurückzuführen. So ist $\lim_{n\to\infty} a_n + \lim_{n\to\infty} b_n = \lim_{n\to\infty}(a_n + b_n)$. *Analoges gilt für* "−" *und* "·". *Für die Formel* $\frac{1}{\lim_{n\to\infty} a_n} = \lim_{n\to\infty} \frac{1}{a_n}$ *muss jedes Glied der Folge* $(a_n)_{n\geq 1}$ *sowie deren Grenzwert ungleich 0 sein. Für Details siehe* [WHK, Satz 5.23].

Aufgabe 5.8 Welche der folgenden Folgen konvergiert, und was ist gegebenenfalls ihr Grenzwert? **5.8**
a) $u_n = \frac{5n^4 - n^2}{(n+1)^4}$.
b) Sei $u_n \geq 0$ für jedes n und $a = \lim_{n\to\infty} u_n$. Beweisen Sie bitte: $\sqrt{a} = \lim_{n\to\infty} \sqrt{u_n}$.
Tipp: $|\sqrt{a} - \sqrt{u_n}| = \frac{|a - u_n|}{\sqrt{a} + \sqrt{u_n}} \leq \frac{|a - u_n|}{\sqrt{a}}$, falls $a > 0$. Den Fall $a = 0$ müssen Sie gesondert behandeln.
c) $u_n = \frac{\sqrt{n^2 - 1}}{n}$.
d) $u_n = \sqrt[n]{n^2}$.

Lösung: Schauen Sie sich alle Folgen zunächst am Bildschirm an! Falls das ursprüngliche Koordinatensystem das Bild nicht gut zeigt, klicken Sie "Anpassen" an. Wählen Sie unter "Einstellungen" $x_{\max} = 100$. Wenn Sie den Grenzwert a festgestellt haben (im Fall der Konvergenz), wählen Sie das y–Intervall $[a - \frac{1}{100}, a + \frac{1}{100}]$ und schauen Sie, ab welchem n_0 alle Folgenglieder in diesem Intervall liegen.
Wir beweisen die Konvergenz nicht mit der Verifikation von [WHK, Def. 5.18] (außer b), sondern mit den Rechenregeln [WHK, Satz 5.23].
a) Es ist $a_n = \frac{5n^4 - n^2}{(n+1)^4} = 5 \cdot \frac{1}{(1+\frac{1}{n})^4} - (\frac{n}{(n+1)^2})^2$. [WHK, Satz 5.23 c)] liefert $\lim_{n\to\infty}(1 + \frac{1}{n})^4 = (\lim_{n\to\infty}(1 + \frac{1}{n}))^4 = 1$. Nach d) desselben Satzes folgt $\lim_{n\to\infty} 5 \cdot \frac{1}{(1+\frac{1}{n})^4} = 5$. Es ist $\frac{n}{(n+1)^2} = \frac{1}{n}(\frac{n^2}{(n+1)^2}) = \frac{1}{n}(\frac{1}{(1+\frac{1}{n})^2})$. Ebenso wie oben folgt also $\lim_{n\to\infty} \frac{1}{(1+\frac{1}{n})^2} = 1$ und damit

$$\lim_{n\to\infty}\left(\frac{n}{(n+1)^2}\right) = \lim_{n\to\infty} \frac{1}{n}\left(\frac{1}{(1+\frac{1}{n})^2}\right) = \lim_{n\to\infty} \frac{1}{n} \cdot \lim_{n\to\infty} \frac{1}{(1+\frac{1}{n})^2} = 0.$$

Damit ist nach c) desselben Satzes $\lim_{n\to\infty}(\frac{n}{(n+1)^2})^2 = 0$. Nach b) desselben Satzes folgt damit $\lim_{n\to\infty} \frac{5n^4 - n^2}{(n+1)^4} = 5$.

b) Machen Sie sich die Aussage am Beispiel $u_n = 4 + \frac{1}{n^2}$ klar.
(i) Sei $a > 0$. Dann ist

$$|\sqrt{a} - \sqrt{u_n}| = \frac{|(\sqrt{a} - \sqrt{u_n})(\sqrt{a} + \sqrt{u_n})|}{|\sqrt{a} + \sqrt{u_n}|} \leq \frac{|a - u_n|}{\sqrt{a}}.$$

Nach Voraussetzung gilt wegen [WHK, Satz 5.22] $\lim_{n\to\infty} \frac{|a-u_n|}{\sqrt{a}} = 0$, nach demselben Satz also auch $\lim_{n\to\infty} |\sqrt{a} - \sqrt{u_n}| = 0$, also (wieder nach diesem Satz) $\lim_{n\to\infty} \sqrt{u_n} = \sqrt{a}$.
(ii) Sei $a = 0$. Hier müssen wir leider doch auf [WHK, Definition 5.18] zurückgreifen. Sei $\varepsilon > 0$. Wir müssen ein n_0 finden mit $\sqrt{u_n} < \varepsilon$ für alle $n \geq n_0$. Mit ε ist auch $\varepsilon' = \varepsilon^2 > 0$. Zu diesem ε' gibt es nach Voraussetzung ein $n(\varepsilon')$ mit $0 \leq u_n < \varepsilon'$ für alle $n \geq n(\varepsilon')$. Nach [WHK, Satz 5.1 f] folgt $0 \leq \sqrt{u_n} < \sqrt{\varepsilon'} = \varepsilon$ für all' diese n. Wir können also $n_0 = n(\varepsilon')$ wählen.
c) Es ist $\frac{\sqrt{n^2-1}}{n} = \sqrt{1 - \frac{1}{n^2}}$. Wir haben $\lim_{n\to\infty}(1 - \frac{1}{n^2}) = 1 - \lim_{n\to\infty} \frac{1}{n^2} = 1$. Nach b) folgt $\lim \frac{\sqrt{n^2-1}}{n} = 1$.
d) Diese Folge lässt sich nur als $u_n = n^{2/n}$ im Computer eingeben. Schauen Sie sich diese Folge an. Wir beweisen zunächst $\lim_{n\to\infty} \sqrt[n]{n} = 1$. Dazu sei $b_n = \sqrt[n]{n} - 1$. Es ist $b_n \geq 0$ und $\sqrt[n]{n} = 1 + b_n$, also

$$n = (1 + b_n)^n = 1 + nb_n + \frac{n(n-1)}{2}b_n^2 + \cdots + \binom{n}{n}b_n^n \geq \frac{n(n-1)}{2}b_n^2.$$

Damit ist $0 \leq b_n^2 \leq \frac{2}{n-1}$, also gilt $\lim_{n\to\infty} b_n^2 = 0$ und damit nach Teil b) dieser Aufgabe $\lim_{n\to\infty} b_n = 0$, also nach den Rechenregeln $\lim_{n\to\infty} \sqrt[n]{n} = 1$. Schließlich ist $\sqrt[n]{n^2} = (\sqrt[n]{n})^2$. Also folgt wieder nach den Rechenregeln $\lim_{n\to\infty} \sqrt[n]{n^2} = (\lim_{n\to\infty} \sqrt[n]{n})^2 = 1$.

5.9 **Aufgabe 5.9** a) Sei $q > 1$. Zeigen Sie bitte $\lim_{n\to\infty} \frac{n}{q^n} = 0$.
Tipp: Setzen Sie $q = 1 + r$ und beweisen Sie $\frac{1}{q^n} \leq \frac{2}{n(n-1)\cdot r^2}$.
b) Verallgemeinern Sie a) zu $\lim_{n\to\infty} \frac{n^k}{q^n} = 0$ für festes $k \in \mathbb{N}$.

Lösung: a) Es ist $q = 1 + r$ also $q^n = (1 + r)^n = 1 + n \cdot r + \frac{n(n-1)}{2}r^2 + \cdots + \binom{n}{n}r^n \geq \frac{n(n-1)}{2}r^2$. Damit ist $\frac{q^n}{n} \geq \frac{n-1}{2} \cdot r^2$, also $0 \leq \frac{n}{q^n} \leq \frac{2}{n-1} \cdot \frac{1}{r^2}$. Aus dem Nullfolgenlemma [WHK, Satz 5.22] Teil b) folgt die Behauptung.
b) Sei $p = \sqrt[k]{q}$. Dann gilt $p > 1$ und $\frac{n^k}{q^n} = (\frac{n}{p^n})^k$. Nach Teil a) ist $\lim_{n\to\infty} \frac{n}{p^n} = 0$. Mit den Rechenregeln für das Produkt konvergenter Folgen (und Induktion nach k für die k. Potenz) folgt

$$\lim_{n\to\infty} \frac{n^k}{q^n} = \left(\lim_{n\to\infty} \frac{n}{p^n}\right)^k = 0.$$

5.3 Folgen und Konvergenz

▶ Groß O und klein o von Folgen

*Sei $u = (u_n)_{n \geq 1}$ eine beliebige Folge reeller Zahlen. In der Informatik vergleicht man solche Folge mit anderen hinsichtlich des Verhaltens, welche schneller wächst oder schneller gegen 0 konvergiert. Hierzu bildet man die Menge "Groß O von u": $O(u) = \{v = (v_n)_{n \geq 1} : \text{Es gibt } C(v) > 0 \text{ mit } |v_n| \leq C(v)|u_n| \text{ für alle } n \in \mathbb{N}\}$. Außerdem bildet man die Menge "klein o von u", falls alle Glieder $u_n \neq 0$ sind: $o(u) = \{v = (v_n)_{n \geq 1} : \lim_{n \to \infty} \frac{v_n}{u_n} = 0\}$.
Im folgenden schreiben wir oft $(u_n)_n$ statt $(u_n)_{n \geq k}$, vor allem wenn klar ist, was die Indexmenge ist.*

Aufgabe 5.10 Zeigen Sie bitte:
a) Die Folge $(n)_{n \geq 1}$ ist $o((n^2)_{n \geq 1})$.
b) Die Folge $(5n^3 + n^2 + n + 2)_{n \geq 1}$ ist ein $O((n^3)_{n \geq 1})$.
c) Sei $k \in \mathbb{N}$ eine fest gewählte Zahl. Die Folge $(n^k)_{n \geq 1}$ ist ein $o((2^n)_{n \geq 1})$.

Lösung: a) Es ist $\lim_{n \to \infty} \frac{n}{n^2} = \lim_{n \to \infty} \frac{1}{n} = 0$.
b) Es ist

$$\frac{5n^3 + n^2 + n + 2}{n^3} = 5 + \frac{1}{n} + \frac{1}{n^2} + \frac{2}{n^3} \leq 5 + 1 + 1 + 2,$$

also ist $0 \leq 5n^3 + n^2 + n + 2 \leq 9 \cdot n^3$ und daraus folgt die Behauptung.
c) Nach Aufgabe 5.9 ist $\lim_{n \to \infty} \frac{n^k}{2^n} = 0$. Genau das aber besagt die Behauptung.

Aufgabe 5.11 Zeigen Sie bitte:
a) $O((u_n)_n) \subseteq O((v_n)_n)$ gilt genau dann, wenn $(u_n)_n \in O((v_n)_n)$.
b) Ist $(u_n)_n \in O((v_n)_n)$ und $(v_n)_n \in O((w_n)_n)$, so ist $(u_n)_n \in O((w_n)_n)$.
c) ist $(v_n)_n \in o((u_n)_n)$ und $(w_n)_n \in O((v_n)_n)$, so ist $(w_n)_n \in o((u_n)_n)$.

Lösung: a) (i) Es sei die Folge $u = (u_n)_n$ aus $O((v_n)_n)$. Das bedeutet, dass die Folge $(\frac{u_n}{v_n})_n$ beschränkt ist.
Behauptung: $O((u_n)_n) \subset O((v_n)_n)$.
Beweis: Sei $(w_n)_n \in O((u_n)_n)$. Dann ist die Folge $(\frac{w_n}{u_n})_n$ beschränkt. Nach [WHK, Satz 5.19] Teil b) folgt, dass $(\frac{w_n}{v_n})_n = (\frac{w_n}{u_n})_n \cdot (\frac{u_n}{v_n})_n$ beschränkt ist. Da $(w_n)_n$ aus $O((u_n)_n)$ beliebig gewählt war, folgt die Behauptung.
(ii) Es gelte $O((u_n)_n) \subseteq O((v_n))$. Dann ist $(u_n)_n \in O((v_n)_n)$ wegen $(u_n)_n \in O((u_n)_n)$.
b) Wegen $(v_n)_n \in O((w_n)_n)$ folgt nach a) $O((v_n)) \subseteq O((w_n)_n)$, also ergibt sich die Behauptung aus der Voraussetzung $(u_n)_n \in O((v_n))$.

c) Nach Voraussetzung gibt es eine Konstante $C > 0$ mit $|w_n| \leq C|v_n|$ für alle n. Also ist $|\frac{w_n}{u_n}| \leq C|\frac{v_n}{u_n}|$, und damit gilt nach dem Nullfolgenlemma [WHK, Satz 5.22] $\lim_{n \to \infty} \frac{w_n}{u_n} = 0$. Also folgt die Behauptung.

● Teilfolgen

Sei $u = (u_n)_n$ eine Folge. Sei $g : \mathbb{N} \to \mathbb{N}$ eine streng monoton wachsende Abbildung. Es gelte also $g(m) < g(n)$ für alle $m < n$. Dann heißt die Folge $(u_{g(n)})_n$ Teilfolge von u.

Teilfolgen von Folgen kann man sich so anschauen: Geben Sie die Folge $(a_n)_n$ ein. Wählen Sie sich eine Teilfolge durch eine Vorschrift $g : \mathbb{N} \to \mathbb{N}$, $n \mapsto g(n)$ mit $g(n+1) > g(n)$ für alle n. Geben Sie dies $g(n)$ formelmäßig in der Zeile "Filter" ein. Dann sehen Sie die Glieder der Teilfolge. Denken Sie bitte stets daran, das Koordinatenkreuz so zu wählen, dass die ganze Folge zu sehen ist. Klicken Sie gegebenenfalls "Anpassen" an. Um die Teilfolgen gut zu erkennen, wählen Sie bitte $x_{\max} \leq 50$.

5.12 **Aufgabe 5.12** Bestimmen Sie bitte alle möglichen Grenzwerte konvergenter Teilfolgen der angegebenen Folgen:
a) $u_n = 1 + (-1)^n$.
b) $u_n = n \bmod 3$.
c) $u_n = \sin(\frac{\pi}{4} \cdot n)$.
(Der Sinus sollte aus der Schule bekannt sein. $\frac{\pi}{4}$ entspricht $45°$).

Lösung: a) Man entdeckt die möglichen Grenzwerte 0 und 2. Es ist $0 = \lim_{n \to \infty} (1 + (-1)^{2n+1})$, $2 = \lim_{n \to \infty}(1 + (-1)^{2n})$. Wir müssen zeigen, dass dies die einzigen Grenzwerte sind. Sei also $a = \lim_{n \to \infty} a_{g(n)}$ für eine streng monoton wachsende Abbildung $g : \mathbb{N} \to \mathbb{N}$ und $A = \{n : 2|g(n)\}$, $B = \{n : g(n) \equiv 1(\bmod 2)\}$. Sei A endlich und $n(A) = \max(A)$. Für alle $n > n(A)$ ist $g(n) \equiv 1 (\bmod (2))$, also $a_{g(n)} = 0$, also $a = \lim_{n \to \infty} a_{g(n)} = 0$.
Sei nun B endlich. Analog zeigt man $a = \lim_{n \to \infty} a_{g(n)} = 2$.
Seien schließlich sowohl A als auch B unendlich. Dann konvergiert die Teilfolge $(a_{g(n)})_n$ nicht. Denn angenommen $(a_{g(n)})_n$ würde gegen a konvergieren. Zu $\varepsilon = 1/2$ gäbe es dann ein n_0 mit $|a_{g(n)} - a| < \frac{1}{2}$ für alle $n \geq n_0$. Sei $n_1 \in A$, $n_1 \geq n_0$ (da A unendlich, muss es solch n_1 geben). Dann ist $a_{g(n_1)} = 2$. Ebenso gibt es ein $n_2 \geq n_0$ aus B mit $a_{g(n_2)} = 0$. Also ist

$$2 = |a_{g(n_1)} - a_{g(n_2)}| \leq |a_{g(n_1)} - a| + |a - a_{g(n_2)}|$$
$$< \frac{1}{2} + \frac{1}{2} = 1,$$

5.3 Folgen und Konvergenz

ein Widerspruch. Die Annahme, A und B sind beide unendlich, führte zum Widerspruch, also gilt $a = 0$ oder $a = 2$. Dies sind die einzigen Grenzwerte konvergenter Teilfolgen.

b) $a_n = n \mod 3$. Es ist $\lim_{n \to \infty} a_{3n+k} = k$ für $k = 0, 1, 2$. Denn $a_{3n+k} = (3n+k) \mod 3 = k$.

Angenommen a ist ein Grenzwert einer Teilfolge $(a_{g(n)})_n$. Sei $A_k = \{n : g(n) \mod 3 = k\}$, $k = 0, 1, 2$.

(i) *Behauptung:* Mindestens ein A_k ist unendlich.
Beweis: Angenommen, alle drei Mengen seien endlich. Dann ist auch $A_1 \cup A_2 \cup A_3 =: A$ endlich. Sei $m = \max(A)$. Da g als streng monoton wachsend vorausgesetzt ist, ist $g(m+1) > m+1$, also $g(m+1) \notin A$. Sei $k_0 = g(m+1) \mod 3$. Dann ist $m+1 \in A_{k_0} \subseteq A$, ein Widerspruch zu $m = \max(A)$.

(ii) Sei A_{k_0} unendlich und A_k endlich für die beiden anderen Werte $k \neq k_0$. Sei $m_1 = \max(\cup_{k \neq k_0} A_k)$. Für $m \geq m_1$ gilt $m \in A_{k_0}$, also $a_{g(m)} = k_0$, und damit $k_0 = \lim_{n \to \infty} a_{g(m)}$; in diesem Fall erhalten wir also keinen neuen Grenzwert.

(iii) Seien jetzt mindestens zwei Mengen A_k und A_ℓ unendlich ($k \neq \ell$). Da $(a_{g(n)})_n$ gegen a konvergiert gibt es zu $\varepsilon = \frac{1}{3}$ ein n_0 mit $|a - a_{g(n)}| < \frac{1}{3}$ für alle $n \geq n_0$. Wir wählen ein $n_1 \in A_k$, $n_1 \geq n_0$ (ein solches muss es geben, weil A_k unendlich ist) und erhalten $a_{g(n_1)} = k$, ebenso gibt es ein $n_2 \geq n_0$ in A_ℓ, also $a_{g(n_2)} = \ell$. Damit erhält man

$$1 \leq |k - \ell| = |a_{g(n_1)} - a_{g(n_2)}| \leq |a_{g(n_1)} - a| + |a - a_{g(n_2)}|$$
$$< \frac{1}{3} + \frac{1}{3} = \frac{2}{3},$$

ein Widerspruch.
Damit ist $a \in \{0, 1, 2\}$. Dies sind die einzigen Grenzwerte konvergenter Teilfolgen.

c) $a_n = \sin(\frac{\pi}{4} \cdot n)$. Es ist $\sin(\frac{\pi}{4}) = \frac{1}{\sqrt{2}}$, $\sin(\frac{\pi}{2}) = 1$, $\sin(\frac{3\pi}{4}) = \frac{1}{\sqrt{2}}$, $\sin(\pi) = 0$. Ferner ist $\sin(\frac{5\pi}{4}) = -\frac{1}{\sqrt{2}}$, $\sin(\frac{3\pi}{3}) = -1$, $\sin(\frac{7\pi}{4}) = -\frac{1}{\sqrt{2}}$ und $\sin(2\pi) = 0$. Schließlich ist $\sin(x + 2k\pi) = \sin(x)$.
Damit erhält man aus $\frac{\ell\pi}{4} + 2k\pi = \frac{\pi}{4}(\ell + 8k)$ die folgenden konvergenten Teilfolgen:
Sei $g_\ell(n) = \frac{\ell\pi}{4} + 2n\pi$ für $\ell = 0, \ldots, 7$.
$a_{g_\ell(n)} = \sin(\frac{\ell\pi}{4})$, also $\lim_{n \to \infty} a_{g_\ell(n)} = \sin(\frac{\ell\pi}{4})$. Es ist $\lim_{n \to \infty} a_{g_\ell(n)} = \lim_{n \to \infty} a_{g_k(n)}$ für $\ell = 1$, $k = 3$, bzw. für $\ell = 0$, $k = 4$, sowie für $\ell = 5$ und $k = 7$.
Der Minimalabstand zwischen zwei verschiedenen Grenzwerten ist $d = 1 - \frac{1}{\sqrt{2}} \approx 0.29$.
Wir können nun analog zu Teil b) der Aufgabe vorgehen, um zu zeigen, dass die aufgezählten Grenzwerte die einzigen sind. Wir skizzieren das nur. Sei

$a = \lim_{n\to\infty} a_{g(n)}$. Sei $A_k = \{n : \frac{g(n)}{\pi/4} = k \bmod 8\}$.
Wieder muss mindestens eines der A_k unendlich sein. Wir betrachten $B_0 = A_0 \cup A_4$, $B_1 = A_1 \cup A_3$
$B_5 = A_5 \cup A_7$ und $B_k = A_k$ für $k = 2, 6$.
Wir wissen: mindestens eine der Mengen B_j ist unendlich. Zu $\varepsilon = \frac{d}{3}$ (das ist dasselbe Vorgehen wie unter b), dort war $d = 1$) gibt es wieder n_0 mit $|a - a_{g(n)}| < \frac{d}{3}$ für $n \geq n_0$. Ist genau eine der Mengen B_j unendlich, so ist $a = \sin(\frac{\pi}{4} \cdot j)$. Sind aber B_j und B_k unendlich, so finden wir wieder $n_1 \in B_j$, $n_2 \in B_k$ $n_1, n_2 \geq n_0$ und erhalten

$$d \leq |\sin(\frac{\pi}{4} \cdot j) - \sin(\frac{\pi}{4} \cdot k)| = |a_{g(n_1)} - a_{g(n_2)}|$$
$$\leq |a_{g(n_1)} - a| + |a - a_{g(n_2)}| < \frac{d}{3} + \frac{d}{3} = \frac{2d}{3},$$

ein Widerspruch!

5.4 Unendliche Reihen

> **Allgemeine unendliche Reihen**
> Unter einer unendlichen Reihe $\sum_{n=k}^{\infty} a_n$ versteht man einerseits die Folge $(S_n)_{n\geq k}$ ihrer Teilsummen $S_n = \sum_{\ell=k}^{n} a_\ell$, andererseits auch den Grenzwert $\lim_{n\to\infty} S_n$, falls die Folge $(S_n)_{n\geq k}$ konvergiert. Wir wenden das Cauchysche Konvergenzkriterum auf Reihen an und erhalten wegen $|S_{n+p} - S_n| = |\sum_{\ell=n+1}^{n+p} a_n|$ die folgende Formulierung: Die unendliche Reihe $\sum_{n=k}^{\infty} a_n$ konvergiert genau dann, wenn es zu jedem $\varepsilon > 0$ einen Index $n(\varepsilon)$ gibt mit $|\sum_{\ell=n+1}^{n+p} a_n| < \varepsilon$ für alle $p \geq 1$ und alle $n \geq n(\varepsilon)$.

Aufgabe 5.13 *(Ziel der Aufgabe ist es, zu zeigen, dass die Reihe*

$$\sum_{n=1}^{\infty} (-1)^{n+1}/n = 1 - 1/2 + 1/3 - 1/4 \pm \cdots$$

konvergiert.)
a) Zeigen Sie bitte: Für alle n und alle geraden p gilt
$0 < \frac{1}{n} - \frac{1}{n+1} + \frac{1}{n+2} - \frac{1}{n+3} \pm \cdots + \frac{1}{n+p} < \frac{1}{n}$.
Tipp: $-\frac{1}{n+k} + \frac{1}{n+k+1} \leq 0$.
b) Zeigen Sie bitte: Für alle n und alle ungeraden p gilt
$0 < \frac{1}{n} - \frac{1}{n+1} + \frac{1}{n+2} - \frac{1}{n+3} \pm \cdots - \frac{1}{n+p} < \frac{1}{n}$.
Tipp: Verwenden Sie Teil a).

5.4 Unendliche Reihen

c) Zeigen Sie bitte: Die Reihe $\sum_{n=1}^{\infty}(-1)^{n+1}/n$ konvergiert.
Tipp: Betrachten Sie $|S_{n+p} - S_n|$ für $S_m = \sum_{k=1}^{m}(-1)^{k+1}/k$ und benutzen Sie a) bzw b) sowie Cauchys Konvergenzkriterium für Reihen [WHK, Satz 5.30].

Lösung: Schauen Sie sich die Reihe an.
a) Es ist

$$\frac{1}{n} - \frac{1}{n+1} + \frac{1}{n+2} - \frac{1}{n+3} + \cdots + \frac{1}{n+p} = \frac{1}{n} + (\frac{1}{n+2} - \frac{1}{n+1}) +$$
$$(\frac{1}{n+4} - \frac{1}{n+3}) +$$
$$\cdots + (\frac{1}{n+p} - \frac{1}{n+p-1}).$$

Nun sind die Differenzen in den Klammern ≤ 0, wir addieren zu $\frac{1}{n}$ also nur negative Zahlen, damit ist die Summe $\leq \frac{1}{n}$. Andererseits ist

$$\frac{1}{n} - \frac{1}{n+1} \pm \cdots + \frac{1}{n+p} = (\frac{1}{n+1} - \frac{1}{n+1}) + (\frac{1}{n+2} - \frac{1}{n+p}) + \cdots + \frac{1}{n+p}.$$

Hier sind alle Differenzen in den Klammern positiv, also ist die Summe ≥ 0.

b) Zunächst ist

$$\frac{1}{n} - \frac{1}{n+1} + \frac{1}{n+2} - \frac{1}{n+3} \pm \cdots - \frac{1}{n+p} = \underbrace{\frac{1}{n} + \sum_{k=1}^{p-1}(-1)^k \frac{1}{n+k}}_{<\frac{1}{n}} - \frac{1}{n+p} < \frac{1}{n}$$

wobei die Abschätzung unter der geschweiften Klammer nach a) gilt, denn $p-1$ ist gerade.
Ferner gilt

$$\frac{1}{n} - \frac{1}{n+1} + \frac{1}{n+2} - \frac{1}{n+3} \pm \cdots - \frac{1}{n+p} = \sum_{k=0}^{p-1}(\frac{1}{n+k} - \frac{1}{n+k+1}),$$

und alle Differenzen in den Klammern sind positiv. Also ist die Summe > 0.

c) Es ist

$$|S_{n+p} - S_n| = \left|\sum_{k=1}^{n+p}(-1)^{k+1}/k - \sum_{k=1}^{n}(-1)^{k+1}/k\right|$$

$$= \left|\sum_{k=n+1}^{n+p}(-1)^{k+1}/k\right|$$

$$= \left|\frac{(-1)^{n+2}}{n+1} + \frac{(-1)^{n+3}}{n+2} + \cdots + \frac{(-1)^{n+p+1}}{n+p}\right|.$$

Wir klammern $(-1)^n$ aus und erhalten

$$|S_{n+p} - S_n| = \left|\frac{1}{n+1} - \frac{1}{n+2} + \frac{1}{n+3} - + \cdots + \frac{(-1)^{p+1}}{n+p}\right|.$$

Nach a) und b) folgt (man muss das dortige n durch $n' = n+1$ ersetzen)

$$|S_{n+p} - S_n| < \frac{1}{n+1} < \frac{1}{n}.$$

Wir wenden nun das Cauchykriterium an:
Sei $\varepsilon > 0$ beliebig. Dann gibt es nach Archimedes Axiom ein n_0 mit $n_0 > \frac{1}{\varepsilon}$, also $\varepsilon > \frac{1}{n_0}$. Für $n \geq n_0$ und beliebiges p ist dann $|S_{n+p} - S_n| < \frac{1}{n} \leq \frac{1}{n_0} < \varepsilon$.
Nach [WHK, Satz 5.30] folgt die Konvergenz der Reihe.

5.14 **Aufgabe 5.14** (Verallgemeinerung der vorigen Aufgabe) Sei $(a_n)_{n\geq 1}$ eine monoton fallende Nullfolge. Zeigen Sie bitte, dass dann die Reihe $\sum_{n=1}^{\infty}(-1)^{n+1}a_n$ konvergiert.
Tipp: Schauen Sie, ob Sie aufgrund der Tatsache $a_{n+1} \leq a_n$ die Aussagen a) und b) der vorigen Aufgabe für a_n statt $\frac{1}{n}$ zeigen können. Verwenden Sie dann Cauchys Konvergenzkriterium für Reihen [WHK, Satz 5.30]

Lösung: (I) Wir zeigen für beliebiges gerades p

$$0 < a_n - a_{n+1} + a_{n+2} - a_{n+3} + - \cdots + a_{n+p} =: b(n,p) < a_n.$$

Denn zunächst ist die Summe gleich $\sum_{k=0}^{p-1}(a_{n+k} - a_{n+k+1}) + a_{n+p}$. Die Differenzen in den Klammern sind positiv weil $(a_n)_n$ monoton fallend, d.h. $a_{n+\ell} \geq a_{n+\ell+1}$ ist. Also ist die Summe positiv. Dieselbe Summe klammern wir anders. Es ist

$$b(n,p) = a_n + \sum_{k=1}^{p-1}\underbrace{(a_{n+k+2} - a_{n+k+1})}_{\leq 0} < a_n.$$

5.4 Unendliche Reihen

(II) Für ungerades p ist

$$b(n,p) = \sum_{k=0}^{p-1} \underbrace{(a_{n+k} - a_{n+k+1})}_{\geq 0} \geq 0 \quad \text{und}$$

$$b(n,p) = a_n + \sum_{k=2}^{p-2} \underbrace{(a_{n+k} - a_{n+k-1})}_{\leq 0} - a_{n+p} \leq a_n.$$

(III) Es ist nach (I) und (II)

$$|S_{n+p} - S_n| = |\sum_{k=n+1}^{n+p} a_{n+k}| \leq a_{n+1} \leq a_n.$$

Sei $\varepsilon > 0$ beliebig vorgegeben. Wegen $\lim_{n\to\infty} a_n = 0$ gibt es ein $n(\varepsilon)$ mit

$$a_n < \varepsilon \quad \text{für} \quad n \geq n(\varepsilon).$$

Also ist $|S_{n+p} - S_n| < \varepsilon$ für $n \geq n(\varepsilon)$. Die behauptete Konvergenz folgt aus dem Cauchy-Kriterium für Reihen ([WHK, Satz 5.30]).

● Absolut konvergente Reihen

Eine Reihe $\sum_{n=0}^{\infty} a_n$ konvergiert absolut, wenn die Reihe $\sum_{n=0}^{\infty} |a_n|$ konvergiert. Dann konvergiert auch die ursprüngliche Reihe. Das wichtigste Beispiel ist die geometrische Reihe $\sum_{n=0}^{\infty} q^n$ für $|q| < 1$. Sie wird für praktisch alle Aussagen über absolute Konvergenz bei irgendwelchen Abschätzungen benutzt. Wie Sie vielleicht aus der Schule wissen, ist $\sum_{n=0}^{\infty} q^n = \frac{1}{1-q}$, falls $|q| < 1$ ist.

Aufgabe 5.15 Sei $c_n = 1 + 1/n$ und $x = 3/4$. Zeigen Sie bitte, dass die Reihe $2x + 3/2\, x^2 + 4/3\, x^3 + \cdots = \sum_{k=1}^{\infty} \frac{k+1}{k} x^k$ absolut konvergiert.
Tipp: Schauen Sie sich diese Reihe mit dem Applet "Folgen und Reihen an" und benutzen Sie [WHK, Satz 5.31].

Lösung: Es ist $c_n \leq 2$, also ist $|c_n x^n| < 2 \cdot (\frac{3}{4})^n =: b_n$. Es ist $\sum_{n=0}^{\infty} b_n = 2 \cdot \sum_{n=0}^{\infty} (\frac{3}{4})^n = \frac{2}{1-3/4} = 8$ siehe [WHK, S. 173] oben). Nach [WHK, Satz 5.31] konvergiert $\sum_{n=0}^{\infty} c_n x^n$.

Aufgabe 5.16 (Verallgemeinerung der vorigen Aufgabe) Sei $(c_n)_{n\geq 0}$ eine beschränkte Zahlenfolge und $|x| < 1$. Zeigen Sie bitte, dass die Reihe $\sum_{n=0}^{\infty} c_n x^n$ absolut konvergiert.

Tipp: Es ist $|c_n| \leq d$ für alle n und ein $d > 0$. Verwenden Sie nun [WHK, Satz 5.31].

Lösung: Es ist $\sum_{n=0}^{\infty} x^n = \frac{1}{1-x}$ für $|x| < 1$. Es ist $|c_n| \leq d$, also $|c_n x^n| \leq d|x|^n$. Verfahren Sie nun wie in der vorigen Aufgabe.

Es gibt zwei einfache Kriterien zum Nachweis der absoluten Konvergenz einer Reihe $\sum_{n=0}^{\infty} a_n$, das Quotientenkriterium und das Wurzelkriterium. Das erste besagt: Seien alle $a_n \neq 0$. Es gebe ein q mit $0 < q < 1$ und ein n_0, so dass $\left|\frac{a_{n+1}}{a_n}\right| < q$ für alle $n \geq n_0$ gilt. Dann ist die Reihe absolut konvergent.
Das Wurzelkriterium lautet: Es gebe eine Zahl q mit $0 < q < 1$ und ein n_0, so dass $\sqrt[n]{|a_n|} < q$ ist für alle $n \geq n_0$. Dann konvergiert die Reihe absolut.

5.17 **Aufgabe 5.17** Sei $\sum_{n=0}^{\infty} d_n$ eine Reihe. Zeigen Sie bitte:

a) Es gelte $d_n \neq 0$ für alle n und $\lim_{n \to \infty} \left|\frac{d_{n+1}}{d_n}\right| = p < 1$. Dann konvergiert die Reihe absolut.

b) Es gelte $\lim_{n \to \infty} \sqrt[n]{|d_n|} = p < 1$. Auch dann konvergiert die Reihe absolut.
Tipp: Führen Sie a) auf das Quotientenkriterium, b) auf das Wurzelkriterium zurück, siehe [WHK, Satz 5.34].

Lösung: a) Wir setzen $q = \frac{1}{2}(p+1)$. Dann gilt

$$p = \frac{p+p}{2} < \frac{p+1}{2} = q < \frac{1+1}{2} = 1.$$

Nach Voraussetzung gibt es zu $\varepsilon = q - p$ ein $n(\varepsilon)$ mit $\left|\left|\frac{d_{n+1}}{d_n}\right| - p\right| < \varepsilon$ für alle $n \geq n(\varepsilon)$. Daraus folgt insbesondere $\frac{|d_{n+1}|}{|d_n|} - p < \varepsilon = q - p$, also $\frac{|d_{n+1}|}{|d_n|} < q$ für alle $n \geq n(\varepsilon)$. Nach dem zitierten Quotientenkriterium folgt die Behauptung.
b) Sei wiederum $q = \frac{1}{2}(p+1)$ und $\varepsilon = q - p$. Nach Voraussetzung gibt es ein $n(\varepsilon)$ mit $\left|\sqrt[n]{|d_n|} - p\right| < \varepsilon$ für alle $n \geq n(\varepsilon)$. Auch hier folgt insbesondere $\sqrt[n]{|d_n|} - p < q - p$, also $\sqrt[n]{|d_n|} < q$ für alle $n \geq n(\varepsilon)$. Nach dem zitierten Wurzelkriterium folgt die Behauptung.

▸ **Potenzreihen**

5.18 **Aufgabe 5.18** Zeigen Sie bitte, dass die Reihe $x + 2x^2 + 3x^3 + 4x^4 + \cdots = \sum_{k=1}^{\infty} kx^k$ für $|x| < 1$ absolut konvergiert.
Tipp: Es ist $\lim_{n \to \infty} \frac{n+1}{n} = 1$. Verwenden Sie nun das Quotientenkriterium in der Form der Aufgabe 5.17 a).

Lösung: Sei $|x| < 1$. Das n. Glied der Reihe ist nx^n. Für $x = 0$ konvergiert die Reihe sowieso. Sei $0 < |x| < 1$. Dann ist $nx^n \neq 0$ für alle n und $\lim_{n\to\infty} \left|\frac{(n+1)x^{n+1}}{nx^n}\right| = |x|\lim_{n\to\infty} \frac{n+1}{n} = |x| < 1$. Nach Aufgabe 5.17 a) folgt die Behauptung.

Aufgabe 5.19 Sei $(a_n)_{n\geq 0}$ eine Folge, so dass $(\sqrt[n]{|a_n|})$ konvergent und $\lim_{n\to\infty} \sqrt[n]{|a_n|} > 0$ ist. Zeigen Sie bitte, dass die Reihe $\sum_{n=0}^{\infty} a_n x^n$ für alle x mit $|x| < \frac{1}{\lim_{n\to\infty} \sqrt[n]{|a_n|}}$ absolut konvergiert.
Tipp: Kriterium b) aus Aufgabe 5.17.

Lösung: Sei $a = \lim \sqrt[n]{|a_n|}$. Für $|x| < \frac{1}{a}$ setzen wir $d_n = a_n x^n$ und erhalten $\lim_{n\to\infty} \sqrt[n]{|d_n|} = \lim_{n\to\infty} \sqrt[n]{|a_n|}|x| = a|x| < 1$. Nach Aufgabe 5.17 b) folgt die Behauptung.

5.5 Komplexe Zahlenfolgen und Reihen

Eine Folge $u = (u_n)_{n\geq k}$ komplexer Zahlen, oder kurz: eine komplexe Zahlenfolge, ist nichts anderes als eine Abbildung $u : \{k, k+1, \ldots\} \to \mathbb{C}$, $n \to u_n$. Sie konvergiert gegen die Zahl $c \in \mathbb{C}$, wenn es zu jedem $\varepsilon > 0$ ein $n(\varepsilon) \geq k$ gibt mit $|c - u_n| < \varepsilon$ für alle $n \geq n(\varepsilon)$.
Eine komplexe Zahlenfolge konvergiert genau dann gegen die Zahl c, wenn $(\Re(u_n))_{n\geq k}$ und $(\Im(u_n))_{n\geq k}$ gegen $\Re(c)$ bzw. gegen $\Im(c)$ konvergieren. Dies können Sie sich mit dem Applet "komplexe Folgen" anschauen.

Aufgabe 5.20 Zeigen Sie, dass die folgenden Folgen $(a_n)_{n\geq 1}$ konvergieren, und bestimmen Sie deren Grenzwerte.
a) $a_n = 1 + 1/n + i \cdot (1 - 1/n^2)$.
b) $a_n = \frac{\cos(n) + i \cdot \sin(n^2)}{\sqrt{n}}$.
c) $a_n = \frac{n}{z^n}$ für $z = 5(\cos(1) + i \cdot \sin(1))$.

Lösung: a) Es ist $\Re(a_n) = 1+1/n$ und damit gilt $\lim_{n\to\infty} \Re(a_n) = 1$. Analog ist $\Im(a_n) = 1 - 1/n^2$ und damit gilt $\lim_{n\to\infty} \Im(a_n) = 1$. Also erhalten wir $\lim_{n\to\infty} a_n = 1 + i \cdot 1$.
b) Es ist $\Re(a_n) = \frac{\cos(n)}{\sqrt{n}}$. Wegen $|\cos(n)| \leq 1$ folgt $|\Re(a_n)| \leq \frac{1}{\sqrt{n}}$. Da $\lim_{n\to\infty} \frac{1}{\sqrt{n}} = 0$ ist, folgt $\lim_{n\to\infty} \Re(a_n) = 0$. Ebenso folgt $|\Im(a_n)| \leq \frac{1}{\sqrt{n}}$ und damit $\lim_{n\to\infty} \Im(a_n) = 0$. Daraus folgt $\lim_{n\to\infty} a_n = 0$.
c) Wir berechnen zunächst $|z|$. Es ist $|\cos(1)+i \cdot \sin(1)|^2 = \cos(1)^2 + \sin(1)^2 = 1$. Also ist $|z| = 5$. Damit folgt aber $|a_n| \leq \frac{n}{5^n}$. Nun ist $\frac{n}{5^n} \leq \frac{n}{2^n}$. Nach Aufgabe

5.9 gilt $\lim_{n\to\infty} \frac{n}{2^n} = 0$. Aus dem Nullfolgenlemma [WHK, Satz 5.22] ergibt sich $\lim_{n\to\infty} a_n = 0$.

5.21

Aufgabe 5.21 Seien $(a_n)_{n\geq 1}$ und $(b_n)_{n\geq 1}$ komplexe Zahlenfolgen und $a = \lim_{n\to\infty} a_n$, $b = \lim_{n\to\infty} b_n$. Beweisen Sie bitte $ab = \lim_{n\to\infty} a_n b_n$.
Tipp: Entweder übertragen Sie den Beweis der entsprechenden Formel aus dem Reellen ins Komplexe, oder Sie berechnen Real- und Imaginärteil von $a_n b_n$ und beweisen die Formel durch Benutzung der Rechenregeln für reelle Zahlenfolgen und von [WHK, Satz 5.41].

Lösung: Wir gehen den ersten Weg, weil ähnliche Ideen auch in der mehrdimensionalen Analysis benutzt werden. Wir benutzen also die Formeln für den Abstand, d.h. für den Absolutbetrag und weisen nach, dass $(|ab - a_n b_n|)_{n\geq 1}$ eine Nullfolge in $\mathbb{R}$ ist. Wir benutzen also das Konvergenzkriterium b) aus [WHK, Satz 5.41].
(I) Eine konvergente Folge $(a_n)_{n\geq 1}$ ist beschränkt (vergl. [WHK, Satz 5.19 a)] und dessen Beweis): denn sei a der Grenzwert der Folge. Zu $\varepsilon = 1$ gibt es nach der Definition der Konvergenz ein $n(\varepsilon) = n(1)$ mit $|a - a_n| < 1$ für alle $n \geq n(1)$. Damit ist für alle $n \geq n(1)$

$$|a_n| = |a_n - a + a| \leq |a_n - a| + |a| \leq 1 + |a|.$$

Also gilt für alle n: $|a_n| \leq \max(|a_1|, \ldots, |a_{n(1)-1}|, 1 + |a|) =: c$, c hängt nicht mehr von n ab.
(II) Unsere beiden Folgen sind konvergent, also beschränkt. Es gibt daher $c > 0$, $d > 0$ mit $|a_n| \leq c$ und $|b_n| \leq d$ für alle n. Nun wenden wir das Argument im Beweis von [WHK, Satz 5.23 c)] an:
Es ist

$$\begin{aligned}|ab - a_n b_n| &= |ab - a_n b + a_n b - a_n b_n| \\ &\leq |ab - a_n b| + |a_n b - a_n b_n| \\ &= |a - a_n||b| + |a_n||b - b_n| \\ &\leq |a - a_n||b| + c|b - b_n|.\end{aligned}$$

Nach [WHK, Satz 5.41 b)] sind die Folgen der Abstände $(|a-a_n|)_{n\geq 1}$ und $(|b-b_n|)_{n\geq 1}$ Nullfolgen (in $\mathbb{R}$), nach dem Nullfolgenlemma [WHK, Satz 5.22b)] ist damit auch $(|ab-a_n b_n|)_{n\geq 1}$ eine Nullfolge. Daraus folgt mit [WHK, Satz 5.41 b)], dass $ab = \lim_{n\to\infty} a_n b_n$ gilt.

5.5 Komplexe Zahlenfolgen und Reihen

Für weite Bereiche der Analysis periodischer Vorgänge und für viele andere Anwendungen ist die Eulersche Formel besonders wichtig: Sie lautet

$$\exp(it) = \cos(t) + i\sin(t).$$

Außerdem gilt

$$\exp(z_1 + z_2) = \exp(z_1)\exp(z_2)$$

(siehe [WHK, Satz 5.43]). Wie Sie sich mit der folgenden Aufgabe überzeugen können, ist es mit diesen beiden Formeln sehr leicht, die bekannten trigonometrischen Formeln zu beweisen.

Aufgabe 5.22 Beweisen Sie bitte die beiden folgenden Formeln:
a) $\cos(u+v) = \cos(u)\cos(v) - \sin(u)\sin(v)$.
b) $\sin(u+v) = \sin(u)\cos(v) + \cos(u)\sin(v)$.
Tipp: Eulersche Formel.

Lösung: a) Es ist

$$\cos(u+v) = \Re(\exp(i(u+v))) = \Re(\exp(iu+iv)) = \Re(\exp(iu)\exp(iv)).$$

Nun ist

$$\begin{aligned}\exp(iu)\exp(iv) &= (\cos(u) + i\sin(u))\cdot(\cos(v) + i\sin(v))\\ &= \cos(u)\cos(v) - \sin(u)\sin(v)\\ &\quad + i\cdot(\cos(u)\sin(v) + \sin(u)\cos(v)). \end{aligned} \quad (8)$$

Also ist $\cos(u+v) = \Re(\exp(i(u+v))) = \cos(u)\cos(v) - \sin(u)\sin(v)$.
b) Es ist $\sin(u+v) = \Im(\exp(i(u+v)))$ und man liest das Ergebnis aus der Formel (8) ab.

Aufgabe 5.23 Berechnen Sie bitte die folgenden Ausdrücke:
a) $(\cos(\pi/4) + i\sin(\pi/4))^3$.
b) $(\cos(1/n) + i\sin(\pi/2 - 1/n)$ (vereinfachen zu $\cos(1/n)\cdot z$; bestimmen Sie also z).
c) $\sum_{k=0}^{n}\left(\frac{\cos(\pi/4)+i\sin(\pi/4)}{2}\right)^k$.
Tipp: Eulersche Formel und endliche geometrische Reihe.

Lösung: a) Es ist $\cos(\pi/4)+i\sin(\pi/4) = \exp(i\pi/4)$. Damit folgt $(\cos(\pi/4)+i\sin(\pi/4))^3 = (\exp(i\pi/4))^3 = \exp(3i\pi/4)$ nach der auch in der vorigen Aufgabe zitierten Formel [WHK, Satz 5.43 a)]. Also erhält man $(\cos(\pi/4) + i\sin(\pi/4))^3 = \cos(3\pi/4) + i\sin(3\pi/4)$.

b) Es ist nach der vorigen Aufgabe $\sin(\pi/2 - 1/n) = \sin(\pi/2)\cos(-1/n) + \cos(\pi/2)\sin(-1/n)$. Nun ist $\sin(\pi/2) = 1$ und $\cos(\pi/2) = 0$ (Anleihe aus der Schule bzw. [WHK, Abschnitt 7.4.2]), sowie $\cos(x) = \cos(-x)$ (in der Reihe auf [WHK, S.178], durch die der Cosinus definiert ist, stehen nur gerade Potenzen von x). Also ergibt sich $\sin(\pi/2 - 1/n) = \cos(1/n)$, und damit $\cos(1/n) + i\sin(\pi/2 - 1/n) = \cos(1/n)(1 + i)$.

c) Wir setzen $q = \frac{\cos(\pi/4) + i\sin(\pi/4)}{2} = \frac{exp(i\pi/4)}{2}$ und erhalten, dass die Summe gleich $\sum_{k=0}^{n} q^k = \frac{1-q^{n+1}}{1-q}$ ist. Wir rechnen das aus und erhalten

$$\sum_{k=0}^{n}\left(\frac{\cos(\pi/4) + i\sin(\pi/4)}{2}\right)^k = \frac{1}{2^n}\frac{2^{n+1} - \cos((n+1)\pi/4) - i\sin((n+1)\pi/4)}{2 - \cos(\pi/4) - i\sin(\pi/4)}.$$

5.24 **Aufgabe 5.24** Man setzt für komplexe Zahlen z $\cos(z) = 1 - \frac{z^2}{2!} + \frac{z^4}{4!} - \frac{z^6}{6!} + - \cdots = \sum_{n=0}^{\infty}(-1)^n \frac{z^{2n}}{(2n)!}$ und $\sin(z) = \frac{z}{1!} - \frac{z^3}{3!} + \frac{z^5}{5!} - + \cdots = \sum_{n=0}^{\infty}(-1)^n \frac{z^{2n+1}}{(2n+1)!}$.

Zeigen Sie bitte:
a) $e^{iz} = \cos(z) + i\sin(z)$.
b) $\cos(it) = \frac{1}{2}(e^t + e^{-t})$.
c) $\sin(it) = \frac{i}{2}(e^t - e^{-t})$.

Warnung: In Formel a) sind $\cos(z)$ und $\sin(z)$ selbst komplexe Zahlen, es ist also $\Re(e^{iz}) \neq \cos(z)$, usw.

Tipp zu b) und c) Beweisen Sie zunächst $\cos(z) = \cos(-z)$ und $\sin(-z) = -\sin(z)$ (das erhält man durch Einsetzen in die Potenzreihen). Schließen Sie hieraus $\cos(z) = \frac{1}{2}(e^{iz} + e^{-iz})$ und analog $\sin(z) = \frac{1}{2i}(e^{iz} - e^{-iz})$.

Lösung: a) Es ist

$$e^{iz} = 1 + iz + \frac{1}{2!}i^2z^2 + \frac{1}{3!}i^3z^3 + \frac{1}{4!}i^4z^4 + \cdots = \sum_{n=0}^{\infty}\frac{1}{n!}i^n z^n.$$

Wir summieren zunächst nur bis $2n+1$, das heißt wir berechnen $\sum_{k=0}^{2n+1}\frac{1}{k!}i^k z^k$. Es ist $i^2 = -1$, $i^3 = -i = (-1)i$ und $i^4 = i^0 = 1$. Damit erhalten wir

5.5 Komplexe Zahlenfolgen und Reihen

$i^{2k} = (-1)^k$ und $i^{2k+1} = (-1)^k i$. Daraus ergibt sich

$$\sum_{k=0}^{2n+1} \frac{1}{k!} i^k z^k = \sum_{k=0}^{n} i^{2k} \frac{z^{2k}}{(2k)!} + \sum_{k=0}^{n} i^{2k+1} \frac{z^{2k+1}}{(2k+1)!}$$
$$= \sum_{k=0}^{n} (-1)^k \frac{z^{2k}}{(2k)!} + i \sum_{k=0}^{n} (-1)^k \frac{z^{2k+1}}{(2k+1)!}.$$

Für $n \to \infty$ konvergiert die linke Seite der Gleichungskette gegen e^{iz}, die letzte Gleichung auf der rechten Seite der Gleichungskette gegen $\cos(z) + i\sin(z)$. Daraus folgt die Behauptung.

b) und c) Es ist

$$\cos(-z) = \sum_{n=0}^{\infty} (-1)^n \frac{(-z)^{2n}}{(2n)!}.$$

Wegen

$$(-z)^{2n} = ((-1)^2)^n z^{2n} = z^{2n}$$

folgt hieraus $\cos(-z) = \cos(z)$. Analog folgt aus $\sin(-z) = \sum_{n=0}^{\infty}(-1)^n \frac{(-z)^{2n+1}}{(2n+1)!}$ wegen $(-z)^{2n+1} = (-1)(-1)^{2n}z^{2n+1} = -z^{2n+1}$ sofort $\sin(-z) = -\sin(z)$. Damit ergibt sich aus Teil a) der Aufgabe

$$e^{iz} + e^{-iz} = \cos(z) + i\sin(z) + \cos(-z) + i\underbrace{\sin(-z)}_{=-\sin(z)} = 2\cos(z) + i\,0,$$

also $\cos(z) = 1/2\,(e^{iz} + e^{-iz})$ und vollkommen analog $\sin(z) = i/2\,(e^{iz} - e^{-iz})$. Setzen wir hier $it = z$ so erhalten wir die gewünschten Formeln.

Kapitel 6

Reelle Funktionen einer Veränderlichen

6	**Reelle Funktionen einer Veränderlichen**	
6.1	Reelle Funktionen und ihre Erzeugung............................	143
6.2	Grenzwert von Funktionswerten..................................	152
6.3	Stetigkeit	157

6 Reelle Funktionen einer Veränderlichen

6.1 Reelle Funktionen und ihre Erzeugung

> **Einfache Regeln zur Bildung von Funktionen**

Aufgabe 6.1 Schauen Sie sich die folgenden Funktionen jeweils mit dem Applet "Funktionen einer Veränderlichen" an.
a) Gegeben ist $f(x) = x^3$. Bestimmen Sie die Funktionen f^+ und f^-. Damit meinen wir: Bestimmen Sie Intervalle, auf denen Sie diese Funktionen einfach beschreiben können.
b) Sei $f = 5 \cdot 1_{[0,1]} - 3 \cdot 1_{]1,2]}$ und $g = 2 \cdot 1_{[0,1/2]} + 3 \cdot 1_{]1/2,3/2]} + 20 \cdot 1_{]3/2,3]}$. Berechnen Sie fg und $\max(f,g)$.
c) Seien f und g Treppenfunktionen. Zeigen Sie bitte, dass auch $\max(f,g)$ und $\min(f,g)$ Treppenfunktionen sind.

Lösung: a) Es ist $f^+(x) = \max(f(x), 0)$. Also ist $f^+(x) = \begin{cases} 0 & x \leq 0 \\ x^3 & x > 0 \end{cases}$.
Ebenso ist $f^-(x) = \begin{cases} x^3 & x < 0 \\ 0 & x \geq 0 \end{cases}$. Wir haben also Funktionen erhalten, die auf verschiedenen Intervallen durch verschiedene Formeln dargestellt werden.
b) Wir stellen erst einmal f und g mit denselben Intervallen dar. Dazu bilden wir alle Durchschnitte der Intervalle von f und g. Wir erhalten die Intervalle $[0, 1/2],]1/2, 1],]1, 3/2],]3/2, 2]$ und $]2, 3]$. Damit ergebe sich die neuen Darstellungen von f und g mit diesen Intervallen:

$$f = 5 \cdot 1_{[0,1/2]} + 5 \cdot 1_{]1/2,1]} - 3 \cdot 1_{]1,3/2]} - 3 \cdot 1_{]3/2,2]} + 0 \cdot 1_{]2,3]},$$
$$g = 2 \cdot 1_{[0,1/2]} + 3 \cdot 1_{]1/2,1]} + 3 \cdot 1_{]1,3/2]} + 20 \cdot 1_{]3/2,2]} + 20 \cdot 1_{]2,3]}.$$

Hieraus kann man nun sofort die Formel für das Produkt ablesen:

$$fg = 10 \cdot 1_{[0,1/2]} + 15 \cdot 1_{]1/2,1]} - 9 \cdot 1_{]1,3/2]} - 60 \cdot 1_{]3/2,2]}.$$

Ebenso leicht ist es, $\max(f,g)$ zu bestimmen:

$$\max(f,g) = 5 \cdot 1_{[0,1/2]} + 5 \cdot 1_{]1/2,1]} + 3 \cdot 1_{]1,3/2]} + 20 \cdot 1_{]3/2,2]} + 20 \cdot 1_{]2,3]}$$
$$= 5 \cdot 1_{[0,1]} + 3 \cdot 1_{]1,3/2]} + 20 \cdot 1_{]3/2,3]}.$$

c) Wir wählen reguläre Darstellungen für f und g. Das heißt, wir können $f = \sum_{k=0}^{m} f_k 1_{A_k}$ und $g = \sum_{l=0}^{n} g_l 1_{B_l}$ schreiben. Dabei sind f_k, g_l Konstanten und A_k, B_l Intervalle mit $A_k \cap A_{k'} = \emptyset = B_l \cap B_{l'}$ für $k \neq k'$ bzw. $l \neq l'$. Analog zum Teil b) bilden wir nun die Mengen $J_{kl} = A_k \cap B_l$. Viele der J_{kl} können leer sein, aber das macht nichts, denn dann ist $1_{J_{kl}} = 0$, also die Nullfunktion. Wir erhalten $f = \sum_{k=0,\ldots,m,\, l=0,\ldots,n} f_k 1_{J_{kl}}$ und $g = \sum_{k=0,\ldots,m,\, l=0,\ldots,n} g_l 1_{J_{kl}}$. Damit erhalten wir

$$\max(f,g) = \sum_{k=0,\ldots,m,\, l=0,\ldots,n} \max(f_k, g_l) 1_{J_{kl}}.$$

❯ Punktweise Konvergenz und gleichmäßige Konvergenz

Eine Folgen von Funktionen (auch kurz Funktionenfolge genannt) ist eine Abbildung $n \to f_n$ von $\mathbb{N}$ (oder $\{n \in \mathbb{Z} : n \geq k\}$, wenn der erste Index k und nicht 1 ist), wobei die f_n alles Funktionen sind, die auf ein und derselben Menge D definiert sind und auch den Wertevorrat X gemeinsam haben. Präzise gesprochen ist als eine Folge von Funktionen eine Abbildung $n \to f_n \in X^D$, wobei wie üblich X^D die Menge aller Abbildungen von D nch X bezeichnet.

Im Moment schränken wir D und X ein: D ist ein Intervall und $X = \mathbb{R}$. Die Folge $(f_n)_{n \geq k}$ konvergiert punktweise gegen die Funktion $f : D \to \mathbb{R}$, wenn für jedes einzelnen x aus D die Folge $(f_n(x))_{n \geq k}$ reeller Zahlen gegen $f(x)$ konvergiert. Das bedeutet: Für jedes $x \in D$ gilt: zu jedem $\varepsilon > 0$ gibt es ein $n(\varepsilon, x)$, so dass $|f_n(x) - f(x)| < \varepsilon$ für alle $n \geq n(\varepsilon, x)$ gilt. Die Konvergenz kann beliebig schlecht in Abhängigkeit von x werden. Das heißt, bei festem ε kann das kleinstmögliche $n(\varepsilon, x)$ für verschiedene x sehr sehr groß werden.

Hier ist ein einfaches Beispiel: $D = [1, \infty[$ und $f_n(x) = x + x/n$. Die Funktion, gegen die diese Folge punktweise konvergiert, ist $f(x) = x$. Wir wählen $\varepsilon = 1/10$. Für $x = 1$ ist das bestmögliche $n(\varepsilon, x) = 11$. Für $x = 10^8$ dagegen ist das bestmögliche $n(\varepsilon, x) = 10^9 + 1$. Für weitere Beispiele siehe die entsprechenden Aufgaben.

Natürlich kann der Fall eintreten, wo $n(\varepsilon, x)$ gar nicht von x abhängt. Das führt zu folgendem für die Numerik, aber auch für viele theoretische Probleme besonders interessanten Begriff: Die Folge konvergiert gleichmäßig gegen f, wenn es zu jedem $\varepsilon > 0$ ein (nur von ε abhängiges) $n(\varepsilon)$ existiert mit $|f_n(x) - f(x)| < \varepsilon$ für alle $n \geq n(\varepsilon)$ und alle $x \in D$.

Auch für diesen Fall geben wir ein einfaches Beispiel: $D = \mathbb{R}$ und $f_n(x) = \frac{\sin(nx)}{n}$. Schauen Sie sich dieses Beispiel mit dem Applet "Funktionenfolgen" an. Die Grenzfunktion f ist offenbar die Nullfunktion. Sei wieder $\varepsilon = 1/10$.

6.1 Reelle Funktionen und ihre Erzeugung

Dann gilt für alle $n \geq 11$ und alle x stets $|f_n(x)| < \varepsilon$, weil $|\sin(y)| \leq 1$ für alle y ist.

Wenn wir den Begriff der Funktionenfolge erklärt haben, so liegt der Begriff der unendlichen Reihe von Funktionen nahe: Sei $(f_n)_{n \geq k}$ eine Folge von Funktionen $f_n : D \to \mathbb{R}$. Unter der Reihe $\sum_{n=k}^{\infty}$ verstehen wir die Folge der Teilsummen $(S_n)_{n \geq k}$ mit $S_n(x) = \sum_{\ell=k}^{n} f_\ell(x)$. Die Konvergenz punktweise bzw. die gleichmäßige Konvergenz der Reihe ist dann einfach die entsprechende Konvergenz der Folge $(S_n)_{n \geq k}$ der Teilsummen. Die wichtigsten Beispiele sind Potenzreihen $\sum_{n=0}^{\infty} a_n x^n$ und Fourierreihen $\sum_{n=0}^{\infty} a_n \cos(nx)$ bzw. $\sum_{n=1}^{\infty} b_n \sin(nx)$.

Entsprechend zu der Situation reeller Funktionen kann man auch die Konvergenz punktweise bzw. die gleichmäßige Konvergenz für Folgen komplexwertiger Funktionen erklären. Man betrachtet ja bei der Konvergenz nur die Entfernungen $|f_n(x) - f(x)|$ und damit lässt sich alles genau so formulieren wie im reellen Fall. Die Betrachtung komplexwertiger Funktionen ist besonders in der Theorie der komplexen Fourierreihen nützlich. Hier betrachten wir die Reihen $\sum_{n=0}^{\infty} a_n \exp(inx) + \sum_{n=1}^{\infty} a_{-n} \exp(-inx)$ für $x \in [-\pi, \pi]$. Diese Reihen schreibt man kürzer als $\sum_{n=-\infty}^{\infty} a_n \exp(inx)$.

Aufgabe 6.2 a) Zeigen Sie bitte: die Folge $(f_n)_{n \geq 1}$ von Funktionen $f_n : x \to x^n$ konvergiert gleichmäßig auf $[0,1/2]$ gegen die Nullfunktion $f(x) = 0$.
b) Zeigen Sie bitte, dass dieselbe Folge, jetzt aber auf $[0,1[= \{x \in \mathbb{R} : 0 \leq x < 1\}$ betrachtet, hier zwar immer noch punktweise, aber *nicht* gleichmäßig gegen 0 konvergiert.

Tipp: Wählen Sie bei den "Mathevisualisierungen" den Button "Funktionenfolgen" und geben das Intervall $[0, 1/2]$ ein (unter Einstellungen, Koordinatensystem). Geben Sie die Folge ein und betrachten $\varepsilon = 0.1$ Wählen Sie nun Einzelschritt-Animation und schauen Sie sich an, dass ab $n = 4$ alle Funktionen f_n im grauen Streifen liegen, also für alle x von 0 höchstens den Abstand 0.1 haben. Spielen Sie ein wenig mit dem Koordinatensystem (y-Achse etwa von 0 bis 0.1 und $\varepsilon = 0.01$), damit Sie ein Gefühl für gleichmäßige Konvergenz bekommen.

Für b) wählen Sie den Ausschnitt auf der x-Achse gleich $[0, 1]$ und übersehen den Punkt 1 (wir können keine offenen Intervalle eingeben). Wiederholen Sie alles Schritt für Schritt, und überzeugen Sie sich damit bildlich, dass es kein $0 < \varepsilon < 1/2$ gibt, so dass x^n für alle x im Intervall in diesem ε-Streifen liegt, egal, wie hoch man n wählt.

Lösung: a) Die Idee ist: für alle $x \in [0, 1/2]$ ist $0 \leq x^n \leq (1/2)^n$, weil die Potenzfunktion monoton wachsend ist. Sei also $\varepsilon > 0$ beliebig vorgegeben.

Dann gibt es nach [WHK, Satz 5.2 b)] ein $n(\varepsilon)$ mit $(1/2)^n < \varepsilon$ für alle $n \geq n(\varepsilon)$. Damit gilt für alle $x \in [0, 1/2]$ und alle $n \geq n(\varepsilon)$

$$|0 - x^n| = x^n \leq (1/2)^n < \varepsilon,$$

und daraus folgt die gleichmäßige Konvergenz gegen 0.

b) Dem Bild haben Sie entnommen, dass jede Funktion f_n den ε-Streifen um 0 verlässt, egal, wie hoch Sie n wählen. Die Stelle x_n, an der f_n den ε-Streifen verlässt, ist gerade $\sqrt[n]{\varepsilon}$. Nach [WHK, Satz 5.1f)] ist aber $\sqrt[n]{\varepsilon} < 1$ falls $\varepsilon < 1$. Hier nun der formale Beweis von b): (i) Für $0 \leq x < 1$ gilt $\lim_{n\to\infty} x^n = 0$. Denn aus der Voraussetzung folgt $1 = x + v$ mit $0 < v \leq 1$ Mit dem Binomiallehrsatz erhalten wir

$$1 = (x+v)^{n+1} = x^{n+1} + \binom{n+1}{1} x^n v + \cdots + v^{n+1} \geq n x^n v.$$

Also ist $0 \leq x^n \leq \frac{1}{v} \cdot \frac{1}{n}$, woraus die Behauptung nach dem Nullfolgenlemma [WHK, Satz 5.22 b)] folgt.

Angenommen, die Folge würde gleichmäßig auf $[0, 1[$ konvergieren. Dann müsste nach dem Vorangegangenen der Grenzwert 0 sein. Zu $\varepsilon = 1/2$ gäbe es dann ein $n(1/2)$ mit

$$x^n < 1/2 \text{ für alle } x \in [0, 1[\text{ und alle } n \geq n(1/2). \tag{9}$$

Für $x = \sqrt[n(1/2)]{3/4}$ ist aber $x^{n(1/2)} = 3/4 > 1/2$, ein Widerspruch zur Ungleichung (9).

6.3 **Aufgabe 6.3** Zeigen Sie bitte: Die Reihe $\sum_{n=0}^{\infty} x^n$ konvergiert auf dem Intervall $[0, 3/4]$ gleichmäßig gegen $\frac{1}{1-x}$, auf dem Intervall $[0, 1[$ konvergiert sie noch punktweise gegen $\frac{1}{1-x}$, aber nicht mehr gleichmäßig.
Tipp: Schauen Sie sich die Reihe mit dem Applet "Funktionenfolge" ähnlich wie in der vorigen Aufgabe an.

Lösung: a) Dass die Reihe punktweise gegen $f(x) = \frac{1}{1-x}$ konvergiert, wurde im Beispiel auf [WHK, S. 174] vorgerechnet. Es ist

$$f(x) - \sum_{k=0}^{n} x^k = \frac{1}{1-x} - \frac{1-x^{n+1}}{1-x} = \frac{x^{n+1}}{1-x}.$$

Für $0 \leq x \leq 3/4$ ist $\frac{x^n}{1-x} \leq \frac{(3/4)^n}{1-3/4}$. Denn für $0 \leq x \leq y < 1$ gilt $x - xy \leq y - xy$, also $x/(1-x) \leq y/(1-y)$ und daraus folgt für $n \geq 2$

$$\frac{x^n}{1-x} = x^{n-1} \frac{x}{1-x} \leq x^{n-1} \frac{y}{1-y} \leq y^{n-1} \frac{y}{1-y} = \frac{y^n}{1-y}. \tag{10}$$

6.1 Reelle Funktionen und ihre Erzeugung

Daraus folgt für alle $x \in [0, 3/4]$ und alle n

$$0 < f(x) - \sum_{k=0}^{n} x^k = \frac{x^{n+1}}{1-x} \leq \frac{(3/4)^{n+1}}{1-3/4},$$

und der letzte Ausdruck hängt nicht mehr von x ab und konvergiert gegen 0. Daraus folgt die Behauptung ähnlich wie in Teil a) der vorangegangenen Aufgabe.

b) Nach den Bildern über gleichmäßige Konvergenz der gegebenen Reihe im Applet "Funktionenfolgen" ist klar, dass die Konvergenz desto schlechter wird, je näher man bei 1 ist. Wir setzen also $x_n = 1 - 1/n$ und zeigen zunächst, dass für jedes feste $k \geq 1$ die Folge $(v_n(k))_{n \geq 1}$ mit $v_n(k) = \frac{x_n^k}{1-x_n}$ unbeschränkt ist. Wenn wir das haben, können wir zeigen, dass die Konvergenz der Funktionenfolge nicht gleichmäßig ist, indem wir $k = n(\varepsilon)$ setzen werden und dann ein x mit $x^k/(1-x) > \varepsilon$ bestimmen. Ein solches x wird ein x_n sein.

Es ist $1 - 1/n > 1/4$ für $n \geq 2$, also folgt

$$v_n(k) = \frac{(1-1/n)^k}{1-(1-1/n)} = n(1-1/n)^k \geq n(1/4)^k,$$

und das zeigt die Unbeschränktheit von $(v_n(k))_{n \geq 1}$.

Angenommen die Konvergenz wäre gleichmäßig auf $[0, 1[$. Dann gäbe es zu $\varepsilon = 1$ ein $n(1)$ mit

$$|f(x) - \sum_{l=0}^{n} x^l| = \frac{x^{n+1}}{1-x} < 1 \text{ für alle } n \geq n(1) \text{ und alle } x \in [0, 1[. \quad (11)$$

Wir setzen $k = n(1) + 1$ und finden wegen der Unbeschränktheit von $(v_r(k))_{r \geq 1}$ (s.o.) ein $r \geq 2$ mit $v_r(k) > 2$. Es ist $v_r(k) = \frac{x_r^k}{1-x_r}$ für $x_r = 1 - 1/r$.
Zusammengefasst erhalten wir

$$|f(x_r) - \sum_{l=0}^{n(1)} x_r^l| = \frac{x_r^{n(1)+1}}{1-x_r} > 2$$

im Widerspruch zur Ungleichung (11). Also ist die Annahme der gleichmäßigen Konvergenz widerlegt.

Aufgabe 6.4 Zeigen Sie bitte: 6.4
a) Die Folge der Funktionen $f_n(x) = x + \frac{1}{n}$ konvergiert gleichmäßig gegen die identische Abbildung $id : x \mapsto id(x) = x$.
b) Die Folge (f_n^2) (also $f_n^2(x) = (x + \frac{1}{n})^2$) konvergiert punktweise auf $\mathbb{R}$ gegen $f(x) = x^2$, aber nicht gleichmäßig.

Lösung: a) Wir brauchen eine Abschätzung für $|f(x) - f_n(x)|$, die nicht von x abhängt. Aber das ist ganz einfach, weil die Differenz $f(x) - f_n(x) = 1/n$ gar nicht von x abhängt. Sei also $\varepsilon > 0$ beliebig gewählt. Dann gibt es ein $n(\varepsilon)$ mit $1/n < \varepsilon$ für alle $n \geq n(\varepsilon)$. Also ist $|f(x) - f_n(x)| = 1/n < \varepsilon$ für alle $n \geq n(\varepsilon)$ und alle $x \in \mathbb{R}$.

b) Dass $((f_n(x))^2)_{n \geq 1}$ für jedes feste $x \in \mathbb{R}$ gegen $f(x)$ konvergiert, folgt aus den Rechenregeln für konvergente Folgen (siehe [WHK, Satz 5.23]). Wir untersuchen den Absolutbetrag der Differenz $|f(x)^2 - f_n(x)^2| = |2x/n + 1/n^2|$. Für $x = n$ ergibt sich, dass die Differenz $|f(x)^2 - f_n(x)^2| = |2x/n + 1/n^2| > 2$ ist. Damit können wir schnell einen Widerspruchsbeweis angeben: Angenommen die Folge würde gleichmäßig konvergieren. Dann gäbe es zu $\varepsilon = 1$ ein $n(1)$ mit $|f(x)^2 - f_n(x)^2| = |2x/n + 1/n^2| < 1$ für alle $n \geq n(\varepsilon)$ und alle $x \in \mathbb{R}$. Aber für $x = n(\varepsilon)$ ist

$$1 > |f(x)^2 - f_{n(\varepsilon)}(x)^2| = |2n(\varepsilon)/n(\varepsilon) + 1/n(\varepsilon)^2| > 2,$$

ein offensichtlicher Widerspruch.

6.5 **Aufgabe 6.5** Zeigen Sie bitte, dass die angegebenen Reihen gleichmäßig konvergieren.
a) $\sum_{n=0}^{\infty} \frac{e^{int}}{2^n}$ auf ganz $\mathbb{R}$.
b) $\sum_{n=2}^{\infty} \frac{x^n}{n^2}$ auf $[-1, 1]$.
Tipp zu a): $|e^{int}| = 1$ für alle t.
Tipp zu b): $\frac{1}{n^2} \leq \frac{1}{n(n-1)}$. Warum konvergiert $\sum_{n=2}^{\infty} \frac{1}{n(n-1)}$?

Lösung: a) Für alle $t \in \mathbb{R}$ gilt nach [WHK, Satz 5.43 b)] $|e^{int}| = 1$.
(I) *Behauptung:* Zunächst konvergiert die Reihe für jedes feste $t \in \mathbb{R}$.
Beweis: Wir weisen das Cauchy-Kriterium nach (siehe [WHK, Satz 5.41] sowie [WHK, Satz 5.30]): Seien $n, p \in \mathbb{N}$ beliebig und $S_n(t) = \sum_{k=0}^{n} \frac{e^{ikt}}{2^n}$. Dann ist

$$|S_{n+p}(t) - S_n(t)| = |\sum_{k=n+1}^{n+p} \frac{e^{ikt}}{2^k}| \leq \sum_{k=n+1}^{n+p} |\frac{e^{ikt}}{2^k}|$$
$$= \sum_{k=n+1}^{n+p} \frac{1}{2^k} = \frac{1}{2^{n+1}} \frac{1 - \frac{1}{2^{p+1}}}{1 - \frac{1}{2}} \leq \frac{1}{2^n}.$$

6.1 Reelle Funktionen und ihre Erzeugung

Sei $\varepsilon > 0$ beliebig vorgegeben. Dann gibt es ein $n(\varepsilon) \in \mathbb{N}$ mit $2^{-n} \leq 2^{-n(\varepsilon)} < \varepsilon$ für alle $n \geq n(\varepsilon)$. Damit ist dann auch

$$|S_{n+p}(t) - S_n(t)| \leq 2^{-n} < \varepsilon \qquad (12)$$

für alle $n \geq n(\varepsilon)$. Das aber ist das Cauchy-Kriterium für Reihen (vergl. [WHK, Satz 5.30], der natürlich auch für komplexe Reihen gilt).
(II) Sei $S(t) = \sum_{n=}^{\infty} \frac{e^{int}}{2^n}$. Um die gleichmäßige Konvergenz auf $\mathbb{R}$ zu beweisen, müssen wir zeigen: Zu jedem $\varepsilon > 0$ gibt es ein $n(\varepsilon) \in \mathbb{N}$ mit $|S(t) - S_n(t)| < \varepsilon$ für alle $n \geq n(\varepsilon)$ und alle $t \in \mathbb{R}$. Aus Ungleichung (12) folgt durch Übergang mit $p \to \infty$

$$|S(t) - S_n(t)| \leq 2^{-n} < \varepsilon$$

für alle $n \geq n(\varepsilon)$ und alle $t \in \mathbb{R}$, denn schon die erste der beiden Ungleichungen in der letzten Zeile hängt nicht von t ab!
b) Sei $x \in [-1, 1]$ beliebig. Wir zeigen zunächst die Konvergenz der Reihe für dieses gewählte x. Dazu wählen wir das Konvergenzkriterium [WHK, Satz 5.31]. Mit den dortigen Bezeichnungen sei $b_n = \frac{1}{n(n-1)}$ für $n \geq 2$ und $a_n = x^n/n^2$. Dann ist für diese n

$$|a_n| = |x^n/n^2| \leq 1/n^2 < \frac{1}{n(n-1)} = \frac{1}{n-1} - \frac{1}{n}.$$

Die Reihe $\sum_{k=2}^{\infty} b_k$ konvergiert wegen $\sum_{k=2}^{n} b_n = (1-1/2)+(1/2-1/3)+\cdots+ 1/(n-1) - 1/n = 1 - 1/n$ (gegen 1). Nach dem zitierten Satz konvergiert damit auch die Reihe $\sum_{n=1}^{\infty} x^n/n^2$. Ihr (von x abhängiger) Grenzwert sei $S(x)$.
Behauptung: die Konvergenz ist gleichmäßig.
Beweis: Für $n \geq 2$ ist

$$|S(x) - \sum_{k=1}^{n} x^k/k^2| = |\sum_{k=n+1}^{\infty} x^k/k^2| \leq \sum_{k=n+1}^{\infty} |x|^k/k^2$$
$$\leq \sum_{k=n+1}^{\infty} 1/k^2 \leq \sum_{k=n+1}^{\infty} (1/(k-1) - 1/k) = 1/n.$$

Es ist also $|S(x) - \sum_{k=1}^{n} x^k/k^2| \leq 1/n$ unabhängig von $x \in [-1, 1]$. Daraus folgt offensichtlich die gleichmäßige Konvergenz.

Einen für die gleichmäßige Konvergenz von beschränkten Funktionenfolgen besonders günstigen Entfernungsbegriff erhält man über die Supremumsnorm: Sei $f : D \to \mathbb{R}$ beschränkt, das heißt es gibt eine Konstante $C \geq 0$ mit $|f(x)| \leq C$ für alle $x \in D$. Dann heißt $\|f\|_\infty := \{\sup |f(x)| : x \in D\}$ die

Supremumsnorm von f. Es ist die kleinste, von x unabhängige Abweichung von der Nullfunktion. Die zugehörige Entfernung zwischen zwei Funktionen f und g ist $\|f - g\|_\infty$.
Entsprechend kann man auch die Supremumsnorm für komplexwertige Funktionen erklären.
Die Supremumsnorm spielt eine wichtige Rolle in der Numerik. Sie hängt eng mit dem Begriff der gleichmäßigen Konvergenz zusammen, wofür wir auf die Literatur verweisen (zum Beispiel [WHK, Satz 6.6]).

6.6   **Aufgabe 6.6** Berechnen Sie die Supremumsnorm der folgenden Funktionen:
a) $f(x) = x^3$ auf $[-4, 5]$.
b) $f(x) = x^2 - x$ auf $[-2, 2]$.
c) $f(x) = \sin(x) - \cos(x)$ auf $\mathbb{R}$.
Tipp: Bestimmen Sie mit Schulwissen Minima und Maxima von f.
d) $f(x) = 1 - \dfrac{1}{1 + x^2}$ auf $\mathbb{R}$.
Tipp: Schauen Sie sich die Funktionen $|f|$ einfach mit dem Applet "Funktionen einer Veränderlichen" an. Dort sehen Sie die Maxima und können die Supremumsnorm ablesen. Natürlich müssen Sie noch beweisen, dass das Abgelesene auch die Supremumsnorm ist.

Lösung: a) Wir untersuchen die Funktion $g(x) = |x^3| = |x|^3$. Nach [WHK, Satz 5.1 f)] gilt $x^3 < y^3$ für $0 \leq x < y$. Also erhalten wir $|-4|^3 = |4|^3 > |-x|^3$ für alle x mit $0 \leq x < 4$. Andererseits ist für $0 \leq x \leq 5$ aus demselben Grunde $0 \leq x^3 \leq 5^3$. Damit gilt $625 = 5^3 \geq |x^3|$ für alle $x \in [-4, 5]$. Wir erhalten $\|f\|_\infty = 625$.
b) Sei $f(x) = x^2 - x$. Für $x < 0$ ist $f(x) = x^2 + |x|$, also ist $\|f\| = \sup\{|f(x)| : x \in [-2, 2]\} \geq \sup\{|f(x)| : -2 \leq x \leq 0\} = 4 + 2 = 6$. Für $0 \leq x \leq 1$ ist $x^2 \leq x$ also $x^2 - x = x(1-x) \leq 1/4$, wie Sie entweder durch direkten Nachweis oder über die Bestimmung von Minima und Maxima, wie in der Schule gelernt, erhalten. Schließlich ist $0 \leq x^2 - x < x^2 + x \leq 6$ für $1 \leq x \leq 2$. Insgesamt erhalten wir also $\|f\|_\infty = \sup\{|f(x)| : x \in [-2, 2]\} = 6$.
c) Wir bestimmen die (lokalen) Extremwerte mit den Schulmethoden: Sei $f(x) = \sin(x) - \cos(x)$. Dann ist $f'(x) = \cos(x) + \sin(x)$. Ist $\cos(x) = 0$, so ist $\sin(x) = \pm 1$, also ist x keine Nullstelle der Ableitung. Damit gilt $f'(x) = 0$, wenn $\tan(x) = -1$ ist und das ist der Fall für $x = 3\pi/4 + 2k\pi$, $x = 5\pi/4 + 2k\pi$. Im ersten Fall erhalten wir $f(x) = \frac{2}{\sqrt{2}} = \sqrt{2}$, im zweiten $f(x) = -\sqrt{2}$. Die 2. Ableitung ist $f''(x) = -\sin(x) + \cos(x) = -f(x)$. An den genannten Stellen ist also die 2. Ableitung ungleich 0 und damit liegen an diesen Stellen Extremwerte vor. Wir erhalten also $\|f\|_\infty = \sqrt{2}$.

6.1 Reelle Funktionen und ihre Erzeugung

d) Die Funktion $f(x) = 1 - \frac{1}{1+x^2} = \frac{x^2}{1+x^2}$ ist symmetrisch, das heißt, es gilt $f(x) = f(-x)$. Daher brauchen wir sie nur auf $[0, \infty[$ zu untersuchen. Zunächst stellen wir fest, dass f durch 1 beschränkt ist weil der Zähler kleiner als der Nenner ist.
Behauptung: $\|f\|_\infty = 1$.
Beweis: Wir formen f um: $f(x) = \frac{1}{1+1/x^2}$. Nun bestimmen wir das Supremum, indem wir auf dessen Definition [WHK, Definition 5.9] zurückgehen (siehe auch dieses Buch, S. 117). Sei $\varepsilon > 0$ beliebig vorgegeben. Wir suchen ein x mit $1 - \varepsilon < f(x) \leq 1$. Ist $1 - \varepsilon \leq 0$, so wählen wir $x = 1$ und erhalten $f(x) = 1/2 > 1 - \varepsilon$. Sei $1 - \varepsilon > 0$. Wir zeigen erst einmal, wie man auf ein geeignetes x kommt: Aus $f(x) > 1 - \varepsilon$ folgt $1 + 1/x^2 < 1/(1-\varepsilon)$ und hieraus $1/x^2 < \frac{\varepsilon}{1-\varepsilon}$. Das impliziert $x^2 > \frac{1-\varepsilon}{\varepsilon}$. Wir wählen also (zum Beispiel) $x = \sqrt{2 \cdot \frac{1-\varepsilon}{\varepsilon}}$, und erhalten durch Einsetzen, dass tatsächlich $f(x) > 1 - \varepsilon$ ist. Damit haben wir bewiesen, dass $1 = \sup\{f(x) : x \geq 0\}$ ist. Da die Funktion, wie oben ausgeführt, symmetrisch ist, erhalten wir die Behauptung.

*Grundsätzlich ist es von Interesse, ob eine gegebene reelle Funktion irgendwo einen maximalen oder minimalen Wert annimmt. Wir unterscheiden dabei zwischen globalen und lokalen Maxima bzw. Minima. Das bedeutet genauer: c ist globales Maximum der Funktion $f : D \to \mathbb{R}$, wenn es eine Stelle x mit $f(x) = c$ und $f(y) \leq c$ für alle $y \in D$ gibt. Entsprechend ist d globales Minimum, wenn es eine Stelle z mit $f(z) = d$ und $f(w) \geq d$ für alle $w \in D$ gibt. x bzw. z heißt dann globale Maximalstelle bzw. Minimalstelle. Will man sich nicht festlegen, ob man von einem globalen Maximum oder globalen Minimum sprechen will, so spricht man von einem globalen Extremwert bzw. von einer globalen Extremalstelle .
Gibt es ein $\varepsilon > 0$, so dass x eine Maximalstelle für die Einschränkung von f auf $D \cap]x - \varepsilon, x + \varepsilon[$ ist, so heißt x eine lokale Maximalstelle und $f(x)$ lokales Maximum. Entsprechend werden die Begriffe lokales Minimum etc. erklärt.*

Aufgabe 6.7 Bestimmen Sie die lokalen Maxima und Minima der Funktion $f(x) = \sin(x) - x\cos(x)$ auf dem Intervall $[-7\pi/4, 7\pi/4]$, wie Sie es in der Schule gelernt haben und bestimmen Sie das globale Maximum und das globale Minimum von f auf dem Intervall. Bestimmen Sie damit die Supremumsnorm,
Tipp: Schauen Sie sich die Funktion mit dem Applet "Funktionen einer Veränderlichen" an.

6.7

Lösung: Wir berechnen $f'(x) = \cos(x) - \cos(x) + x\sin(x) = x\sin(x)$. Die Nullstellen sind $k\pi$ für $k \in \mathbb{Z}$. Die zweite Ableitung ist $f''(x) = \sin(x) +$

$x\cos(x)$. Die Funktion f ist ungerade, das heißt, es gilt $f(x) = -f(-x)$. Damit kann 0 kein Extremwert sein. Im Intervall $[-7\pi/4, 7\pi/4]$ liegen noch die beiden anderen Nullstellen von f' nämlich $x_{1/2} = \pm\pi$. Für $x = \pi$ ist $f(x) = -\pi \cdot \cos(\pi) = \pi$, $f''(\pi) = -\pi < 0$, also ist $f(\pi)$ ein (lokales) Maximum. Für $x = -\pi$ erhalten wir $f(x) = -\pi$ und dies ist ein lokales Minimum. Für $x = 7\pi/4 = 2\pi - \pi/4$ ist $f(x) = -\frac{1}{\sqrt{2}} \cdot (1 + 7\pi/4) \approx -4.59$ und für $x = -7\pi/4$ entsprechend $f(x) \approx 4.59$. Damit ist $\|f\|_\infty = \sup\{f(x) : x \in [-7\pi/4, 7\pi/4]\} = \frac{1+7\pi/4}{\sqrt{2}}$.

6.2 Grenzwert von Funktionswerten

Oft muss man untersuchen, wie sich die Funktionswerte einer reellen Funktion verhalten, wenn man sich einer kritischen Stelle nähert. Zum Beispiel will man $f(x) = \frac{\sin(x)}{x}$ für x gegen 0 untersuchen. Allgemeiner spielt der Grenzwert von Funktionswerten bei der Stetigkeit und bei der Differenzierbarkeit die entscheidende Rolle. Im angegebenen Beispiel (es handelt sich um die Bestimmung der Ableitung von $\sin(x)$ an der Stelle 0) kann 0 nicht in der Definitionsmenge $D = \mathbb{R} \setminus \{0\}$ der Funktion f liegen, weil der Nenner in 0 verschwindet. Andererseits kann man sich der 0 von der Definitionsmenge her beliebig nähern. Genau das charakterisiert den Adhärenzpunkt einer Menge D. Jeder Punkt x von D ist selbst natürlich "nahe an" D, hängt sozusagen an D (das ist die lateinische Bedeutung von "adhärent"). Aber es gibt noch weitere Punkte, die adhärent an D sind, wie der Punk 0 oben an der Menge $D = \mathbb{R} \setminus \{0\}$.

Die genaue Definition eines Adhärenzpunktes lautet so: $x \in \mathbb{R}$ ist Adhärenzpunkt der Menge D, wenn es eine Folge $(a_n)_{n \geq 1}$ von Elementen a_n aus D gibt, die gegen x konvergiert. Ist x in D, so konvergiert die konstante Folge $(a_n)_{n \geq 1}$ mit $a_n = x$ für alle n natürlich gegen x. Also ist x ein Adhärenzpunkt von D.

Im Beispiel $D = \mathbb{R} \setminus \{0\}$ kann man die Folge $a_n = 1/n$ wählen, um zu zeigen, dass 0 adhärent an D ist.

Aufgabe 6.8 Sei $\emptyset \neq D \subset \mathbb{R}$. Zeigen Sie bitte: a ist genau dann ein Adhärenzpunkt von D, wenn es zu jedem $\varepsilon > 0$ ein $b(\varepsilon) \in D$ mit $|a - b(\varepsilon)| < \varepsilon$ gibt. *Tipp:* Für eine Richtung wählen Sie nacheinander $\varepsilon = 1, \varepsilon = \frac{1}{2}, \varepsilon = \frac{1}{3}, \ldots$.

Lösung: a ist (nach [WHK, Definition 6.8] bzw. nach dem vorangegangenen Absatz) genau dann ein Adhärenzpunkt von D, wenn es eine Folge $(a_n)_{n \geq 1}$ von Elementen a_n aus D gibt mit $\lim_{n \to \infty} a_n = a$.

6.2 Grenzwert von Funktionswerten

(I) Sei a ein Adhärenzpunkt von D und sei $(a_n)_{n \geq 1}$ eine gegen a konvergente Folge aus D. Sei $\varepsilon > 0$ beliebig vorgegeben. Zu diesem ε gibt es ein $n(\varepsilon)$ mit $|a - a_n| < \varepsilon$ für alle $n \geq n(\varepsilon)$. Insbesondere gilt diese Ungleichung für $b(\varepsilon) = a_{n(\varepsilon)} \in D$. Wir haben also solch ein $b(\varepsilon)$ gefunden.

(II) Es gelte die angegebene Bedingung. Zu $\varepsilon = 1/n$ gibt es also ein $b(\varepsilon) =: a_n \in D$ mit $|a - a_n| < \varepsilon = 1/n$. Damit erhält man eine Folge $(a_n)_{n \geq 1}$ von Elementen aus D, die nach dem Nullfolgenlemma [WHK, Satz 5.22 a)] gegen a konvergiert. a ist also ein Adhärenzpunkt von D.

Eine Menge heißt abgeschlossen, wenn sie alle ihre Adhärenzpunkte enthält. Zum Beispiel ist die Menge $[0,1]$ abgeschlossen, wie die nächste Aufgabe zeigt (vergleiche auch [WHK, S. 192, Beispiel 2]). Die Menge $]0,1]$ ist aber nicht abgeschlossen, wie ebenfalls in der nächsten Aufgabe behandelt wird.

Aufgabe 6.9 Zeigen Sie bitte: 6.9
a) $[0,1] = \{x \in \mathbb{R} : 0 \leq x \leq 1\}$ ist abgeschlossen.
b) $]0,1] = \{x \in \mathbb{R} : 0 < x \leq 1\}$ ist nicht abgeschlossen.
c) Ein Intervall J ist genau dann abgeschlossen, wenn seine Enden $\neq \pm \infty$ dazugehören. Das heißt ausführlicher: $\mathbb{R}$ ist abgeschlossen. $[a, \infty[$, $]-\infty, b]$ und $[a,b]$ ($a < b \in \mathbb{R}$) sind abgeschlossen. Alle anderen Intervalltypen sind nicht abgeschlossen.

Lösung: a) Wir zeigen gleich etwas allgemeiner, dass Intervalle des Typs $[a,b]$ abgeschlossen sind, wo $a, b \in \mathbb{R}$ sind und $a < b$ ist. Der entscheidende Punkt hierfür ist [WHK, Satz 5.23 e)], der besagt, dass der Übergang zum Limes die Ungleichung $\leq$ respektiert. Das heißt genauer: ist $a \leq a_n \leq b$ für alle n, so ist $a \leq \lim_{n \to \infty} a_n \leq b$.
Sei also x ein Adhärenzpunkt von $[a,b]$. Dann gibt es eine Folge $(a_n)_{n \geq 1}$ aus $[a,b]$, die gegen x konvergiert. Damit folgt aus $a \leq a_n \leq b$ für alle n auch $a \leq x = \lim_{n \to \infty} a_n \leq b$, das heißt der Adhärenzpunkt x liegt bereits in $[a,b]$.
b) $0 \notin]0,1]$. Wir zeigen, dass 0 ein Adhärenzpunkt von $]0,1]$ ist. Dazu wählen wir einfach die Folge $a_n = 1/n$. Es ist $0 < 1/n \leq 1$, also $1/n \in]0,1]$ und $0 = \lim_{n \to \infty} 1/n$. Wegen $0 \notin]0,1]$ ist $]0,1]$ nicht abgeschlossen.
c) (i) $\mathbb{R}$ ist abgeschlossen. Denn jeder Adhärenzpunkt von $\mathbb{R}$ liegt in $\mathbb{R}$ (wo sonst?).
(ii) $[a, \infty[$ ist abgeschlossen. Wir benutzen dazu dasselbe Argument wie unter a). Sei x ein Adhärenzpunkt von $[a, \infty[$. Wir müssen zeigen, dass x in $[a, \infty[$ liegt. Da x ein Adhärenzpunkt ist, gibt es eine Folge $(a_n)_{n \geq 1}$ aus $[a, \infty[$ mit $x = \lim_{n \to \infty} a_n$. Wegen $a \leq a_n$ für alle n folgt $a \leq x$, also $x \in [a, \infty[$.

(iii) $]-\infty, b]$ ist abgeschlossen. Denn sei x ein Adhärenzpunkt dieses Intervalls. Dann gibt es eine Folge $(a_n)_{n\geq 1}$ aus diesem Intervall, die gegen x konvergiert. Aus $a_n \leq b$ für alle n folgt $x = \lim_{n\to\infty} a_n \leq b$, also $x \in]-\infty, b]$. Dass $[a,b]$ abgeschlossen ist, wurde schon bei der Lösung von a) gezeigt.

(iv) Alle anderen Intervalltypen haben die gemeinsame Eigenschaft, dass sie einen endlichen Endpunkt (also $\neq \pm\infty$) haben, der nicht zum Intervall gehört. Wir wollen zeigen, dass dieser Endpunkt ein Adhärenzpunkt ist. Da er nicht zu dem Intervall gehört, ist dies Intervall nicht abgeschlossen.

Wir nehmen also zunächst $J =]a,b]$ an. Wir müssen eine Folge aus $]a,b]$ konstruieren, die gegen a konvergiert. Wir wählen einfach $a_n = a+(b-a)/(n+1)$. Offensichtlich ist $a < a_n$. Aber es gilt auch $a_n = a + (b-a)/(n+1) \leq a + (b-a)/2 < a + (b-a)1 = b$. Also ist $a_n \in]a,b]$ (sogar in $]a,b[$) und es ist $\lim_{n\to\infty} a_n = a \notin]a,b]$.

Für $[a,b[$ wählen wir $b_n = a + (b-a)(1 - 1/(n+1))$. Für $]a,b[$ können wir ebenfalls die Folge $(a_n)_{n\geq 1}$ bzw. $(b_n)_{n\geq 1}$ wählen, um zu zeigen, dass beide Endpunkte Adhärenzpunkte sind. Keiner von beiden liegt in $]a,b[$.

Sei schließlich $J =]a,\infty[$. Dann genügt die Folge $a_n = a + 1/n$, um zu zeigen, dass a ein Adhärenzpunkt ist, der nach Definition nicht im Intervall liegt. Für $]-\infty, b[$ wählen wir $b_n = b - 1/n$. Weitere Intervalltypen gibt es nicht. Damit ist die Lösung der Aufgabe vollständig.

6.10 **Aufgabe 6.10** Sei $\overline{D}$ die Menge aller Adhärenzpunkte von D. Zeigen Sie $\overline{(\overline{D})} = \overline{D}$. Anders ausgedrückt: jeder Adhärenzpunkt von $\overline{D}$ ist ein Adhärenzpunkt von D. Noch anders gesagt: $\overline{D}$ ist abgeschlossen.
Tipp: Benutzen Sie Aufgabe 6.8.

Lösung: Wir zeigen: jeder Adhärenzpunkt von $\overline{D}$ liegt bereits in $\overline{D}$. Damit ist $\overline{D}$ abgeschlossen.
Sei a ein Adhärenzpunkt von $\overline{D}$, also $a \in \overline{\overline{D}}$. Um zu zeigen, dass $a \in \overline{D}$ liegt, müssen wir nach Aufgabe 6.8 zu beliebigem $\varepsilon > 0$ ein $b(\varepsilon) \in D$ mit $|a - b(\varepsilon)| < \varepsilon$ finden. Nach dieser zitierten Aufgabe gibt es wegen $a \in \overline{\overline{D}}$ zu $\varepsilon' := \varepsilon/2$ ein $c(\varepsilon') \in \overline{D}$ mit $|a - c(\varepsilon')| < \varepsilon'$. Da dieses $c(\varepsilon')$ in $\overline{D}$ liegt, gibt es wieder nach Aufgabe 6.8 ein $d(\varepsilon') \in D$ mit $|c(\varepsilon') - d(\varepsilon')| < \varepsilon'$. Aber damit haben wir ein geeignetes Element $b(\varepsilon) \in D$ gefunden, nämlich $b(\varepsilon) = d(\varepsilon')$. Denn es gilt

$$|a - b(\varepsilon)| \leq |a - c(\varepsilon')| + |c(\varepsilon') - \underbrace{b(\varepsilon)}_{=d(\varepsilon')}| \leq \varepsilon' + \varepsilon' = \varepsilon.$$

Da $a \in \overline{(\overline{D})}$ beliebig war, folgt $d \in \overline{D}$, also die Behauptung.

6.2 Grenzwert von Funktionswerten

Wir sind nun in der Lage, Grenzverhalten von Funktionswerten für Annäherung an einen Adhärenzpunkt des Definitionsgebiets zu erklären:
Sei $f : D \to \mathbb{R}$ eine reelle Funktion. Wir sagen, $f(x)$ konvergiert gegen d für x gegen den Adhärenzpunkt c von D, wenn für jede gegen c konvergente Folge $(a_n)_{n\geq 1}$ aus D die Bildfolge $(f(a_n))_{n\geq 1}$ gegen d konvergiert. Wir schreiben dann $\lim_{x\to c} f(x) = d$.
Unsere Bedingung ist gleichbedeutend mit der folgenden: zu jedem $\varepsilon > 0$ gibt es ein $\delta > 0$ mit $|f(x) - d| < \varepsilon$ für alle $x \in D$ mit $|x - c| < \delta$, siehe [WHK, Theorem 6.11], wo Sie auch Anleitung zur Visualisierung dieses Begriffs finden.
Sei nun $f : \langle b, \infty[=: D \to \mathbb{R}$ eine reelle Funktion. Wir sagen f konvergiert gegen d für x gegen unendlich, wenn es zu jedem $\varepsilon > 0$ ein $L(\varepsilon)$ gibt mit $|f(x) - d| < \varepsilon$ für alle $x > L(\varepsilon)$. Wir schreiben dann $\lim_{x\to\infty} f(x) = d$.
Entsprechend erklären wir die Konvergenz gegen d für x gegen $-\infty$, in Zeichen $\lim_{x\to -\infty} f(x) = d$: Für jedes $\varepsilon > 0$ gibt es ein $L(\varepsilon)$ mit $|f(x) - d| < \varepsilon$ für alle x mit $x < L(\varepsilon)$.
Schließlich interessiert oft auch die Frage, wann gehen Funktionswerte gegen $\pm\infty$. Sie kennen das Problem aus der Schule, wenn Sie Pole einer Funktion untersuchen mussten.
Sei c ein Adhärenzpunkt von der Menge D und $f : D \to \mathbb{R}$ eine reelle Funktion. Wir sagen, f divergiert bestimmt gegen ∞, wenn es zu jedem $L > 0$ ein $\delta(L) > 0$ gibt mit $f(x) > L$ für alle $x \in D$ mit $|x - c| < \delta(L)$. Wir schreiben dafür $\lim_{x\to c} f(x) = \infty$. Entsprechend divergiert f gegen $-\infty$ für $x \to c$, wenn es zu jedem $L < 0$ ein $\delta(L) > 0$ gibt mit $f(x) < L$ für alle $x \in D$ mit $|x - c| < \delta(L)$. Hierfür schreiben wir $\lim_{x\to c} f(x) = -\infty$.
Als letztes wollen wir die Divergenz für $x \to \pm\infty$ erklären. $f(x)$ divergiert bestimmt gegen ∞ (bzw. $-\infty$) für $x \to \infty$, wenn es zu jedem $L > 0$ ein $M(L) > 0$ gibt mit $f(x) > L$ (bzw. $f(x) < -L$) für alle $x > M(L)$. In Zeichen: $\lim_{x\to\infty} f(x) = \infty$ (bzw. $\lim_{x\to\infty} f(x) = -\infty$).
Analog erklärt man $\lim_{x\to -\infty} f(x) = \infty$ und $\lim_{x\to -\infty} f(x) = -\infty$.

Aufgabe 6.11 Untersuchen Sie bitte die folgenden Funktionen auf Konvergenz bzw. bestimmte Divergenz:
a) $f(x) = \frac{x^2-1}{x-1}$, $D = \mathbb{R} \setminus \{1\}$, $c = 1$.
b) $f(x) = \frac{1}{a-bx}$, $a, b > 0$, $D = [0, a/b[$, $c = a/b$.
c) $f(x) = \frac{x^2-1}{(x-1)^2}$, $c = 1$, einmal $D =]1, \infty[$, zum anderen $D =]-\infty, 1[$.

Lösung: a) Es ist $x^2 - 1 = (x-1)(x+1)$, also ist $f(x) = x + 1$ und damit $\lim_{x\to 1} f(x) = 2$.

b) Wir vermuten $\lim_{x \nearrow c} f(x) = \infty$, so suggeriert es wenigstens das Applet "Funktionen einer Veränderlicher". Wir probieren daraufhin, wann $f(x) > M$ für irgendeine Zahl $M > 0$ gilt. $\frac{1}{a-bx} > M$ gilt genau dann, wenn $a - bx < 1/M$, also $a - 1/M < bx$ ist. Damit erhalten wir: Sei $M > 0$ beliebig vorgegeben und $\delta(M) = \frac{1}{bM}$. Sei x beliebig mit $a/b - \delta(M) < x < a/b$. Dann ist $\frac{a-1/M}{b} < x < a/b$, also $a - 1/M < bx < a$ und damit $a - bx < 1/M$, also $f(x) > M$. Daraus folgt aber nach der Definition der bestimmten Divergenz $\lim_{x \nearrow a/b} f(x) = \infty$.

c) Für $x \neq 1$ ist $f(x) = \frac{(x+1)(x-1)}{(x-1)^2} = \frac{x+1}{x-1}$. Sei nun zunächst $D =]1, \infty[$. Wenn wir uns die Funktion anschauen, scheint es, dass $\lim_{x \in D, x \to 1} f(x) = \infty$ gilt. Um das zu beweisen, orientieren wir uns, wann $f(x) > L$ für ein $L > 0$ wird. $\frac{x+1}{x-1} > L$ gilt wegen $x - 1 > 0$ genau dann, wenn $x + 1 > L(x-1)$, also $1/L > \frac{x-1}{x+1}$ ist. Wir brauchen aber keine "genau dann" – Aussage, sondern müssen nur eine Garantie geben, dass $f(x)$ größer als L wird. Für $x > 1$ ist der Nenner größer als 1. Es reicht also, wenn $x - 1$ größer als $1/L$ ist. Das ist der Fall, wenn $1 < x < \frac{L+1}{L}$ ist. Wir setzen also $\delta(L) = \frac{L+1}{L} - 1 = 1/L$ und erhalten für alle x mit $1 < x < \delta(L) + 1$, also für alle $x \in D$ mit $|x - 1| < \delta(L)$ die Abschätzung

$$f(x) = \frac{x^2 - 1}{(x-1)^2} = \frac{x+1}{x-1} > \frac{1}{x-1} > \frac{1}{\delta(L)} = L.$$

Da $L > 0$ beliebig gewählt war, folgt $\lim_{1 < x \to 1} f(x) = \infty$.

Sei nun $D =]-\infty, 1[$. Jetzt ist $x - 1 < 0$. Das Applet, mit dem wir die Funktion anschauen, suggeriert $\lim_{1 > x \to 1} f(x) = -\infty$. Wir wählen wieder $L > 0$ beliebig und schauen jetzt, wann $\frac{x+1}{x-1} < -L$ gilt. Wegen $x - 1 < 0$ ist dies genau dann der Fall, wenn $x + 1 > (-L)(x-1) = L(1-x)$ ist. Und dass ist genau dann der Fall, wenn $1/L > \frac{1-x}{1+x}$ gilt. Wir wählen $\delta(L)$ von vornherein so, dass aus $|x - 1| < \delta(L)$ sofort $x > 0$ folgt. Dann ist $1 + x > 1$ und wir brauchen also wieder nur $1/L > 1 - x$ garantieren, um $f(x) < -L$ zu erhalten. Wir setzen also analog zum ersten Fall $\delta'(L) = 1/L$. Damit wir $x > 0$ garantieren können, definieren wir $\delta(L) = \max(\delta(L), 1)$. Das ist nur nötig, falls $L < 1$, also $1/L > 1$ ist. So erhalten wir für $x \in D$ mit $|x - 1| < \delta(L)$ wegen $|x - 1| = 1 - x$ für $x \in D$ die Abschätzung

$$f(x) = \frac{x+1}{x-1} = -\frac{x+1}{1-x} < -\frac{1}{1-x} < -\frac{1}{\delta(L)} = \min(-L, -1) \leq -L.$$

Daraus folgt $\lim_{x \in D, x \to 1} f(x) = -\infty$.

6.12 **Aufgabe 6.12** Zeigen Sie bitte:

a) $\lim_{x \to \infty} e^{x^2} = \infty$, anders ausgedrückt: Für x gegen ∞ divergiert e^{x^2}

bestimmt gegen ∞.
Tipp: Zeigen Sie $x^2 < e^{x^2}$.
b) $\lim_{0 \neq x \to 0} e^{-\frac{1}{x^2}} = 0$.
Tipp: $e^{-u} = \frac{1}{e^u}$.

Lösung: Zunächst ist $e^{x^2} = 1 + x^2 + x^4/2! + x^6/3! + \cdots > x^2$. Wir weisen das Kriterium aus [WHK, Definition 6.13 b)] nach. Sei $M > 0$ beliebig vorgegeben. Wir setzen $L(M) = 1 + M$. Dann gilt für alle $x \geq L(M)$ stets $M < L(M) < x^2 < e^{x^2}$. Daraus folgt die Behauptung.
b) Wir zeigen: zu $\varepsilon > 0$ existiert ein $\delta(\varepsilon) > 0$ mit $e^{-1/x^2} < \varepsilon$ für alle x mit $|x| < \delta(\varepsilon)$. Denn zunächst ist

$$e^{-1/x^2} = \frac{1}{e^{1/x^2}} = \frac{1}{1 + 1/x^2 + \cdots} < x^2.$$

Wir wählen $\delta(\varepsilon) = \min(1, \varepsilon)$. Ist dann $|x| < \delta(\varepsilon)$, so ist $x^2 \underbrace{<}_{|x|<1} |x| < \varepsilon$, also erst recht $e^{-1/x^2} < \varepsilon$.

6.3 Stetigkeit

Eine reelle Funktion ist stetig in einer Stelle x_0, wenn sie sich dort "vernünftig" verhält, also zum Beispiel keine Sprünge macht. Präzisiert lautet diese Eigenschaft folgendermaßen: Sei $f : D \subseteq \mathbb{R}$ eine reelle Funktion. f ist stetig an der Stelle $x_0 \in D$, wenn $\lim_{x \to x_0} f(x) = f(x_0)$ gilt. f ist (überall) stetig, wenn f in jedem Punkt aus D stetig ist. Die Stetigkeit beweist man selten abstrakt, vielmehr gibt es eine Reihe von Rechenregeln, wie man kompliziert definierte Funktionen auf einfachere stetige zurückführen und daraus die Stetigkeit folgern kann, siehe [WHK, S. 198 f].

Aufgabe 6.13 Zeigen Sie bitte die Stetigkeit der folgenden Funktionen, als wären Sie ein Computeralgebrasystem. Dabei dürfen Sie benutzen, dass Polynome und die Funktion $x \mapsto \frac{1}{x}$ stetig sind.
a) $\frac{x^2 - 1}{1 + x^2}$ auf $\mathbb{R}$.
b) $\sin(\frac{1}{1 + x^2})$ auf $\mathbb{R}$.
c) $\sin(e^{-\frac{1}{1+x^2}})$ auf $\mathbb{R}$.

Lösung: a) Die Polynome $x^2 - 1$ und $1 + x^2$ sind stetig auf $\mathbb{R}$ und $1+x^2$ hat nirgends eine Nullstelle. Nach [WHK, Satz 6.18] ist daher $\frac{x^2-1}{1+x^2}$ stetig auf $\mathbb{R}$.
b) Nach [WHK, Korollar 6.21] ist $\sin(x)$ auf ganz $\mathbb{R}$ stetig, da die Sinusreihe auf $\mathbb{R}$ konvergiert (siehe [WHK, S. 178, Punkt 3]). Das Polynom $1 + x^2$ ist stetig auf $\mathbb{R}$ und hat nirgends eine Nullstelle. Daher ist $\frac{1}{1+x^2}$ stetig auf $\mathbb{R}$. Nach [WHK, Satz 6.19] ist dann auch die zusammengesetzte Funktion $\sin(\frac{1}{1+x^2})$ stetig auf ganz $\mathbb{R}$.
c) Die Exponentialfunktion ist aus dem gleichen Grund, der für die Sinusfunktion gilt, stetig auf $\mathbb{R}$. Damit ist die zusammengesetzte Funktion $\sin(e^{-\frac{1}{1+x^2}})$ nach [WHK, Satz 6.19] stetig.

*Für die Lösung der folgenden Aufgabe benötigt man zum einen den Zwischenwertsatz für stetige Funktionen (siehe [WHK, Korollar 6.23]): Sei $f : D \to \mathbb{R}$ eine stetige reelle Funktion. Seien $u, v \in D$ mit $u < v$, so dass das ganze Intervall $[u, v]$ in D liegt. Dann nimmt f auf $[u, v]$ jeden Wert zwischen den Werten $f(u)$ und $f(v)$ an. Das heißt ausführlicher: Ist $f(u) < f(v)$ so ist das ganze Intervall $[f(u), f(v)]$ in $f([u, v])$ enthalten. Analog ist $[f(v), f(u)] \subseteq f([u, v])$, falls $f(v) < f(u)$ ist. Oder noch anders ausgedrückt: Ist $f(u) \leq d \leq f(v)$ (bzw. $f(v) \leq d \leq f(u)$), so gibt es ein c mit $u \leq c \leq v$ und $f(c) = d$.
Zum anderen braucht man den Satz über die Stetigkeit der Umkehrfunktion: Seien J und J' Intervalle in $\mathbb{R}$ und $f : J \to J'$ stetig, streng monoton und surjektiv (also bijektiv von J auf J'). Dann ist die Umkehrfunktion $f^{-1} : J' \to J$ stetig.*

Aufgabe 6.14 Zeigen Sie bitte:
Für jede natürliche Zahl n ist die Funktion $f : x \mapsto x^n$ auf $\mathbb{R}_+ = [0, \infty[$ streng monoton wachsend und stetig mit $f(\mathbb{R}_+) = \mathbb{R}_+$. Zeigen Sie hiermit: Zu jeder Zahl $x \geq 0$ existiert die n. Wurzel $x^{1/n}$ und $x \mapsto x^{1/n}$ ist stetig.

Lösung: Die Stetigkeit folgt aus der Stetigkeit von $x \to x$ und den Rechenregeln für stetige Funktionen ([WHK, Satz 6.18], induktiv angewendet auf $x \cdot x^n$). Dass die Funktion streng monoton wachsend ist, folgt aus [WHK, Satz 5.1 f] (lesen Sie den dortigen Beweis, S. 150 unten). Um zu zeigen, dass $f(\mathbb{R}_+) = \mathbb{R}_+$ ist, zeigen wir zunächst, dass $\lim_{x \to \infty} f(x) = \infty$ gilt. Sei $n \geq 2$ und $x > 1$. Dann ist $x = 1 + y$ mit $y > 0$. Also ist

$$x^n = (1+y)^n = 1 + ny + \cdots + y^n > 1 + y = x,$$

Das heißt, es gilt $x < x^n$ für $x > 1$ und $n \geq 2$. Daraus folgt aber die Behauptung.

6.3 Stetigkeit

Wir zeigen nun, dass "kein Wert ausgelassen wird". Sei $0 < u \in \mathbb{R}$ beliebig. Wegen $\lim_{x \to \infty} f(x) = \infty$ gibt es ein $x_0 > 0$ mit $f(0) = 0 < u < f(x_0)$. Nach dem Zwischenwertsatz [WHK, Korollar 6.23] gibt es ein x mit $0 < x < x_0$ und $f(x) = u$. Damit ist $f(\mathbb{R}_+) = \mathbb{R}_+$. Nach dem Satz über die Umkehrfunktion [WHK, Theorem 6.25] existiert die Umkehrfunktion $f^{-1} : \mathbb{R}_+ \to \mathbb{R}_+$ und ist stetig. Es ist $x = f(f^{-1}(x)) = (f^{-1}(x))^n$, das heißt $f^{-1}(x)$ ist die n. Wurzel $\sqrt[n]{x}$.

Kapitel 7
Differential- und Integralrechnung

7 Differential- und Integralrechnung

7.1	Die Ableitung einer Funktion	163
7.2	Grenzwertbestimmungen	167
7.3	Der Entwicklungssatz von Taylor und lokale Extremwerte	169
7.4	Integralrechnung	170

7 Differential- und Integralrechnung

7.1 Die Ableitung einer Funktion

Sei J ein Intervall in $\mathbb{R}$. Eine Funktion $f : J \to \mathbb{R}$ ist differenzierbar oder ableitbar im Punkt $x_0 \in J$, wenn

$$\lim_{x_0 \neq x \to x_0} \frac{f(x) - f(x_0)}{x - x_0} =: f'(x_0)$$

existiert. $f'(x_0)$ heißt Ableitung von f an der Stelle x_0.
Für die Berechnung der Ableitung einer kompliziert aufgebauten Funktion hat man wieder Rechenregeln zur Verfügung, die es erlauben, das Problem auf einfacher gebaute Funktionen zurückzuführen. Neben den algebraischen Regeln für Summe und Produkt kommt die Kettenregel hinzu: $(g(f(x)))' = g'(f(x))f'(x)$. Außerdem darf man Potenzreihen gliedweise differenzieren.
Sie können sich all diese Begriffe mit dem Applet "Funktionen einer Veränderlichen mit Tangente" oder mit dem Applet "Animierte Differentiation" veranschaulichen.

Aufgabe 7.1 Berechnen Sie bitte die Ableitung der folgenden Funktionen
a) $f(x) = \sum_{k=0}^{n} a_k(x-c)^k$,
b) $f(x) = \frac{1}{(1-x)^2}$. Zeigen Sie mit Hilfe der so gewonnenen Formel

$$\sum_{n=2}^{\infty} n(n-1)x^{n-2} = \frac{2}{(1-x)^3}.$$

Achtung: Geben Sie bitte die Regeln an, nach denen Sie differenzieren!
Tipp: Potenzreihen werden gliedweise differenziert.

Lösung: a) Wir benutzen, dass man Ableitung und Summe vertauschen darf, ferner benutzen wir die Kettenregel für die Funktion $x \to x - c \to (x - c)^k$ und die Ableitung von Potenzen $(x^n)' = nx^{n-1}$. Damit erhalten wir $f'(x) = \sum_{k=0}^{n-1} a_{k+1}(k+1)(x-c)^k = \sum_{k=1}^{n} a_k \cdot k \cdot (x-c)^{k-1}$.
b) Wir benutzen die Ableitungsregel für die Potenzfunktion und die Kettenregel für die Funktion $x \to (1-x) \to (1-x)^{-2}$. Wir erhalten $f'(x) = (-2) \cdot (1-x)^{-3} \cdot (-1) = \frac{2}{(1-x)^3}$. Es ist $\frac{1}{1-x} = \sum_{n=0}^{\infty} x^n$. Leiten wir auf beiden Seiten einmal ab, so erhalten wir (nach dem Satz über die Differentiation von Potenzreihen [WHK, 7.51]) $\frac{1}{(1-x)^2} = \sum_{n=1}^{\infty} nx^{n-1}$. Weiteres Ableiten ergibt nach dem vorigen Teil der Aufgabe gerade $\frac{2}{(1-x)^3} = \sum_{n=2}^{\infty} n(n-1)x^{n-2}$.

7.2 **Aufgabe 7.2** Beweisen Sie die folgenden Formeln, indem Sie die Potenzreihen gliedweise differenzieren und dann zeigen, dass die abgeleitete Reihe gerade die behauptete Funktion darstellt.
a) $(e^x)' = e^x$.
b) $\sin(x)' = \cos(x)$.
c) $\cos(x)' = -\sin(x)$.

Lösung: a)
$$\exp(x)' = (1 + x + x^2/2 + x^3/3! + x^4/4! + \cdots)'$$
$$\underbrace{=}_{\text{Ableitung gliedw.}} 0 + 1 + x + 3x^2/3! + 4x^3/4! + \cdots$$
$$= 1 + x + x^2/2 + x^3/3! + \cdots = \exp(x).$$

b)
$$\sin(x)' = (x - x^3/3! + x^5/5! - x^7//! \pm \cdots$$
$$\underbrace{=}_{\text{Ableitung gliedw.}} 1 - 3x^2/3! + 5x^4/5! - 7x^6/7! \pm \cdots$$
$$= 1 - x^2/2 + x^4/4! - x^6/6! \pm \cdots = \cos(x).$$

c) Analog.

Seien J und J' Intervalle und $f : J \to J'$ eine stetig differenzierbare surjektive Funktion, deren Ableitung f' keine Nullstellen hat. Dann ist f bijektiv und die Umkehrfunktion f^{-1} ist ebenfalls stetig differenzierbar. Es gilt
$$(f^{-1})'(y) = \frac{1}{f'(f^{-1}(y))}.$$

Mit den folgenden Aufgaben wollen wir die wichtigsten Funktionen zusammen mit ihren Umkehrfunktionen behandeln.

7.3 **Aufgabe 7.3** Sei $f(x) = \exp(x)$.
a) Zeigen Sie bitte: $f(x) > 0$ für alle x.
Tipp: Was würde mit der Funktionalgleichung für die Exponentialfunktion folgen, wenn $\exp(x_0) = 0$ gelten würde?
b) Zeigen Sie bitte: f bildet $\mathbb{R}$ bijektiv auf $\{y \in \mathbb{R} : y > 0\}$ ab.
c) Sei ln die Umkehrfunktion. Zeigen Sie $\ln(x)' = \frac{1}{x}$.

Lösung: a) Wir zeigen zuerst, dass exp keine Nullstelle hat. Wäre $\exp(x_0) = 0$ für ein x_0, so wäre $\exp(x) = \exp(x - x_0) \cdot \exp(x_0) = 0$ für alle x im

Widerspruch zu $\exp(0) = 1$.
Da exp stetig ist, ist $\exp(x) > 0$ für alle x oder $\exp(x) < 0$ für alle x. Denn würde exp als stetige Funktion das Vorzeichen wechseln, so hätte exp nach [WHK, Theorem 6.22] eine Nullstelle. Wegen $\exp(0) = 1$ ist also $\exp(x) > 0$ für alle x.
b) Für $x > 0$ ist $\exp(x) = 1 + x + x^2/2 + x^3/3! + \cdots > x$, also gilt $\lim_{x\to\infty} \exp(x) = \infty$. Wegen $\exp(-x) = \frac{1}{\exp(x)}$ folgt hieraus

$$\lim_{x\to-\infty} \exp(x) = \lim_{x\to\infty} \exp(-x) = \frac{1}{\lim_{x\to\infty} \exp(x)} = 0$$

wegen $\lim_{x\to\infty} \exp(x) = \infty$. Nun ist $\exp(x)' = \exp(x) > 0$ für alle x. Also ist exp nach [WHK, Korollar 7.39] streng monoton wachsend und damit injektiv. Nach dem Zwischenwertsatz [WHK, Korollar 6. 23] folgt die Behauptung.
c) Nach dem Satz über die Ableitung der Umkehrfunktion [WHK, Satz 7.7.] ist ln in jedem Punkt differenzierbar und es gilt die Formel

$$\ln(x)' = \frac{1}{\exp(\ln(x))} = \frac{1}{x}.$$

Aufgabe 7.4 Sei $\tan(x) = \frac{\sin(x)}{\cos(x)}$ auf $]-\pi/2, \pi/2[$. Zeigen Sie bitte:
a) $\tan(x)' = 1 + (\tan(x))^2$.
b) $\tan(x)$ ist streng monoton wachsend mit $\lim_{x\to-\pi/2} \tan(x) = -\infty$, $\lim_{x\to\pi/2} \tan(x) = \infty$.
c) Für die Umkehrfunktion $\arctan: \mathbb{R} \to]-\pi/2, \pi/2[$ gilt $(\arctan(x))' = \frac{1}{1+x^2}$.

Lösung: Mit der Kettenregel und der Ableitung des Quotienten zweier Funktionen erhalten wir

$$\tan(x)' = \frac{\cos(x) \cdot \cos x - \sin(x) \cdot (-\sin(x))}{(\cos(x))^2} = 1 + (\tan(x))^2.$$

b) $\tan(x)'$ ist nach a) insbesondere positiv. Also folgt die strenge Monotonie aus [WHK, Korollar 7.39]. $\pi/2$ ist die erste Nullstelle des Cosinus rechts von 0 und zwischen 0 und $\pi/2$ ist der Cosinus positiv. Ebenso ist $\sin(x) > 0$ für $0 < x < \pi/2$ und $\sin(\pi/2) = 1$. Wir zeigen nun $\lim_{x\uparrow\pi/2} \tan(x) = \infty$. Da der Sinus stetig ist, gibt es zu $\varepsilon = 1/2$ ein $\delta > 0$ mit $|1 - \sin(x)| < 1/2$ für $\pi/2 - \delta < x \leq \pi/2$. Daraus folgt aber $\sin(x) > 1/2$ für diese x. Sei nun $M > 0$ beliebig vorgegeben. Sei $\varepsilon = 1/M$. Da der Cosinus stetig ist, gibt es zu ε ein $\delta(\varepsilon)$ mit $0 < \cos(x) < \varepsilon/2$ für $\pi/2 - \delta(\varepsilon) < x < \pi/2$. Wir setzen $\delta(M) = \min(\delta, \delta(\varepsilon))$ und erhalten $\tan(x) = \frac{\sin(x)}{\cos(x)} > \frac{1}{2\varepsilon/2} = M$ für alle x mit $\pi/2 - \delta(M) < x < \pi/2$. Da M beliebig war, folgt die Behauptung. Wegen

$\tan(-x) = \frac{\sin(-x)}{\cos(-x)} = \frac{-\sin(x)}{\cos(x)} = -\tan(x)$ folgt $\lim_{x \downarrow -\pi/2} \tan(x) = -\infty$. Nach dem Zwischenwertsatz für stetige Funktionen ist $\tan(]-\pi/2, \pi/2[) = \mathbb{R}$.
c) Nach dem Satz über die Ableitung der Umkehrfunktion [WHK, Satz 7.7] erhält man für $y = \arctan(x)$, also $\tan(y) = x$

$$\arctan(x)' = \frac{1}{\tan(y)'} = \frac{1}{1+(\tan(y))^2} = \frac{1}{1+x^2}.$$

7.5 **Aufgabe 7.5** Zeigen Sie bitte:
Die Funktion $\sin(x)$ ist auf $[-\pi/2, \pi/2]$ streng monoton wachsend und ihre Umkehrfunktion $\arcsin : [-1,1] \to [-\pi/2, \pi/2]$ ist in $]-\pi/2, \pi/2[$ stetig differenzierbar mit
$(\arcsin(x))' = \frac{1}{\sqrt{1-x^2}}.$

Lösung: $\sin(x)' = \cos(x)$ ist positiv für $x \in]-\pi/2, \pi/2[$, also ist der Sinus dort nach [WHK, Korollar 7.39] streng monoton wachsend und damit injektiv. Es ist $\sin(-\pi/2) = -1$, $\sin(\pi/2) = 1$, also erhalten wir nach dem Zwischenwertsatz für stetige Funktionen $\sin(]-\pi/2, \pi/2[) =]-1,1[$. Die Umkehrfunktion ist nach dem Satz über die Ableitung der Umkehrfunktion stetig differenzierbar und man erhält für $y = \arcsin(x)$

$$(\arcsin(x))' = \frac{1}{\sin(y)'} = \frac{1}{\cos(y)} = \frac{1}{\sqrt{1-(\sin(y))^2}} = \frac{1}{\sqrt{1-x^2}}.$$

7.6 **Aufgabe 7.6** Sei $\tanh(x)$ (lies: Tangens Hyperbolicus x) gegeben durch
$\tanh(x) = \frac{\exp(x) - \exp(-x)}{\exp(x) + \exp(-x)}.$
Zeigen Sie bitte:
a) $(\tanh(x))' = 1 - (\tanh(x))^2$.
b) $\tanh$ bildet $\mathbb{R}$ streng monoton auf $]-1,1[$ ab und für die Umkehrfunktion Artanh
(lies Area tangens hyperbolicus) gilt

$$(\operatorname{Artanh}(x))' = \frac{1}{1-x^2} \qquad (|x| < 1).$$

Lösung: a) Nach der Regel für die Ableitung von Summen und Quotienten erhält man

$$\begin{aligned}(\tanh(x))' =& ((\exp(x)+\exp(-x))(\exp(x)+\exp(-x))\\ &-(\exp(x)-\exp(-x))(\exp(x)-\exp(-x)))\\ &\cdot \frac{1}{(\exp(x)+\exp(-x))^2}\\ =& 1-(\tanh(x))^2.\end{aligned}$$

b) Wir erweitern den Bruch, der tanh definiert, mit $\exp(x)$ und erhalten $\tanh(x) = \frac{\exp(2x)-1}{\exp(2x)+1}$. Daraus folgt $|\tanh(x)| < 1$, also ist die Ableitung überall positiv und damit tanh nach [WHK, Korollar 7.39] streng monoton wachsend. Aus $\tanh(x) = \frac{1-1/\exp(2x)}{1+1/\exp(2x)}$ und $\lim_{y\to\infty} 1/\exp(y) = 0$ (siehe Aufgabe 7.3) folgt $\lim_{x\to\infty} \tanh(x) = 1$. Nun gilt $\tanh(-x) = -\tanh(x)$, woraus

$$\lim_{x\to-\infty}\tanh(x) = -1$$

folgt. Wiederum nach dem Zwischenwertsatz ergibt sich $\tanh(\mathbb{R}) =]-1,1[$. Sei nun x beliebig und $y = \text{Artanh}(x)$. Dann erhält man nach dem Satz über die Ableitung der Umkehrfunktion ([WHK, Satz 7.7])

$$(\text{Artanh}(x))' = \frac{1}{\tanh(y)'} = \frac{1}{1-(\tanh(y))^2} = \frac{1}{1-x^2}.$$

7.2 Grenzwertbestimmungen

Seit der Erfindung der Differential- und Integralrechnung hat die Grenzwertbestimmung von Funktionswerten von Quotienten, bei denen Zähler und Nenner gleichzeitig gegen 0 oder gegen $\pm\infty$ gehen, fasziniert. Für Abschätzungen über Laufzeiten von Algorithmen spielen sie eine wichtige Rolle. Zentral sind die Regeln von de l'Hopital, wobei nicht ganz klar ist, ob de l'Hopital sie wirklich selbst gefunden hat.

Der Trick ist: man muss Zähler und Nenner gleichzeitig so lange ableiten, bis die Nullstelle (bzw. Unendlichkeitsstelle) im Nenner verschwindet. Ist das bei der ersten Ableitung schon der Fall, so heißt die Formel

$$\lim_{x\to c}\frac{f(x)}{g(x)} = \lim_{x\to c}\frac{f'(x)}{g'(x)}.$$

Bewiesen wird diese Formel mit dem zweiten Mittelwertsatz der Differentialrechnung [WHK, Theorem 7.40].

7.7 **Aufgabe 7.7** Berechnen Sie bitte die folgenden Grenzwerte:
a) $\lim_{x \to 0} \frac{\ln(1+ax)}{x}$.
b) $\lim_{x \searrow 2} \frac{\sqrt{x}-\sqrt{2}}{\sqrt{x-2}}$. Dabei bedeutet $\searrow$, dass $x > 2$ ist, der Grenzwert also auf der Menge $]2, \infty[$ gebildet wird.

Lösung: a) Es ist $f(x) = \ln(1+ax)$, also $f'(x) = \frac{a}{1+ax}$. Ferner ist $g(x) = x$, also $g'(x) = 1$. Nach der oben angegebenen Regel folgt $\lim_{x \to 0} \frac{\ln(1+ax)}{x} = \lim_{x \to 0} \frac{a}{(1+ax) \cdot 1} = a$.
b) Es ist $f(x) = \sqrt{x} - \sqrt{2}$, also $f'(x) = \frac{1}{2\sqrt{x}}$. Ferner ist $g(x) = \sqrt{x-2}$, also $g'(x) = \frac{1}{2\sqrt{x-2}}$. Damit ergibt sich $\frac{f'(x)}{g'(x)} = \frac{\sqrt{x-2}}{\sqrt{x}}$, also $\lim_{x \searrow 2} \frac{\sqrt{x}-\sqrt{2}}{\sqrt{x-2}} = \lim_{x \searrow 2} \frac{\sqrt{x-2}}{\sqrt{x}} = 0$.

7.8 **Aufgabe 7.8** a) Zeigen Sie bitte: Sei $h :]0, \infty[\to \mathbb{R}$ eine beliebige Funktion und $\tilde{h}(y) = h(1/y)$. Dann gilt: Der Grenzwert $\lim_{x \to \infty} h(x)$ existiert genau dann, wenn der Grenzwert $\lim_{y \searrow 0} \tilde{h}(y)$ existiert. Ist dies der Fall, so sind beide Grenzwerte gleich.
b) Berechnen Sie bitte $\lim_{x \to \infty} \frac{\ln(x)}{x^\alpha}$ mit $\alpha > 0$.

Lösung: a) Sei $c = \lim_{x \to \infty} h(x)$. Dann gibt es zu jedem $\varepsilon > 0$ ein $L(\varepsilon) > 0$ mit $|c - h(x)| < \varepsilon$ für alle x mit $x > L(\varepsilon)$. Nun ist $x > L(\varepsilon)$ genau dann, wenn $0 < y = 1/x < 1/L(\varepsilon) =: \delta(\varepsilon)$ ist. Für $0 < y < \delta(\varepsilon)$ gilt also $|c - \tilde{h}(y)| = |c - h(1/y)| < \varepsilon$ für alle y mit $0 < y < \delta(\varepsilon) = 1/L(\varepsilon)$. Wir haben also zu jedem $\varepsilon > 0$ ein $\delta(\varepsilon) > 0$ gefunden mit $|c - \tilde{h}(y)| < \varepsilon$ für $0 < y < \delta(\varepsilon)$. Damit ist $c = \lim_{y \searrow 0} \tilde{h}(y)$.
Sei umgekehrt $c = \lim_{y \searrow 0} \tilde{h}(y)$. Sei $\varepsilon > 0$ beliebig. Dann gibt es ein $\delta(\varepsilon) > 0$ mit $|c - \tilde{h}(y)| < \varepsilon$ für $0 < y < \delta(\varepsilon)$. Wir setzen $L(\varepsilon) = 1/\delta(\varepsilon)$ und erhalten $|c - h(x)| = |c - \tilde{h}(1/x)| < \varepsilon$ für alle $x > L(\varepsilon)$. Also ist $c = \lim_{x \to \infty} h(x)$.
b) Wir wenden a) auf unser Problem b) an. Das heißt wir zeigen, dass $\lim_{y \searrow 0} \frac{\ln(1/y)}{1/y^\alpha}$ existiert und berechnen diesen Grenzwert. Es ist $\ln(1/y) = -\ln(y)$. Wir differenzieren Zähler und Nenner und erhalten $-\ln(y)' = -1/y$, ${y^{-\alpha}}' = (-\alpha)y^{-\alpha-1} = (-\alpha)\frac{1}{y^{\alpha+1}}$. Der Quotient beider Ableitungen ist also $q(y) = \frac{y^{\alpha+1}}{\alpha y} = y^\alpha / \alpha$. Für ihn gilt $\lim_{y \searrow 0} q(y) = 0$. Nach a) ist damit $\lim_{x \to \infty} \frac{\ln(x)}{x^\alpha} = 0$.

7.3 Der Entwicklungssatz von Taylor und lokale Extremwerte

Wir hatten schon oben (siehe S. 151) lokale Maxima und Minima behandelt. Die Differentialrechnung, insbesondere der Satz von Taylor, bietet Ihnen - wie Sie aus der Schule schon wissen - eine ideale Methode zu Bestimmung von lokalen Extrema. Sei f hinreichend oft differenzierbar. Die erste Ableitung an einer lokalen Extremalstelle x_0 muss 0 sein. Sei $d = \min\{k : f^{(k)}(x_0) \neq 0\}$. x_0 ist genau dann eine lokale Extremalstelle, wenn $d \neq 0$ und gerade ist. Denn die Funktion verhält sich nach dem Satz von Taylor [WHK, Theorem 7.44] in der Nähe von x_0 ähnlich wie $c(x - x_0)^d$, wo c eine Konstante ist.

Aufgabe 7.9 Untersuchen Sie, ob 0 eine lokale Extremalstelle bei den folgenden Funktionen ist. Wenn ja, liegt ein Maximum oder Minimum vor?
a) $f(x) = x^2 \sin(x)$, wobei $x \in \mathbb{R}$.
b) $f(x) = x^3 \sin(x)$, wobei $x \in \mathbb{R}$.

Lösung: a) Es ist $f(-x) = (-x)^2 \sin(-x) = -x^2 \sin(x) = -f(x)$ und $f(0) = 0$. Also liegt in 0 ein Vorzeichenwechsel vor, 0 kann also keine lokale Extremalstelle sein.
b) Wie in der Schule gelernt und in [WHK, Abschnitt 7.7.2] behandelt, werden wir die Funktion mehrmals differenzieren, um sie in 0 zu untersuchen:
$f'(x) = (x^3 \sin(x))' = 3x^2 \sin(x) + x^3 \cos(x)$. Es ist $f'(0) = 0$, also könnte hier eine Extremalstelle vorliegen. Wir bilden weitere Ableitungen: $f''(x) = 6x \sin(x) + 3x^2 \cos(x) + 3x^2 \cos(x) - x^3 \sin(x) = 6x \sin(x) + 6x^2 \cos(x) - f(x)$. Wir erhalten $f''(0) = 0$. $f'''(x) = 6 \sin(x) + 18x \cos(x) - 6x^2 \sin(x) - f'(x)$. Auch $f'''(0) = 0$ hilft uns noch nicht weiter. $f^{(4)}(x) = 6 \cos(x) + 18 \cos(x) - 18x \sin(x) - 12x \sin(x) - 6x^2 \cos(x) - f''(x)$. Daraus folgt $f^{(4)}(0) = 24 > 0$. Wir gehen nun analog zum Beweis von [WHK, Satz 7.48] vor, um mit Hilfe des Entwicklungssatzes von Taylor ([WHK, Theorem 7.44]) nachzuweisen, dass 0 eine lokale Minimalstelle ist: Da $f^{(4)}$ stetig ist, gibt es zu $\varepsilon = 12$ ein $\delta > 0$ mit $|f^{(4)}(u) - f^{(4)}(0)| = |f^{(4)}(u) - 24| < 12$ für alle u mit $|u| < \delta$. Insbesondere ist $f^{(4)}(u) > 12$ für all diese u. Sei $|x| < \delta$. Nach dem Entwicklungssatz von Taylor gibt es ein zwischen x und 0 liegendes u, so dass

$$f(x) = f(0) + f'(0)x + \frac{f''(0)}{2}x^2 + \frac{f'''(0)}{3!}x^3 + \frac{f^{(4)}(u)}{4!}x^4$$
$$= 0 + 0 + 0 + 0 + \frac{f^{(4)}(u)}{4!}x^4$$

gilt, woraus $f(x) > x^4/2 > 0$ folgt. $f(0) = 0$ ist also ein lokales Minimum.

7.4 Integralrechnung

Das Integral $\int_a^b f(x)dx$ bedeutet anschaulich den Flächeninhalt zwischen der Kurve $\{(x, f(x)) : a \leq x \leq b\}$ (das ist die Kurve, die Sie in der Schule gezeichnet haben) und der x-Achse (also der waagrechten Achse). Für Treppenfunktionen wird das Integral genau so definiert, das heißt, durch diesen Flächeninhalt. Wir nennen nur eine solche Funktion integrierbar, die Grenzwert einer gleichmäßig konvergenten Folge von Treppenfunktionen sind. Für solche Funktionen, sog. Regelfunktionen, ist die Anschauung über den Flächeninhalt gut nachvollziehbar, wie die folgende Aufgabe exemplarisch zeigt. Der Kern der Differential- und Integralrechnung (einer Veränderlichen) ist der Hauptsatz. Er besagt, dass es zu jeder stetigen Funktion $f : [a,b] \to \mathbb{R}$ eine Stammfunktion F gibt, das heißt eine Funktion F mit $F' = f$ und $\int_a^x f(t)dt = F(x) - F(a)$ für alle $x \in [a, b]$. Darüber hinaus gilt: ist G irgendeine differenzierbare Funktion mit $G' = f$, so ist G ebenfalls eine Stammfunktion. Je zwei Stammfunktionen unterscheiden sich nur bis auf eine Konstante.

Damit kann man Integrale einfach berechnen, wenn es gelingt, Stammfunktionen (ohne Integration) zu finden.

❯ Das bestimmte Integral

Aufgabe 7.10 Sei $J = [0,1]$ und $f(x) = x^2$. Für $n \in \mathbb{N}$ sei $f_n = \sum_{k=1}^{n-1} \frac{k^2}{n^2} 1_{]\frac{k}{n}, \frac{k+1}{n}]}$.
Zeigen Sie bitte:
a) $\lim_{n\to\infty} \|f - f_n\|_\infty = 0$.
b) $\lim_{n\to\infty} \int_0^1 f_n(x)dx = \frac{1}{3}$.
Bemerkung: Diese Methode zur numerischen Berechnung von Integralen stetiger Funktionen funktioniert ganz allgemein: es ist

$$\int_0^1 f(x)dx = \lim_{n\to\infty} \int_0^1 f_n(x)dx,$$

mit $f_n = f(0) 1_{[0, \frac{1}{n}]} + \sum_{k=1}^{n-1} f(\frac{k}{n}) 1_{]\frac{k}{n}, \frac{k+1}{n}]}$,
also $\int_0^1 f_n(x)dx = \frac{1}{n} \sum_{k=0}^{n-1} f(\frac{k}{n}))$. Sie ist aber viel zu ineffizient.

Lösung: a) Wir benutzen die folgende Ungleichung für $x, y \in [0,1]$:

$$|x^2 - y^2| = |x - y| \cdot (x + y) \leq 2|x - y|.$$

Sei $\varepsilon > 0$ beliebig vorgegeben. Wir müssen ein $n(\varepsilon)$ mit $|x^2 - f_n(x)| < \varepsilon$ für alle $n \geq n(\varepsilon)$ und alle $x \in [0,1]$ finden. Denn dann ist $\|f - f_n\|_\infty \leq \varepsilon$ für alle

7.4 Integralrechnung

$n \geq n(\varepsilon)$. Sei $n(\varepsilon) = \min\{n \in \mathbb{N} : 1/n < \varepsilon/2\}$. Sei nun $x \in [0,1]$ beliebig. Ist $x = 0$ so ist $|f(x) - f_n(x)| = 0 < \varepsilon$. Sei also $0 < x < 1$ beliebig. Dann gibt es zu jedem $n \geq n(\varepsilon)$ genau ein $k \leq n$ mit $(k-1)/n < x \leq k/n$. Damit ist

$$|f(x) - f_n(x)| = |x^2 - \frac{(k-1)^2}{n^2}| < 2|x - \frac{k-1}{n}|$$
$$< 2(\frac{k}{n} - \frac{k-1}{n}) = 2/n \leq 2/n(\varepsilon) < \varepsilon.$$

Damit ist nach dem Vorangegangenen a) gezeigt.
b) Es ist

$$\int_0^1 f_n(x) = \frac{1}{n}\sum_{k=0}^n \frac{k^2}{n^2} = \frac{1}{n^3}\sum_{k=1}^n k^2.$$

Nach Aufgabe 2.32 erhält man

$$\int_0^1 f_n(x) = \frac{1}{n^3} n(n+1)(2n+1)/6 = \frac{1}{6} \cdot 1 \cdot (1+1/n) \cdot (2+1/n).$$

Aus den Rechenregeln für konvergente Folgen ergibt sich die Behauptung.

Die folgende Aufgabe dient als Beispiel für den Mittelwertsatz der Integralrechnung: Ist $f : [a,b] \to \mathbb{R}$ stetig, so gibt es ein $u \in [a,b]$ mit $\frac{1}{b-a}\int_a^b f(x)dx = f(u)$.

Aufgabe 7.11 Sei $b > 0$ und $J = [0,b]$. Berechnen Sie für die folgenden Funktionen jeweils ein u ($0 \leq u \leq b$) mit $f(u) = \frac{1}{b}\int_0^b f(x)dx$:
a) $f(x) = x$.
b) $f(x) = x^n$.
Bemerkung: Sie müssen nachweisen, dass das u, das Sie erhalten, wirklich zwischen 0 und b liegt. Für die Berechnung des Integrals benutzen Sie bitte Schulwissen (Hauptsatz der Differential- und Integralrechnung).

Lösung: a) Es gilt $\frac{1}{b}\int_0^b x\,dx = \frac{1}{2}b^2/b = \frac{1}{2}b = u$. Denn es ist $0 < b/2 < b$.
b) Es gilt

$$\frac{1}{b}\int_0^b x^n dx = \frac{1}{b} \cdot \frac{b^{n+1}}{n+1} = \frac{b^n}{n+1}.$$

Für $u = \frac{b}{\sqrt[n]{n+1}}$ erhält man $f(u) = \frac{1}{b}\int_0^b x^n dx$. Ferner ist $\frac{1}{\sqrt[n]{n+1}} < 1$, also $0 < u < b$.

> **Ableitungs- und Integrationsformeln**

Zum Auffinden von Stammfunktionen gibt es neben der einfachen Regel der Vertauschung mit Summen und Konstanten noch die sog. partielle Integration (Umkehrung der Leibnizschen Produktregel) und die "Integration durch Substitution" (Umkehrung der Kettenregel). Schauen Sie in irgendeinem Nachschlagewerk die entsprechenden Formeln nach, z. B. [WHK, S. 229 ff], [St, S. 467 f], [BS, Abschnitt 3.1.7].

Aufgabe 7.12 Berechnen Sie die folgenden Integrale (nicht nur von einem CAS abschreiben. Man muss erkennen, wie Sie es berechnen!):
a) $\int_{-\pi}^{\pi} x \sin(nx) dx$ $(n \in \mathbb{Z})$.
b) $\int_{-\pi}^{\pi} x \cos(nx) dx$ $(n \in \mathbb{Z})$.
c) $\int_{-\pi}^{\pi} e^{-\sin(x)} \cos(x) dx$.

Lösung: a) Wir wenden partielle Integration an: $u = x$, $v' = \sin(nx)$, $u' = 1$, $v = -\cos(x)/n$. Damit erhalten wir

$$\int_{-\pi}^{\pi} x \sin(nx) = -x \cos(nx)/n \Big|_{-\pi}^{\pi} + 1/n \int_{-\pi}^{\pi} \cos(nx) dx$$
$$= (-x \cos(nx)/n + \sin(nx)/n^2)\Big|_{-\pi}^{\pi}$$
$$= \pi/n(-\cos(n\pi) - \cos(-n\pi)) + 1/n^2(\sin(n\pi) - \sin(-n\pi))$$
$$= -\frac{2\pi}{n}(-\cos(n\pi))$$
$$= \begin{cases} \frac{2\pi}{n} & n \text{ ungerade} \\ -\frac{2\pi}{n} & n \text{ gerade} \end{cases},$$

weil $\cos(n\pi) = \cos(-n\pi)$ und $\sin(n\pi) = -\sin(-n\pi) = 0$ ist.
b) Die Funktion $f(x) = x \cos(nx)$ erfüllt

$$f(-x) = (-x) \cos(-nx) = (-x) \cos(nx) = -f(x).$$

Daher ist

$$\int_{-\pi}^{\pi} f(x) dx = \int_{-\pi}^{0} f(x) dx + \int_{0}^{\pi} f(x) dx$$
$$= \int_{-\pi}^{0} (-f(-x)) dx + \int_{0}^{\pi} f(x) dx$$
$$= \int_{0}^{\pi} f(x) dx - \int_{0}^{\pi} f(x) dx = 0.$$

7.4 Integralrechnung

c) Wir wenden Integration durch Substitution an (siehe [WHK, S. 231]). Dazu betrachten wir die Funktion $f(x) = \sin(x)$ von $[-\pi, \pi]$ in $[-1, 1]$, sowie die Funktion $g(y) = \exp(-y)$ auf dem Intervall $[-1, 1]$. Eine Stammfunktion zu g ist $G = -g + const$. Da $f'(x) = \cos(x)$ ist, erhalten wir

$$\int_{-\pi}^{\pi} \exp(-\sin(x)) \cos(x) dx = \int_{-\pi}^{\pi} g(f(x)) f'(x) dx = -g(f(\pi)) + g(f(-\pi))$$
$$= -g(0) + g(0) = 0.$$

Integrale über offene und halboffene Intervalle

Uneigentliche Integrale sind Integrale über halboffene oder offene Intervalle. Vorausgesetzt die Funktion ist uneigentlich integrierbar, so erhält man das Integral etwa $\int_{-\infty}^{\infty} f(x)dx = \lim_{a \to -\infty} \int_{a}^{0} f(x)dx + \lim_{b \to \infty} \int_{0}^{b} f(x)dx$. Statt 0 kann man irgendeinen Wert c benutzen.

7.13

Aufgabe 7.13 Berechnen Sie bitte $\int_{0}^{\infty} x \exp(-\lambda x)dx$!

Lösung: Bei diesem Integral wenden wir wieder partielle Integration an: Wir setzen $u = x$, $v' = \exp(-\lambda x)$, $u' = 1$, $v = -1/\lambda \exp(-\lambda x)$. Wir erhalten also zunächst

$$\int_{0}^{b} x \exp(-\lambda x)dx = -x/\lambda \exp(-\lambda x)\Big|_{0}^{b} + 1/\lambda \int_{0}^{b} \exp(-\lambda x)dx$$
$$= 0 - b/\lambda \exp(-\lambda b) + 1/\lambda^2 (1 - \exp(-\lambda b)).$$

Wir zeigen nun $\lim_{b \to \infty} b \exp(-\lambda b) = 0$. Es ist nämlich

$$b \exp(-\lambda b) = \frac{b}{\exp(\lambda b)} = \frac{b}{1 + \lambda b + \lambda^2 b^2/2 + \cdots} < \frac{b}{\lambda^2 b^2/2} = \frac{2}{\lambda^2 b},$$

woraus die Behauptung folgt. Durch Grenzübergang $b \to \infty$ erhalten wir also $\int_{0}^{\infty} x \exp(-\lambda x)dx = \frac{1}{\lambda^2}$.

7.14

Aufgabe 7.14 Sei $f : [-a, a] \to \mathbb{R}$ eine stetige Funktion. f heißt *gerade*, wenn $f(-x) = f(x)$ für alle x ist, und *ungerade*, wenn $f(-x) = -f(x)$ für alle x ist. Zeigen Sie bitte:
a) Ist f gerade, so ist $\int_{-a}^{c} f(t)dt = \int_{-c}^{a} f(t)dt$ für $-a < c < a$.
b) Ist f ungerade, so ist $\int_{-a}^{c} f(t)dt = -\int_{-c}^{a} f(x)dx$. Insbesondere ist $\int_{-a}^{a} f(x)dx = 0$.
Tipp zu a) und b): Substitution $\varphi(x) = -x$.
c) Gilt a) bzw b) auch für Integrale $\int_{-\infty}^{\infty}$, vorausgesetzt, f ist (uneigentlich) integrierbar?

7.4 Integralrechnung

Lösung: a) Wir wenden Integration durch Substitution an (siehe [WHK, S. 231]). Sei F eine Stammfunktion zu f und $\varphi(x) = -x$. Dann erhalten wir

$$\int_{-a}^{c} f(x)dx \underbrace{=}_{f\ gerade} \int_{-a}^{c} f(-x)dx = -\int_{-a}^{c} f(-x)(-1)dx$$

$$= -\int_{-a}^{c} f(\varphi(x))\varphi'(x)dx = -(F(\varphi(c)) - F(\varphi(-a)))$$

$$= F(\varphi(-a)) - F(\varphi(c)) = F(a) - F(-c)$$

$$= \int_{-c}^{a} f(x)dx.$$

b) Genau wie eben erhalten wir

$$\int_{-a}^{c} f(x)dx \underbrace{=}_{f\ ungerade} -\int_{-a}^{c} f(-x)dx = \int_{-a}^{c} f(-x)(-1)dx$$

$$= \int_{-a}^{c} f(\varphi(x))\varphi'(x)dx = (F(\varphi(c)) - F(\varphi(-a)))$$

$$= -(F(\varphi(-a)) - F(\varphi(c))) = -(F(a) - F(-c))$$

$$= -\int_{-c}^{a} f(x)dx.$$

c) Wir gehen auf die Definition des Integrals $\int_{-\infty}^{\infty} f(x)dx$ aus [WHK, Definition 7.52] zurück und wählen als Zwischenpunkt $x_0 = 0$. Es ergibt sich also

$$\int_{-\infty}^{\infty} f(x)dx = \lim_{a \to \infty} \int_{-a}^{0} f(x)dx + \lim_{b \to \infty} \int_{0}^{b} f(x)dx.$$

Für eine gerade Funktion f erhalten wir aus a) $\int_{-a}^{0} f(x)dx = \int_{0}^{a} f(x)dx$, also $\int_{-\infty}^{\infty} f(x)dx = 2 \cdot \int_{0}^{\infty} f(x)dx$. Für eine ungerade Funktion ergibt sich $\int_{-a}^{0} f(x)dx = -\int_{0}^{a} f(x)dx$, also $\int_{-\infty}^{\infty} f(x)dx = \int_{0}^{\infty} f(x)dx - \int_{0}^{\infty} f(x)dx = 0$. Allgemeiner erhalten wir für eine gerade Funktion und ein beliebiges $a \in \mathbb{R}$ nach a) die Formel

$$\int_{-a}^{\infty} f(x)dx = \lim_{c \to \infty} \int_{-a}^{c} f(x)dx = \lim_{c \to \infty} \int_{-c}^{a} f(x)dx = \int_{-\infty}^{a} f(x)dx.$$

Aufgabe 7.15 a) Sei $f(x) = e^{-x^2/2}$ und $n \in \mathbb{N}$. Zeigen Sie bitte: $\int_{-\infty}^{\infty} x^{2n+1} f(x)dx = 0$ und $\int_{-\infty}^{\infty} x^2 f(x)dx = \sqrt{2\pi}$.
Dabei dürfen Sie $\int_{-\infty}^{\infty} e^{-x^2/2} dx = \sqrt{2\pi}$ benutzen.
Tipp: für Teil 1 die vorige Aufgabe, für Teil 2 partielle Integration.
b) Sei $f(x) = e^{-\lambda|x|}$ ($\lambda > 0$). Berechnen Sie bitte $\int_{-\infty}^{\infty} x^n f(x)dx$ für $n = 0, 1, 2$.

Lösung: a) Zunächst wollen wir zeigen, dass die Integrale

$$\int_{-\infty}^{\infty} x^n \exp(-x^2/2)dx$$

überhaupt existieren. Es ist

$$\begin{aligned}
x^n \exp(-x^2/2) &= \frac{x^n}{\exp(x^2/2)} \\
&= \frac{x^n}{1 + x^2/2 + x^4/(4 \cdot 2!) + \cdots} \\
&\leq \frac{x^{2n}}{x^{2n}/(2^n \cdot n!) + \frac{x^{2n+2}}{2^{n+1} \cdot (n+1)!}} \\
&= \frac{2^n \cdot n!}{1 + \frac{x^2}{2(n+1)}}.
\end{aligned}$$

Die rechts stehende Funktion ist aber über $\mathbb{R}$ integrierbar (substituieren Sie $y = \frac{x}{\sqrt{2(n+1)}}$). Nach dem Vergleichskriterium [WHK, Satz 7. 53] folgt die Integrierbarkeit von $x^n \exp(-x^2/2)$ über $\mathbb{R}$.

Nun ist $x^{2n+1} \exp(-x^2/2)$ ungerade. Aus der vorigen Aufgabe folgt die Behauptung.

Um das letzte Integral zu bewältigen, wenden wir partielle Integration an: $u = x$, $u' = 1$, $v' = x \exp(-x^2/2)$, $v = -\exp(-x^2/2)$. Einsetzen liefert

$$\int_{-\infty}^{\infty} x^2 \exp(-x^2/2)dx = -x\exp(-x^2/2)|_{-\infty}^{\infty} + \int_{-\infty}^{\infty} \exp(-x^2/2)dx = \sqrt{2\pi},$$

weil $\lim_{x \to \infty} |x| \exp(-x^2/2) = 0$ (siehe die Abschätzung zur Integrierbarkeit von $x^n \exp(-x^2/2)$).

Kapitel 8
Anwendungen

8

8 Anwendungen

8.1	Periodische Funktionen	179
8.2	Fouriertransformation	182
8.3	Skalare gewöhnliche Differentialgleichungen	183

8 Anwendungen

8.1 Periodische Funktionen

Eine Funktion $f : \mathbb{R} \to \mathbb{R}$ (oder auch $f : \mathbb{R} \to \mathbb{C}$) heißt periodisch mit Periode $a > 0$, wenn $f(x+a) = f(x)$ für alle $x \in \mathbb{R}$ gilt. Sinus und Cosinus sowie die komplexe Funktion $t \to \exp(it)$ haben 2π als Periode. Die Funktionen $t \to \sin(nt)$ usw. haben die Periode $2\pi/n$. Hat f die Periode a, so hat $t \to f(\frac{at}{2\pi}) = g(t)$ die Periode 2π. Denn es ist

$$g(t+2\pi) = f(\frac{a(t+2\pi)}{2\pi}) = f(\frac{at}{2\pi} + a) = f(\frac{at}{2\pi}) = g(t).$$

Man braucht für theoretische Zwecke also nur 2π-periodische Funktionen zu betrachten.

Aufgabe 8.1 (Periodische Fortsetzung von Funktionen)
a) Zeigen Sie bitte: Sei $x \in \mathbb{R}$ beliebig. Dann gibt es genau eine ganze Zahl $k(x)$ mit $2k(x)\pi - \pi \leq x < 2k(x)\pi + \pi$.
b) Sei f eine reellwertige oder komplexwertige Funktion auf dem Intervall $[-\pi, \pi[$. Wir definieren die Funktion g_f auf ganz $\mathbb{R}$ durch $g_f(x) = f(x - 2k(x)\pi)$ mit dem $k(x)$ aus Teil a) der Aufgabe. Zeigen Sie bitte: g_f ist 2π−periodisch und für $x \in [-\pi, \pi[$ ist $g_f(x) = f(x)$.
Bemerkung: g_f heißt die periodische Fortsetzung von f auf ganz $\mathbb{R}$. Ist die Funktion h auf ganz $\mathbb{R}$ definiert und 2π−periodisch, so ist h die periodische Fortsetzung von $h|_{[-\pi,\pi[}$.

Lösung: a) Zu jeder reellen Zahl y gibt es genau eine ganze Zahl $n(y)$ mit $n(y) \leq y < n(y) + 1$, nämlich $\max\{n \in \mathbb{Z} : n \leq y\}$. Wir bezeichnen sie mit $\lfloor y \rfloor$ (vergleiche [WHK, S. 75 oben], wo dies nur für rationale Zahlen gebildet wurde). Es soll $2k(x)\pi - \pi \leq x < 2k(x)\pi + \pi$ gelten. Diese Ungleichung gilt genau dann, wenn $k(x) \leq \frac{x+\pi}{2\pi} < k(x) + 1$ gilt. Also ist $k(x) = \lfloor \frac{x+\pi}{2\pi} \rfloor$. Für $x \in [-\pi, \pi[$ ist $k(x) = 0$.
b) Wir zeigen zunächst, dass g_f eindeutig erklärt ist. Aus $2\pi k(x) - \pi \leq x < 2k(x) + \pi$ folgt nämlich $-\pi \leq x - 2k(x)\pi < \pi$, also ist $x - 2k(x)\pi \in [-\pi, \pi[$. Wegen $k(x) = 0$ für $x \in [-\pi, \pi[$ ist $g_f(x) = f(x)$ für diese x, g_f setzt also die Funktion f von $[-\pi, \pi[$ auf ganz $\mathbb{R}$ fort. Schließlich ist g_f periodisch mit der Periode 2π. Denn sei x beliebig. Dann ist

$$k(x+2\pi) = \lfloor \frac{x+2\pi+\pi}{2\pi} \rfloor = \lfloor \frac{x+\pi}{2\pi} + 1 \rfloor = k(x) + 1.$$

Daraus folgt

$$g_f(x+2\pi) = f((x+2\pi) - 2\pi(k(x+2\pi))) = f(x + 2\pi - 2\pi(k(x)+1))$$
$$= f(x - 2k(x)\pi) = g_f(x).$$

Die reellen Fourierkoeffizienten einer reellen 2π-periodischen Funktion sind gegeben durch $\alpha_n = \frac{1}{\pi}\int_{-\pi}^{\pi} f(t)\cos(nt)dt$ und $\beta_n = \frac{1}{\pi}\int_{-\pi}^{\pi} f(t)\sin(nt)dt$. Die daraus resultierende Fourierreihe ist (gleich, ob die Reihe konvergiert oder nicht) $f(t) \sim \alpha_0/2 + \sum_{n=1}^{\infty}(\alpha_n \cos(nt) + \beta_n \sin(nt))$.

8.2 **Aufgabe 8.2** Berechnen Sie bitte die Fourier-Koeffizienten der folgenden Funktionen f, wobei für $x \in \mathbb{R}$ die Zahl $k(x)$ diejenige aus der vorigen Aufgabe ist.
a) $f(x) = x - 2\pi k(x)$.
b) $f(x) = \sin(x - 2\pi k(x))$.
c) $g(x) = (x - 2\pi k(x))^2$.

Tipp: Schauen Sie sich all die Funktionen im Abschnitt "Periodische Fouriertransformation" der Mathe-Visualisierungen an. Sie können dort die Funktion zeichnen lassen (jedenfalls im Intervall $[-\pi, \pi]$, unter "Anzahl der Fourierkoeffizienten" auswählen, wieviel Koeffizienten Sie sehen und ausrechnen lassen möchten und schließlich die entsprechende Approximation durch die Fourierreihe anschauen. Sie können auch die x-Achse verlängern (etwa von $-\pi$ bis 3π) und dann die periodische Fortsetzung g_f von zum Beispiel $f(x) = x$ eingeben. Dies Beispiel wird wegen seines Aussehens auch Sägezahnkurve genannt. Sie müssen für die Eingabe den Button "Benutzerdefinierte Funktionen" oben links anklicken und dann benutzerdefinierte partielle Funktionen wählen. Bei $f(x)$ geben Sie $x; x - 2 * \pi$ ein, bei Intervall $[-pi, pi); [pi, 3*pi)$. Lesen Sie dazu auch die Anleitung für das Programm.

Lösung: Da die angegebenen Funktionen stetig auf $[-\pi, \pi[$ mit einseitigem Grenzwert für $x \uparrow \pi$ sind, sind sie über $[-\pi, \pi[$ integrierbar.
In [WHK, Abschnitt 8.1] werden die Fourierkoeffizienten als Integrale von 0 bis 2π angegeben. Die Visualisierung benutzt aber statt dessen die Integrale von $-\pi$ bis π. Dass dabei dasselbe herauskommt, begründen wir zunächst:
Behauptung: Für eine 2π-periodische Funktion f ist

$$\int_{-\pi}^{\pi} f(x)dx = \int_{0}^{2\pi} f(x)dx.$$

8.1 Periodische Funktionen

Beweis: Es ist

$$\int_{-\pi}^{\pi} f(x)dx = \int_{-\pi}^{0} f(x)dx + \int_{0}^{\pi} f(x)dx$$

$$= \int_{0}^{\pi} f(x)dx + \int_{-\pi}^{0} f(x)dx$$

$$\underset{f(x)=f(x+2\pi)}{=} \int_{0}^{\pi} f(x)dx + \int_{-\pi}^{0} f(x+2\pi)dx$$

$$\underset{Integr.\,d.\,Subst.}{=} \int_{0}^{\pi} f(x)dx + \int_{\pi}^{2\pi} f(x)dx$$

$$= \int_{0}^{2\pi} f(x)dx.$$

Bemerkung: Es gilt sogar allgemeiner $\int_{0}^{2\pi} f(x)dx = \int_{a}^{a+2\pi} f(x)dx$, was nicht viel schwieriger zu beweisen ist.

a) Wir müssen die Fourierkoeffizienten von f berechnen. $x \to x$ ist eine ungerade Funktion auf $[-\pi, \pi]$. Daher erhalten wir eine reine Sinus-Reihe (siehe [WHK, S. 252 Mitte]). Es ist
$\int_{-\pi}^{\pi} f(x)\sin(nx)dx = \int_{-\pi}^{\pi} x\sin(nx)dx$. Partielle Integration mit $u = x$, $u' = 1$, $v' = \sin(nx)$, $v = -1/n \cdot \cos(nx)$ liefert

$$\int_{-\pi}^{\pi} x\sin(nx)dx = \frac{-u\cos(nx)}{n}\bigg|_{-\pi}^{\pi} + \frac{\sin(nx)}{n^2}\bigg|_{-\pi}^{\pi} = 2(-1)^{n-1}\pi/n.$$

Damit ergeben sich die Fourier-Koeffizienten zu $\beta_n = \frac{1}{\pi}\int_{-\pi}^{\pi} x\sin(nx)dx = (-1)^{n-1}2/n$, die Sinusreihe lautet also

$$f(x) \sim 2\left(\frac{\sin(x)}{1} - \frac{\sin(2x)}{2} + \frac{\sin(3x)}{3} - \cdots\right).$$

b) Es ist $f|_{[-\pi,\pi]} = \sin(x)$. Aus der Eindeutigkeit der Fourierreihe ([WHK, Satz 8.6]) folgt, dass alle Fourierkoeffizienten verschwinden bis auf den ersten des Sinus-Anteils, kurz: $\alpha_n = 0$ für alle n, $\beta_n = 0$ für alle $n \neq 1$ und $\beta_1 = 1$.

c) $x \to x^2$ ist eine gerade Funktion, also hat sie eine reine Cosinusreihe. Um eine Stammfunktion zu $x^2\cos(nx)$ für $n \geq 1$ zu bestimmen, verwendet man partielle Integration. Wir setzen $u = x^2$, $u' = 2x$, $v' = \cos(nx)$, $v = \frac{\sin(nx)}{n}$ und erhalten $\int x^2\cos(nx) = x^2\frac{\sin(x)}{n} - \frac{2}{n}\int x\sin(nx)dx$. Dieses letzte Integral haben wir oben berechnet. Insgesamt ergibt sich

$$\int x^2\cos(nx) = \frac{x^2\sin(nx)}{n} + \frac{2x\cos(nx)}{n^2} - \frac{2\sin(nx)}{n^3} + \text{const}.$$

Auswertung an den Grenzen liefert für $n \geq 1$ wegen $\sin(n\pi) = 0$

$$\alpha_n = \frac{1}{\pi}\int_{-\pi}^{\pi} x^2 \cos(nx)dx = (-1)^n \cdot \frac{4}{n^2}.$$

Wir bestimmen $\alpha_0 = \frac{1}{\pi}\int_{-\pi}^{\pi} x^2 dx = 2\pi^2/3$. Damit ergibt sich die Fourierreihe

$$x^2 \sim \pi^2/3 + 4 \cdot \sum_{n=1}^{\infty}(-1)^n \frac{\cos(nx)}{n^2}.$$

Analog zu Aufgabe 6.5 erhält man, dass die Reihe gleichmäßig konvergiert. Nach [WHK, Korollar 8.7] konvergiert sie tatsächlich gleichmäßig auf ganz $\mathbb{R}$ gegen die gegebene Funktion $f(x) = (x - 2k(x)\pi)^2$. Schauen Sie sich das am Computer an.

8.2 Fouriertransformation

Die Fouriertransformierte $\hat{f}$ einer reellen, auf ganz $\mathbb{R}$ definierten Funktion f ist gegeben durch $\hat{f}(u) = \int_{-\infty}^{\infty} f(x)\exp(-iux)dx$. Sie wird in der Nachrichtentechnik und bei der Signalverarbeitung benötigt.

Aufgabe 8.3 Berechnen Sie bitte die Fouriertransformierte der folgenden Funktionen:
a) $f(x) = 1_{[0,1]}(x)$.
b) $f(x) = x \, 1_{[0,1]}(x)$.

Lösung: Wir notieren zunächst, dass für $u \neq 0$ eine Stammfunktion zu $\exp(-iux) = \cos(ux) - i\sin(ux)$ gerade $\frac{\sin(ux)}{u} + i\frac{\cos(ux)}{u} = \frac{i}{u}\exp(-iux)$ ist. Damit können wir formal wie im Reellen partiell integrieren.
a) Für $u = 0$ erhalten wir $\hat{f}(0) = \int_{-\infty}^{\infty} 1_{[0,1]}(x)dx = \int_0^1 dx = 1$. Für $u \neq 0$ ist

$$\hat{f}(u) = \int_{-\infty}^{\infty} 1_{[0,1]}(x)\exp(-iux)dx$$
$$= \int_0^1 \exp(-iux)dx = \frac{i}{u}\exp(-iux)|_0^1$$
$$= \frac{i}{u}(\exp(-iu) - 1).$$

b) Für $u = 0$ ergibt sich $\hat{f}(u) = \int_0^1 x\,dx = 1/2$. Für $u \neq 0$ integrieren wir $\int x\exp(-iux)dx$ partiell durch $u = x$, $u' = 1$, $v' = \exp(-iux)$, $v = i\exp(-iux)/u$. Es ergibt sich als Stammfunktion

$$ix\frac{\exp(-iux)}{u} - \frac{i}{u}\int \exp(-iux) = ix\exp(-iux)/u + \exp(-iux)/u^2.$$

Da wir nur von 0 bis 1 integrieren müssen, erhalten wir

$$\hat{f}(u) = \frac{i}{u}\exp(-iu) + \frac{1}{u^2}\left(\exp(-iu) - 1\right).$$

8.3 Skalare gewöhnliche Differentialgleichungen

Differentialgleichungen sind Gleichungen, bei denen neben der gesuchten Funktion auch ihre Ableitungen auftreten. Unter anderem werden kontinuierliche Wachstums- und Zerfallsprozesse sowie Schwingungsphänomene durch Differentialgleichungen beschrieben.

Aufgabe 8.4 Es liege ein Zerfallsprozess vor, der also durch die Differentialgleichung $\dot{y}(t) = -\alpha y(t)$ beschrieben wird, wo $\alpha > 0$ ist. Nach welcher Zeitdauer ist die zum Startzeitpunkt t_0 vorhandene Stoffmenge auf die Hälfte gesunken? Diese Zeitdauer heißt Halbwertzeit des Stoffes und hängt nur von α ab.

Lösung: Sei zum Startzeitpunkt t_0 die Stoffmenge $y_0 > 0$ vorhanden. Die Lösung der Differentialgleichung lautet dann (vergl. [WHK, Satz 8.19], [St, Abschnitt 16.4]) $y(t) = y_0 \cdot \exp(-\alpha(t - t_0))$. Da $\alpha > 0$ ist $\lim_{t\to\infty} y(t) = 0$. Wir bestimmen den Zeitpunkt t_H, zu dem $y(t_H) = y_0/2$ gilt. Aus $y_0/2 = y_0 \cdot \exp(-\alpha(t_H - t_0))$ erhalten wir $1/2 = \exp(-\alpha(t_H - t_0))$ und daraus (durch Logarithmieren) $-\ln(2) = -\alpha(t_H - t_0)$. Damit erhält man $t_H - t_0 = \frac{\ln(2)}{\alpha}$. Die Größe $t_H - t_0$ ist gerade die Halbwertszeit.

Aufgabe 8.5 Die allgemeine homogene lineare Schwingungsgleichung lautet $A\ddot{x}(t) + B\dot{x}(t) + Cx(t) = 0$, wo A, B, C reell und $A, C > 0$ sind. Die Anfangswerte $x(0) = x_0$, $\dot{x}(0) = v_0$ sind vorgegeben. Versuchen Sie, diese Gleichung in $\mathbb{C}$ zu lösen und dann Real- und Imaginärteil für sich zu betrachten. Machen Sie dazu den Ansatz $x(t) = \gamma \exp(i\omega t)$, wo γ eine reelle Konstante ist.
Bemerkung: Diese Gleichung tritt bei elektrischen Schaltkreisen auf.

Lösung: Zunächst zeigen wir: sei $z(t)$ eine Lösung der Differentialgleichung, die den Anfangsbedingungen genügt, das heißt $z(0) = x_0$, $\dot{z}(0) = v_0$ genügt.

Dann erfüllt der Realteil $x(t) = \Re(z(t))$ ebenfalls die Gleichung und die Anfangsbedingungen.

Zunächst zu den Anfangsbedingungen: diese sind reell, bilden also den Realteil für $t = 0$ der komplexwertigen Lösung $z(t)$ und damit erfüllt auch der Realteil von z diese Bedingungen.

Es ist $A\ddot{z}(t) + B\dot{z}(t) + Cz(t) = 0$. Dabei sind A, B, C reelle Konstanten. Wegen $z^{(n)}(t) = \Re(z)^{(n)}(t) + i\,\Im(z)^{(n)}(t)$ für $n = 0, 1, 2, \ldots$ (Grenzübergänge wie zum Beispiel gerade die Ableitung werden "koordinatenweise", also für Realteil und Imaginärteil gesondert gemacht) folgt

$$0 = \ddot{\Re}(Az(t)) + \dot{\Re}(Bz(t)) + \Re(Cz(t)) = A\ddot{\Re}(z(t)) + B\dot{\Re}(z(t)) + C\Re(z(t)),$$

also ist $\Re(z(t))$ tatsächlich eine Lösung der Schwingungsgleichung mit den passenden Anfangswerten.

Für $x(t) = \gamma \exp(i\omega t)$ erhalten wir $\dot{x}(t) = i\omega\gamma \exp(i\omega t)$ und $\ddot{x}(t) = -\omega^2 \gamma \exp(i\omega t)$. Einsetzen in die Gleichung liefert

$$-A\omega^2 \gamma \exp(i\omega t) + i\omega B\gamma \exp(i\omega t) + C\gamma \exp(i\omega t) = (-A + i\omega + C)\gamma \exp(i\omega t)$$
$$= 0.$$

Wir nehmen $\gamma \neq 0$ an. Division durch $\gamma \exp(i\omega t)$ führt auf die quadratische Gleichung

$$A\omega^2 - iB\omega - C = 0,$$

die wir nach der sog. Mitternachtsformel lösen. Es ergibt sich

$$\omega_{1/2} = \frac{iB}{A} \pm \sqrt{-\frac{B^2}{4A^2} + \frac{C}{A}}.$$

(I) $B = 0$ ergibt die Lösungen $\gamma \exp(\pm it\sqrt{C/A})$, die aber noch nicht die Anfangsbedingungen erfüllen, also nicht die vorgegebenen Anfangswerte annehmen. Mit $\exp(i \pm \omega t)$ sind auch $\gamma \exp(i\omega t) + \delta \exp(-i\omega t)$ Lösungen, wie Sie durch Nachrechnen nachprüfen können. Wir bestimmen nun γ und δ so, dass die vorgegebenen Anfangswerte angenommen werden. Wir setzen $t = 0$ und erhalten das Gleichungssystem

$$\gamma + \delta = x_0,$$
$$\gamma - \delta = -\frac{iv_0}{\omega}.$$

8.3 Skalare gewöhnliche Differentialgleichungen

Hieraus ergibt sich

$$\gamma = x_0 - i\frac{v_0}{\omega},$$
$$\delta = x_0 + i\frac{v_0}{\omega}.$$

Damit ist die komplexe Lösung im Fall $B = 0$ bestimmt:

$$x(t) = (x_0 - i\frac{v_0}{\omega})\exp(i\omega t) + (x_0 + i\frac{v_0}{\omega})\exp(-i\omega t), \qquad \omega = \sqrt{C/A}.$$

Der Realteil ist $r(t) = x_0 \cos(\omega t) + \frac{v_0}{\omega}\sin(\omega t)$.

(II) Wir behandeln nun den Fall $B \neq 0$. Wir setzen $\omega_0 = \sqrt{-\frac{B^2}{4A^2} + \frac{C}{A}}$ und erhalten jetzt als Lösungen $\gamma \exp((i^2 B/A \pm i\omega_0)t) = \gamma \exp(-\frac{B}{A}t)\exp(\pm i\omega_0 t)$. Ist $B < 0$, so ist der Exponent im ersten Faktor positiv, es gilt also $\lim_{t \to \infty} |x(t)| = \infty$. Das ist physikalisch unsinnig.

Für $B > 0$ wird das System gedämpft, denn es gilt $\lim_{t \to \infty} x(t) = 0$. Ist $B^2/A^2 < C/A$, so ist ω_0 reell, also $\exp(\pm i\omega_0 t) = \cos(\omega_0 t) \pm i\sin(\omega_0 t)$, es liegen als wirklich Schwingungen der Periode $(2\pi)/\omega_0$ vor. Ist dagegen $B^2/A^2 > C/A$, so ist $\omega_0 = i\sqrt{B^2/A^2 - C/A}$ und damit

$$\exp(i\omega_0 t) = \exp(-t\sqrt{B^2/A^2 - C/A}),$$

es tritt also zusätzliche Dämpfung auf, aber es finden keine Schwingungen mehr statt.

Zum Fall $B = 0$ analoge Rechnungen liefern für $B^2/A^2 < C/A$

$$x(t) = (x_0 - i\frac{v_0}{\omega_0})\exp(-\frac{B}{A}t)\exp(i\omega_0 t) + (x_0 + i\frac{v_0}{\omega_0})\exp(-\frac{B}{A}t)\exp(-i\omega_0 t).$$

Als Realteil erhalten wir damit $r(t) = \exp(-\frac{B}{A}t)(x_0 \cos(\omega_0 t) + \frac{v_0}{\omega_0}\sin(\omega_0 t))$.

Kapitel 9

Einführung in die Vektorrechnung

9

9	**Einführung in die Vektorrechnung**	
9.1	Vektorrechnung in $\mathbb{R}^2$ und $\mathbb{R}^3$	189
9.2	Lineare Unabhängigkeit in $\mathbb{R}^2$, $\mathbb{R}^3$ und $\mathbb{C}^\mathbb{R}$	190

9

9 Einführung in die Vektorrechnung

9.1 Vektorrechnung in $\mathbb{R}^2$ und $\mathbb{R}^3$

Für die Visualisierung der Vektorrechnung benutzen Sie bitte das Applet "Vektoren in der Ebene". Addition und Multiplikation mit Skalaren geschieht koordinatenweise. Das bedeutet für Vektoren in der Ebene $\mathbb{R}^2$:
$\begin{pmatrix} x \\ y \end{pmatrix} + \begin{pmatrix} x' \\ y' \end{pmatrix} = \begin{pmatrix} x + x' \\ y + y' \end{pmatrix}$ *und* $\alpha \cdot \begin{pmatrix} x \\ y \end{pmatrix} = \begin{pmatrix} \alpha x \\ \alpha y \end{pmatrix}$. *Für Vektoren im Raum $\mathbb{R}^3$ ist analog in einer Formel zusammengefasst:*

$$\alpha \begin{pmatrix} x_1 \\ x_2 \\ x_3 \end{pmatrix} + \beta \begin{pmatrix} y_1 \\ y_2 \\ y_3 \end{pmatrix} = \begin{pmatrix} \alpha x_1 + \beta y_1 \\ \alpha x_2 + \beta y_2 \\ \alpha x_3 + \beta y_3 \end{pmatrix}.$$

Aufgabe 9.1 Berechnen Sie bitte die folgenden Ausdrücke von Vektoren in der Ebene bzw. im Raum:

a) $\begin{pmatrix} 1 \\ 2 \end{pmatrix} + \begin{pmatrix} 2 \\ -4 \end{pmatrix}$.

b) $1/2 \begin{pmatrix} 4 \\ -6 \end{pmatrix} + 1/5 \begin{pmatrix} -10 \\ 15 \end{pmatrix}$.

c) $\begin{pmatrix} 1 \\ 1 \\ 2 \end{pmatrix} + \begin{pmatrix} 0 \\ -3 \\ 5 \end{pmatrix}$.

d) $3/2 \begin{pmatrix} 2/3 \\ 6/5 \\ 10 \end{pmatrix} - 6 \begin{pmatrix} 1/6 \\ 5/3 \\ -1 \end{pmatrix}$

Lösung: a) $\begin{pmatrix} 1 \\ 2 \end{pmatrix} + \begin{pmatrix} 2 \\ -4 \end{pmatrix} = \begin{pmatrix} 1+2 \\ 2-4 \end{pmatrix} = \begin{pmatrix} 3 \\ -2 \end{pmatrix}$.

b) $1/2 \begin{pmatrix} 4 \\ -6 \end{pmatrix} + 1/5 \begin{pmatrix} -10 \\ 15 \end{pmatrix} = \begin{pmatrix} 4 \cdot 1/2 - 10 \cdot 1/2 \\ (-6) \cdot 1/2 + 15 \cdot 1/5 \end{pmatrix} = \begin{pmatrix} 0 \\ 0 \end{pmatrix}$.

c) $\begin{pmatrix} 1 \\ 1 \\ 2 \end{pmatrix} + \begin{pmatrix} 0 \\ -3 \\ 5 \end{pmatrix} = \begin{pmatrix} 1+0 \\ 1-3 \\ 2+5 \end{pmatrix} = \begin{pmatrix} 1 \\ -2 \\ 7 \end{pmatrix}$.

d) $3/2 \begin{pmatrix} 2/3 \\ 6/5 \\ 10 \end{pmatrix} - 6 \begin{pmatrix} 1/6 \\ 5/3 \\ -1 \end{pmatrix} = \begin{pmatrix} \frac{3}{2} \cdot 2/3 - 6 \cdot 1/6 \\ \frac{3}{2} \cdot 6/5 - 6 \cdot 5/3 \\ \frac{3}{2} \cdot 10 - 6 \cdot (-1) \end{pmatrix} = \begin{pmatrix} 0 \\ -41/5 \\ 21 \end{pmatrix}$.

9.2 Lineare Unabhängigkeit in $\mathbb{R}^2$, $\mathbb{R}^3$ und $\mathbb{C}^\mathbb{R}$

Zwei Vektoren x und y heißen linear unabhängig, wenn $\alpha x + \beta y = 0$ nur für $\alpha = \beta = 0$ gilt. Zwei linear unabhängige Vektoren x und y spannen die Ebene $E(x,y) = \{\alpha x + \beta y : \alpha, \beta \in \mathbb{R}\}$ auf.

Aufgabe 9.2 Sei $\mathbb{K} = \mathbb{R}$ und sei $b_1 = \binom{1}{1}$, $b_2 = \binom{1}{-1}$.
a) Bestimmen Sie im Folgenden die unbekannten Elemente a_1 und a_2 aus $\mathbb{R}$, so dass die angegebenen Gleichungen erfüllt sind:
(1) $a_1 b_1 + a_2 b_2 = \binom{1}{0}$,
(2) $a_1 b_1 + a_2 b_2 = \binom{0}{1}$.
b) Zeigen Sie bitte: Zu jedem Vektor $u = \binom{u_1}{u_2}$ gibt es eindeutig bestimmte Zahlen x_1 und x_2 (aus $\mathbb{R}$) mit $u = x_1 b_1 + x_2 b_2$. Wie hängen x_1, x_2 mit u und den Lösungen aus (1) und (2) zusammen?

Lösung: a) Ausführlich geschrieben lautet die erste Gleichung

$$a_1 \binom{1}{1} + a_2 \binom{1}{-1} = \binom{a_1 + a_2}{a_1 - a_2} = \binom{1}{0}.$$

Zwei Vektoren sind gleich, wenn alle ihre Koordinaten gleich sind. Wir erhalten also das Gleichungssystem
$$\begin{aligned} a_1 + a_2 &= 1 \\ a_1 - a_2 &= 0 \end{aligned}$$
das wir mit Schulmethoden lösen. Es ergibt sich $2a_1 = 1$, $2a_2 = 1$, also $a_1 = 1/2 = a_2$. Den zweiten Teil von a) löst man genau so und erhält $a_1 = 1/2$, $a_2 = -1/2$.

b) Sei $\binom{1}{0} = e_1$, $\binom{0}{1} = e_2$. Dann ist $u = u_1 e_1 + u_2 e_2 = u_1(b_1/2 + b_2/2) + u_2(b_1/2 - b_2/2) = 1/2\,(u_1 + u_2)b_1 + 1/2\,(u_1 - u_2)b_2$. Wir erhalten also $x_1 = (u_1 + u_2)/2$ und $x_2 = (u_1 - u_2)/2$. Damit ist der Zusammenhang mit den Lösungen aus a) bereits geklärt. Die Frage ist, ob es andere Zahlen y_1, y_2 mit $u = y_1 b_1 + y_2 b_2$ gibt. Angenommen, man hat solche y_1, y_2. Dann gilt $0 = u - u = (x_1 - y_1)b_1 + (x_2 - y_2)b_2$. Setzen wir $z_j = x_j - y_j$, so erhalten wir die Gleichung $0 = z_1 b_1 + z_2 b_2$. Vektoren sind gleich, wenn ihre Koordinaten gleich sind. Daher erhalten wir das Gleichungssystem
$$\begin{aligned} z_1 + z_2 &= 0 \\ z_1 - z_2 &= 0 \end{aligned}$$
das wir wieder mit Methoden aus der Schule lösen. Wir erhalten (vergleiche a)) $z_1 = z_2 = 0$, also $x_1 = y_1$ und $x_2 = y_2$. Das beweist, dass es eindeutig bestimmte x_1, x_2 mit $u = x_1 b_1 + x_2 b_2$ gibt.

9.2 Lineare Unabhängigkeit in $\mathbb{R}^2$, $\mathbb{R}^3$ und $\mathbb{C}^\mathbb{R}$

Aufgabe 9.3 Sei E die von den Vektoren

$$v = \begin{pmatrix} 1 \\ 1 \\ 0 \end{pmatrix} \text{ und } w = \begin{pmatrix} 0 \\ 0 \\ 1 \end{pmatrix}$$

aufgespannte Ebene $E(v, w)$ im Raum (siehe [WHK, S. 273]). Zeigen Sie bitte, dass diese Ebene auch von den Vektoren $v' = \begin{pmatrix} 2 \\ 2 \\ 2 \end{pmatrix}$ und $w' = \begin{pmatrix} -1 \\ -1 \\ 1 \end{pmatrix}$ aufgespannt wird.

Lösung: Wir zeigen zunächst, dass v' und w' in der Ebene $E(v, w)$ liegen. Dann beweisen wir, dass damit auch die von v' und w' aufgespannte Ebene $E(v', w')$ in $E(v, w)$ enthalten ist. Dann zeigen wir, dass v, w in $E(v', w')$ liegen. Daraus folgt dann analog zum Vorigen, dass auch $E(v, w)$ in $E(v', w')$ liegt. Wir haben also $E(v', w') \subseteq E(v, w) \subseteq E(v', w')$, woraus die Gleichheit folgt.

Wir zeigen also zunächst, dass v' und w' in der Ebene E liegen: es ist $v' = 2v + 2w \in E$ und $w' = -v + w \in E$. Wir zeigen nun, dass dann auch $E(v', w') \subseteq E(v, w)$ ist. Für $r, s \in \mathbb{R}$ ist nämlich $rv' + sw' = 2rv + 2sw - sv + sw = (2r - s)v + 3sw$, also ist die von v' und w' aufgespannte Ebene in E enthalten.

Wir behaupten nun, dass $v = av' + bw'$ für bestimmte $a, b \in \mathbb{R}$. Das bedeutet

$$v = \begin{pmatrix} 1 \\ 1 \\ 0 \end{pmatrix} = a \begin{pmatrix} 2 \\ 2 \\ 2 \end{pmatrix} + b \begin{pmatrix} -1 \\ -1 \\ 1 \end{pmatrix}$$

mit bestimmten Skalaren a und b. Berücksichtigen wir, dass Vektoren in $\mathbb{R}^3$ gleich sind, wenn alle ihre Koordinaten gleich sind, so erhalten wir das folgende Gleichungssystem für a und b:

$$\begin{array}{rcrcl} 2a & - & b & = & 1 \\ 2a & - & b & = & 1 \\ 2a & + & b & = & 0 \end{array}.$$

Aus der letzten Gleichung folgt $b = -2a$. Setzt man dies in die erste Gleichung ein, so ergibt sich $a = 1/4$ und damit $b = -\frac{1}{2}$.

Entsprechend bestimmen wir Skalare a und b mit

$$w = \begin{pmatrix} 0 \\ 0 \\ 1 \end{pmatrix} = a \begin{pmatrix} 2 \\ 2 \\ 2 \end{pmatrix} + b \begin{pmatrix} -1 \\ -1 \\ 1 \end{pmatrix}.$$

Wir schreiben das zugehörige Gleichungssystem nicht mehr hin. Aus der Gleichung für die erste Koordinate erhält man $b = 2a$. Setzt man dies in die Gleichung für die dritte Koordinate ein, so ergibt sich $4a = 1$, also $a = 1/4$ und damit $b = 1/2$.

Daher liegt nun auch $E(v,w)$ in $E(v',w')$ (vergleiche oben den Beweis für $E(v',w') \subseteq E(v,w)$). Damit ist die Aufgabe gelöst.

9.4

Aufgabe 9.4 Zeigen Sie bitte:

a) Sei $b_1 = \begin{pmatrix} 1 \\ 1 \\ 0 \end{pmatrix}$, $b_2 = \begin{pmatrix} 1 \\ -1 \\ 0 \end{pmatrix}$, $b_3 = \begin{pmatrix} 0 \\ 0 \\ 1 \end{pmatrix}$.

Ist $x_1 b_1 + x_2 b_2 + x_3 b_3 = 0$ ($x_j \in \mathbb{R}$), so ist $x_1 = x_2 = x_3 = 0$.

b) Wir betrachten den Vektorraum $\mathbb{C}^{\mathbb{R}}$ aller Funktionen von $\mathbb{R}$ in $\mathbb{C}$ mit den Verknüpfungen
$f + g : t \mapsto (f+g)(t) := f(t) + g(t)$, $\lambda f : t \mapsto (\lambda f)(t) := \lambda f(t)$).
Sei $f_n(t) = e^{int}$ ($n \in \mathbb{Z}$). Sei $n_j \neq n_k$ für $j \neq k$. Ist $x_1 f_{n_1} + x_2 f_{n_2} + \cdots + x_p f_{n_p} = 0$ ($x_j \in \mathbb{C}$), so ist $x_1 = \cdots = x_p = 0$.
Tipp: Multiplizieren Sie die Gleichung mit $\bar{f}_{n_k}$ und integrieren Sie sie von 0 bis 2π.
Bemerkung: Das Ergebnis besagt in a), dass b_1, b_2, b_3 linear unabhängig sind, in b), dass die Menge der Funktionen $\{f_n : n \in \mathbb{Z}\}$ linear unabhängig ist.

Lösung: a) Die Gleichung besagt ausführlich hingeschrieben:

$$\begin{pmatrix} x_1 \\ x_1 \\ 0 \end{pmatrix} + \begin{pmatrix} x_2 \\ -x_2 \\ 0 \end{pmatrix} + \begin{pmatrix} 0 \\ 0 \\ x_3 \end{pmatrix} = \begin{pmatrix} x_1 + x_2 \\ x_1 - x_2 \\ x_3 \end{pmatrix} = \begin{pmatrix} 0 \\ 0 \\ 0 \end{pmatrix}.$$

Vektoren sind gleich, wenn alle ihre Koordinaten gleich sind. Daraus folgt sofort $x_3 = 0$. Die ersten beiden Koordinaten führen auf ein Gleichungssystem, das wir in der vorigen Aufgabe, Teil b) schon gelöst haben. Es ergab sich $x_1 = x_2 = 0$.

b) Wir benutzen den Tipp. Es ist

$$\bar{f}_m(t) f_n(t) = \exp(i(n-m)t) = \begin{cases} 1 & m = n \\ \exp(i(n-m)t) & \text{sonst} \end{cases}.$$

Damit ergibt sich

$$\int_0^{2\pi} \exp(i(n-m)t) dt = \begin{cases} 2\pi & m = n \\ \frac{1}{i(n-m)} \exp(i(n-m)t) \big|_0^{2\pi} = 0 & \text{sonst} \end{cases}, \quad (13)$$

9.2 Lineare Unabhängigkeit in $\mathbb{R}^2$, $\mathbb{R}^3$ und $\mathbb{C}^\mathbb{R}$

weil $\exp(ikt) = \cos(kt) + i\sin(kt)$ für $k \neq 0$ periodisch mit Periode 2π ist. Wir multiplizieren nun die Gleichung $0 = x_1 f_{n_1} + x_2 f_{n_2} + \cdots + x_p f_{n_p}$ zunächst mit $\bar{f}_{n_1}$ und integrieren sie anschließend. Wir erhalten

$$0 = \int_0^{2\pi} (x_1 \cdot 1 + x_2 \exp(i(n_2 - n_1)t) + \cdots + x_p \exp(i(n_p - n_1)t) dt \underbrace{=}_{} 2\pi x_1, \quad (13)$$

woraus $x_1 = 0$ folgt. Für einen beliebigen Index n_j gehen wir analog vor und erhalten $2\pi x_j = 0$. Insgesamt folgt $x_1 = \cdots = x_p = 0$.

Kapitel 10
Vektorräume, lineare Abbildungen und Matrizen

10 Vektorräume, lineare Abbildungen und Matrizen

- **10.1** Einführung **197**
- **10.2** Lineare Abbildungen **198**
- **10.3** Matrizen **200**
- **10.4** Determinanten **207**
- **10.5** Eigenwerte linearer Abbildungen **208**
- **10.6** Skalarprodukt auf $\mathbb{R}^p$ **209**

10 Vektorräume, lineare Abbildungen und Matrizen

10.1 Einführung

Bisher hatten wir Vektorrechnung mit konkreten Vektorräumen $\mathbb{R}^2$ und $\mathbb{R}^3$, sowie dem Vektorraum aller komplexen Funktionen auf $\mathbb{R}$ behandelt. Um den möglichen Anwendungsbereich für das Wesentliche an diesen Strukturen zu erweitern, führt man abstrakt den Begriff des Vektorraumes V über einem Körper $\mathbb{K}$ ein: V heißt Vektorraum über $\mathbb{K}$, wenn $(V,+)$ eine (additiv geschriebene) kommutative Gruppe ist und eine Multiplikation
$\mathbb{K} \times V \to V$, $(\alpha, x) \to \alpha x$ *von Skalaren(das sind Elemente aus $\mathbb{K}$) mit Vektoren erklärt ist, die die folgenden Eigenschaften hat:*
(i) $\alpha(x+y) = \alpha x + \alpha y$.
(ii) $(\alpha + \beta)x = \alpha x + \beta x$.
(iii) $((\alpha\beta)x = \alpha(\beta x)$.
(iv) $1 \cdot x = x$.
Dabei sind α, β Skalare und x, $y \in V$ Vektoren.
Ein Ausdruck der Form $\alpha_1 x_1 + \alpha_2 x_2 + \cdots + \alpha_n x_n$ heißt Linearkombination der $x_1, \ldots, x_n$.
Sei V ein Vektorraum über $\mathbb{K}$. Eine Menge $U \subseteq V$ heißt Unterraum, wenn U eine Untergruppe der additiven Gruppe $(V,+)$ ist, die abgeschlossen gegenüber der Multiplikation mit Skalaren ist, das heißt, für die gilt: $x \in U$ und $\alpha \in \mathbb{K}$ impliziert $\alpha x \in U$. U ist dann selbst ein Vektorraum über $\mathbb{K}$. U ist genau dann ein Unterraum, wenn mit $x, y \in U$ auch jede Linearkombination von x und y in U liegt.
Die Menge $\{x_1, \ldots x_n\} \subseteq V$ heißt linear unabhängig, wenn $\alpha_1 x_1 + \alpha_2 x_2 + \cdots + a_n x_n = 0$ nur für $\alpha_1 = \cdots = \alpha_n = 0$ möglich ist. Sie heißt Basis, , wenn sie linear unabhängig ist und jedes x in V sich als Linearkombination der $x_1, \ldots, x_n$ darstellen lässt. Diese Darstellung ist dann eindeutig. Besitzt V eine Basis aus n Elementen, so heißt n die Dimension von V.

198   10. Vektorräume, lineare Abbildungen und Matrizen

In $\mathbb{K}^n$ bezeichnet man die Basis $(e_1, \ldots, e_n)$ mit den Vektoren

$$e_j = \begin{pmatrix} 0 \\ 0 \\ \vdots \\ 0 \\ 1 \ (j.\ \text{Stelle}) \\ 0 \\ \vdots \\ 0 \end{pmatrix}$$

als kanonische Basis.

Die Abbildungen zwischen Vektorräumen über dem gleichen Körper $\mathbb{K}$, die mit der Vektorraum-Struktur verträglich sind, sind besonders wichtig. Eine solche Abbildung heißt linear. Genauer bedeutet dies: Seien V, W Vektorräume über $\mathbb{K}$. Eine Abbildung $A : V \to W$ heißt linear, wenn stets $A(\alpha x + \beta y) = \alpha A(x) + \beta A(y)$ ist.

Der Umgang mit diesen zunächst sehr abstrakten Begriffen wird in der folgenden Aufgabe trainiert.

10.2 Lineare Abbildungen

Aufgabe 10.1 Seien V, W Vektorräume über dem Körper $\mathbb{K}$ und $\alpha : V \to W$ eine lineare Abbildung. Zeigen Sie bitte:
a) $\ker(\alpha) = \{x \in V : \alpha(x) = 0\}$ ist ein Unterraum von V.
b) α ist genau dann injektiv, wenn $\ker(\alpha) = \{o\}$ gilt.
c) Ist α bijektiv, so ist die Umkehrabbildung α^{-1} wieder linear.

Lösung: a) Wir zeigen, dass jede Linearkombination zweier Elemente aus $\ker(\alpha)$ wieder in $\ker(\alpha)$ liegen: Seien $x, y \in \ker(\alpha)$ und $u, v \in \mathbb{K}$. Dann gilt

$$\alpha(ux + vy) \underbrace{=}_{\alpha\,\text{linear}} u\alpha(x) + v\alpha(y) \underbrace{=}_{x,y \in \ker(\alpha)} u \cdot o + v \cdot o = o.$$

Also ist $ux + vy$ in $\ker(\alpha)$ und damit ist $\ker(\alpha)$ ein Unterraum.
b) Ist α injektiv, so hat auch o nur ein Urbild, nämlich $o \in V$, also ist $\ker(\alpha) = \{o\}$. Sei umgekehrt $\ker(\alpha) = \{o\}$. Wir müssen zeigen: Ist $\alpha(x) = \alpha(y)$, so ist $x = y$. Seien $x, y \in V$ mit $\alpha(x) = \alpha(y)$. Dann ist $\alpha(x - y) = \alpha(x) - \alpha(y) = o$.

10.2 Lineare Abbildungen

Daraus folgt $x - y \in \ker(\alpha) = \{o\}$, also $x - y = o$. Das bedeutet $x = y$, und damit ist α injektiv.

c) Wir müssen $\alpha^{-1}(ux + vy) = u\alpha^{-1}(x) + v\alpha^{-1}(y)$ zeigen. Da α linear ist, ist

$$\alpha(u\alpha^{-1}(x) + v\alpha^{-1}(y)) = u\alpha(\alpha^{-1}(x)) + v\alpha(\alpha^{-1}(y)) = ux + vy.$$

Wir wenden α^{-1} auf diese Gleichungskette an und erhalten

$$u\alpha^{-1}(x) + v\alpha^{-1}(y) = \alpha^{-1}(ux + vy),$$

und das ist die Linearität von α^{-1}.

Im Folgenden betrachten wir häufig den Vektorraum $\mathbb{K}^n$ ($\mathbb{K}$ ein Körper, $n \in \mathbb{N}$). Seine Elemente hatten wir bisher immer als Spalten geschrieben: $x = \begin{pmatrix} x_1 \\ x_2 \\ \vdots \\ x_n \end{pmatrix}$. *Aus drucktechnischen Gründen schreiben wir stattdessen* $x = (x_1, x_2, \ldots, x_n)^t$, *wobei ^{t} die sogenannte Transposition bedeutet. Grob gesprochen: ^{t} macht aus dem Spaltenvektor einen Zeilenvektor.*

Aufgabe 10.2 (Lineares Schieberegister) Sei $\mathbb{K}$ ein Körper und $V = W = \mathbb{K}^n$. Seien $c_1, \ldots, c_n \in \mathbb{K}$ fest gewählte Konstanten. Wir betrachten die Abbildung $\alpha : V \to V$,

$$(x_1, \ldots, x_n)^t \to \alpha(x_1, \ldots, x_n)^t = (x_2, x_3, \ldots, x_n, c_1 x_1 + c_2 x_2 + \cdots + c_n x_n)^t.$$

Offensichtlich ist α linear. Zeigen Sie bitte: α ist genau dann bijektiv, wenn $c_1 \neq 0$.

Lösung: Wir zeigen zunächst: $\ker(\alpha) = \{o\}$ gilt genau dann, wenn $c_1 \neq 0$ ist. Sei $\alpha(x) = o$. Dann sind $x_2, \ldots, x_n = 0$ und $c_1 x_1 = 0$. Ist $c_1 \neq 0$, so ist also $x_1 = 0$. Damit ist gezeigt: ist $c_1 \neq 0$, so ist $\ker(\alpha) = \{o\}$, und damit α injektiv nach Aufgabe 10.1.
Sei umgekehrt α injektiv. Dann ist $o \neq \alpha((1, 0, \ldots, 0)^t) = (0, 0, \ldots, 0, c_1)$, also ist $c_1 \neq 0$.
Wir müssen noch zeigen, dass α bijektiv ist, wenn α injektiv ist. Sei $e_j = (0, 0, \ldots, 0, \underbrace{1}_{j.\,Koord.}, 0, \ldots, 0)^t$. Dann bildet $e_1, \ldots e_n$ die kanonische Basis in V. Wegen der Injektivität sind die Bilder $\alpha(e_j)$ linear unabhängig, also hat

der Unterraum $\alpha(V)$ die gleiche Dimension wie V selbst. Beide Räume sind daher nach [WHK, Satz 9.22] gleich und damit ist α bijektiv.

An sich ist eine Basis des Vektorraumes V eine linear unabhängige Teil-Menge von V, die V erzeugt. Häufig kommt es jedoch auf eine festgelegte Reihenfolge der Elemente einer Basis an. Deshalb versteht man unter einer Basis B ein geordnetes n-Tupel $B = (v_1, \ldots, v_n)$, so dass $v_1, \ldots, v_n$ linear unabhängig sind und V aufspannen.

Aufgabe 10.3 Seien V und W endlichdimensionale Vektorräume über dem Körper $\mathbb{K}$. Eine Basis von V sei $B = (v_1, \ldots, v_m)$ eine solche von W sei $C = (w_1 \ldots, w_n)$. Für das Indexpaar (i, j) sei α_{ij} diejenige lineare Abbildung, die v_i auf w_j und alle anderen Basisvektoren auf o abbildet. Zeigen Sie bitte: $D := (\alpha_{ij} : i = 1, \ldots, m, j = 1, \ldots, n)$ bildet eine Basis im Vektorraum $L(V, W)$ aller linearen Abbildungen von V nach W.

Lösung: Wir müssen einmal zeigen, dass D linear unabhängig ist, und zum anderen, dass D den Raum $L(V, W)$ aufspannt.

(I) D ist linear unabhängig. Denn sei $\underbrace{o}_{Null-Abbildung} = \sum_{i=1\ldots m, j=1\ldots n} r_{ij}\alpha_{ij}$.

Dann ist insbesondere wegen $\alpha_{ij}(v_1) = \begin{cases} w_j & i = 1 \\ o & i \neq 1 \end{cases}$

$$o = \sum_{i,j} r_{ij}\alpha_{ij}(v_1) = \sum_{j=1\ldots n} r_{1j}\alpha_{1j}(v_1) = \sum_{j=1}^{n} r_{1j}w_j.$$

Da C eine Basis ist, muss $r_{11} = r_{12} = \cdots = r_{1n} = 0$ gelten. Ersetzt man in diesem Argument den Index 1 durch einen beliebigen Index i, so erhält man $r_{i1} = \cdots = r_{in} = 0$. Insgesamt folgt, dass alle $r_{ij} = 0$ sind, also ist D linear unabhängig.

(II) D spannt $L(V, W)$ auf: Sei α eine beliebige lineare Abbildung. Dann ist $\alpha(v_i)$ Linearkombination der w_j, also $\alpha(v_i) = \sum_{j=1}^{n} r_{ij}w_j = \sum_{j=1}^{n} r_{ij}\alpha_{ij}(v_i)$. Da i beliebig war, folgt $\alpha = \sum_{i,j} r_{ij}\alpha_{ij}$.

10.3 Matrizen

Üblicherweise werden Informationen über Vektoren und - wie wir später kennen lernen werden - über lineare Abbildungen in Zahlentafeln, Matrizen genannt (Singular: Matrix), gespeichert. Eine $m \times n$-Matrix ist eine Zahlentafel

10.3 Matrizen

mit m Zeilen und n Spalten, geschrieben als

$$A = \begin{pmatrix} a_{11} & a_{12} & a_{13} & \cdots & a_{1n} \\ a_{21} & a_{22} & a_{23} & \cdots & a_{2n} \\ \vdots & \vdots & \vdots & \ddots & \vdots \\ a_{m1} & a_{m2} & a_{m3} & \cdots & a_{mn} \end{pmatrix} = (a_{ik})_{\substack{i=1,\ldots,m \\ k=1,\ldots,n}}.$$

Matrizen mit m Zeilen und n Spalten werden elementweise addiert. Das bedeutet

$$(a_{ik})_{\substack{i=1,\ldots,m \\ k=1,\ldots,n}} + (b_{ik})_{\substack{i=1,\ldots,m \\ k=1,\ldots,n}} = (a_{ik} + b_{ik})_{\substack{i=1,\ldots,m \\ k=1,\ldots,n}}.$$

Sie werden ebenso elementweise mit einem Skalar multipliziert:

$$\alpha \cdot (a_{ik})_{\substack{i=1,\ldots,m \\ k=1,\ldots,n}} = (\alpha a_{ik})_{\substack{i=1,\ldots,m \\ k=1,\ldots,n}}.$$

Aus den Anwendungen ergibt sich eine kompliziertere aber sehr wichtige Form der Multiplikation von Matrizen: Zunächst multiplizieren wir eine $1 \times n$-Matrix $\vec{a} = (a_1, a_2, a_3, \cdots, a_n)$ mit einer $n \times 1$-Matrix $b^{\downarrow} = \begin{pmatrix} b_1 \\ b_2 \\ b_3 \\ \vdots \\ b_n \end{pmatrix}$ durch die Festsetzung $\vec{a} b^{\downarrow} = a_1 b_1 + a_2 b_2 + \cdots + a_n b_n$.

Seien nun A eine $m \times n$-Matrix mit den m Zeilen $\vec{a}_j = (a_{j1}, a_{j2}\, a_{j3}, \cdots, a_{jn})$ und B eine $n \times p$-Matrix mit den Spalten $b_k^{\downarrow} = \begin{pmatrix} b_{1k} \\ b_{2k} \\ b_{3k} \\ \vdots \\ b_{nk} \end{pmatrix}$. Dann ist das Matrizenprodukt

$$AB = \begin{pmatrix} \vec{a}_1 b_1^{\downarrow} & \vec{a}_1 b_2^{\downarrow} & \vec{a}_1 b_3^{\downarrow} & \cdots & \vec{a}_1 b_p^{\downarrow} \\ \vec{a}_2 b_1^{\downarrow} & \vec{a}_2 b_2^{\downarrow} & \vec{a}_2 b_3^{\downarrow} & \cdots & \vec{a}_2 b_p^{\downarrow} \\ \vec{a}_3 b_1^{\downarrow} & \vec{a}_3 b_2^{\downarrow} & \vec{a}_3 b_3^{\downarrow} & \cdots & \vec{a}_3 b_p^{\downarrow} \\ \vdots & \vdots & \vdots & \ddots & \vdots \\ \vec{a}_m b_1^{\downarrow} & \vec{a}_m b_2^{\downarrow} & \vec{a}_m b_3^{\downarrow} & \cdots & \vec{a}_m b_p^{\downarrow} \end{pmatrix} = \left(\sum_{j=1}^{n} a_{ij} b_{jk} \right)_{\substack{i=1,\ldots,m \\ k=1,\ldots,p}}.$$

Insbesondere ist das Produkt eine $m \times p$-Matrix.

Besteht eine Matrix A aus nur einer Zeile und nur einer Spalte, ist also $A = (a)$, so setzt man A mit der Zahl a gleich, kurz: $(a) = a$.

10.4 **Aufgabe 10.4** Berechnen Sie die folgenden Matrizenprodukte:

a) $(1\ 0\ 3) \begin{pmatrix} 0 \\ 2 \\ 5 \end{pmatrix}$ und $\begin{pmatrix} 0 \\ 2 \\ 5 \end{pmatrix} (1\ 0\ 3)$.

b) $\begin{pmatrix} 1 & 0 & 3 \\ 7 & -2 & 6 \end{pmatrix} \begin{pmatrix} 5 & 5 & 0 \\ 4 & 4 & 1 \\ 3 & 2 & 1 \end{pmatrix}$.

c) $\frac{1}{4} \begin{pmatrix} 1 & 1 \\ 1 & 1 \end{pmatrix} \begin{pmatrix} 1 & -1 \\ -1 & 1 \end{pmatrix}$.

Lösung: a) $(1\ 0\ 3) \begin{pmatrix} 0 \\ 2 \\ 5 \end{pmatrix} = (1 \cdot 0 + 0 \cdot 2 + 3 \cdot 5) = (15) = 15$. Ferner

$$\begin{pmatrix} 0 \\ 2 \\ 5 \end{pmatrix} (1\ 0\ 3) = \begin{pmatrix} 0 \cdot 1 & 0 \cdot 0 & 0 \cdot 3 \\ 2 \cdot 1 & 2 \cdot 0 & 2 \cdot 3 \\ 5 \cdot 1 & 5 \cdot 0 & 5 \cdot 3 \end{pmatrix} = \begin{pmatrix} 0 & 0 & 0 \\ 2 & 0 & 6 \\ 5 & 0 & 15 \end{pmatrix}.$$

b) $\begin{pmatrix} 1 & 0 & 3 \\ 7 & -2 & 6 \end{pmatrix} \begin{pmatrix} 5 & 5 & 0 \\ 4 & 4 & 1 \\ 3 & 2 & 1 \end{pmatrix} = \begin{pmatrix} 14 & 11 & 3 \\ 35-8+18 & 35-8+12 & -2+6 \end{pmatrix} = \begin{pmatrix} 14 & 11 & 3 \\ 45 & 39 & 4 \end{pmatrix}$.

c) $\frac{1}{4} \begin{pmatrix} 1 & 1 \\ 1 & 1 \end{pmatrix} \begin{pmatrix} 1 & -1 \\ -1 & 1 \end{pmatrix} = \frac{1}{4} \begin{pmatrix} 0 & 0 \\ 0 & 0 \end{pmatrix} = \begin{pmatrix} 0 & 0 \\ 0 & 0 \end{pmatrix}$.

10.5 **Aufgabe 10.5** Berechnen Sie bitte die folgenden Matrizenprodukte:

a) $(1,2,3) \begin{pmatrix} 4 \\ 5 \\ 7 \end{pmatrix}$.

b) $\begin{pmatrix} 4 \\ 5 \\ 7 \end{pmatrix} (1,2,3)$.

c) $\begin{pmatrix} \cos(\varphi) & -\sin(\varphi) \\ \sin(\varphi) & \cos(\varphi) \end{pmatrix} \begin{pmatrix} 5 \\ 3 \end{pmatrix}$.

d) $\begin{pmatrix} 1 & 2 & 3 \\ 4 & 5 & 6 \end{pmatrix} \begin{pmatrix} 7 & 10 & 13 \\ 8 & 11 & 14 \\ 9 & 12 & 15 \end{pmatrix}$.

e) $\begin{pmatrix} 1 & 2 & 5 \\ 3 & 4 & 6 \end{pmatrix} \begin{pmatrix} 7 & 9 \\ 8 & 10 \end{pmatrix}$. *Achtung! Geht das überhaupt und wenn nicht, warum nicht?*

Lösung: a) $(1,2,3) \begin{pmatrix} 4 \\ 5 \\ 7 \end{pmatrix} = 1 \cdot 4 + 2 \cdot 5 + 3 \cdot 7 = 35.$

b) $\begin{pmatrix} 4 \\ 5 \\ 7 \end{pmatrix} (1,2,3) = \begin{pmatrix} 4 & 8 & 12 \\ 5 & 10 & 15 \\ 7 & 14 & 21 \end{pmatrix}.$

c) $\begin{pmatrix} \cos(\varphi) & -\sin(\varphi) \\ \sin(\varphi) & \cos(\varphi) \end{pmatrix} \begin{pmatrix} 5 \\ 3 \end{pmatrix} = \begin{pmatrix} 5\cos(\varphi) - 3\sin(\varphi) \\ 5\sin(\varphi) + 3\cos(\varphi) \end{pmatrix}.$

d)

$\begin{pmatrix} 1 & 2 & 3 \\ 4 & 5 & 6 \end{pmatrix} \begin{pmatrix} 7 & 10 & 13 \\ 8 & 11 & 14 \\ 9 & 12 & 15 \end{pmatrix} = \begin{pmatrix} 7+16+27 & 10+22+36 & 13+28+45 \\ 28+40+72 & 40+55+72 & 42+70+90 \end{pmatrix}$

$= \begin{pmatrix} 50 & 68 & 86 \\ 140 & 167 & 202 \end{pmatrix}.$

e) Man kann eine 2×3-Matrix nur mit einer $3 \times n$-Matrix multiplizieren.

⊙ Lineare Abbildungen und Matrizen

Wir zeigen zunächst den Zusammenhang zwischen einem Vektorraum V mit Basis $B = (b_1, \ldots b_m)$ über dem Körper $\mathbb{K}$ und Spaltenvektoren aus $\mathbb{K}^m$. Jedes $x \in V$ hat eine eindeutige Darstellung $x = x_1 b_1 + \cdots x_m b_m$ mit (eindeutig bestimmten) Skalaren $x_1, \ldots x_m$. Wir betrachten nun die Abbildung $\alpha_B : V \to \mathbb{K}^m, x \to \begin{pmatrix} x_1 \\ x_2 \\ \vdots \\ x_m \end{pmatrix}$. Sie ist linear und bijektiv, also ein Isomorphismus. $\alpha_B(x)$ heißt zu x gehöriger Spaltenvektor.

Wir zeigen nun den Zusammenhang zwischen Matrizen und linearen Abbildungen. Seien V, W Vektorräume über $\mathbb{K}$ mit den Basen $B = (b_1, \ldots, b_m)$ in V und $C = (c_1, \ldots, c_n)$ in W. Sei α eine lineare Abbildung von V in W. Dann lässt sich jedes Bild $\alpha(b_i)$ schreiben als $\alpha(b_i) = a_{1i}c_1 + a_{2i}c_2 + \cdots + a_{ni}c_n$, weil ja $(c_1, \ldots, c_n)$ eine Basis von W ist. Wir erhalten auf diese Weise die zugehörige Matrix $A_\alpha = \begin{pmatrix} a_{11} & a_{12} & a_{13} & \cdots & a_{1m} \\ a_{21} & a_{22} & a_{23} & \cdots & a_{2m} \\ \vdots & \vdots & \vdots & \ddots & \vdots \\ a_{n1} & a_{n2} & a_{n3} & \cdots & a_{nm} \end{pmatrix}$, deren Spalten gerade die Koordinaten der Bilder $\alpha(b_i)$ bezüglich der Basis C enthalten. Ist $x \in V$ be-

liebig mit Koordinatenvektor $\begin{pmatrix} x_1 \\ x_2 \\ \vdots \\ x_m \end{pmatrix}$ bezüglich B, so ist der Koordinatenvektor von $\alpha(x)$ gerade das Matrizenprodukt $A_\alpha \begin{pmatrix} x_1 \\ x_2 \\ \vdots \\ x_m \end{pmatrix}$. Damit ist die gesamte Information der linearen Abbildung α in der Matrix A_α enthalten.
Will man die beiden beteiligten Basen explizit angeben, so schreibt man $\mathcal{A}_\alpha^{B,C}$ anstelle von A_α. Ist $V = W$ und $B = C$, so benutzt man auch die Schreibweise A_α^B.

10.6 **Aufgabe 10.6** a) Sei $v \in \mathbb{R}^n$ und $\alpha : \mathbb{R}^n \to \mathbb{R}$, $x \to (v|x)$. Bestimmen Sie bitte bezüglich der kanonischen Basen von $\mathbb{R}^n$ und $\mathbb{R}$ die Matrixdarstellung von v.
b) Sei $\sigma : \mathbb{R}^3 \to \mathbb{R}^3$, $(x_1, x_2, x_3)^t \to (x_1, x_2, -x_3)^t$ (die Spiegelung an der von e_1 und e_2 aufgespannten Ebene, siehe [WHK, S. 308] Beispiel 4). Bestimmen Sie bitte die Matrixdarstellung von σ einmal bezüglich der kanonischen Basis B und einmal bezüglich der Basis $C = \{e_1 + e_3, e_1 - e_2, e_2 - e_3\}$.

Lösung: Wir verwenden die in [WHK, Definition 10.15] eingeführten Bezeichnungen.
a) Sei $B = \{e_1, \ldots e_n\}$ die kanonische Basis in $\mathbb{R}^n$ und $C = \{1\}$ diejenige in $\mathbb{R}$. Sei $v = \begin{pmatrix} v_1 \\ v_2 \\ \vdots \\ v_n \end{pmatrix}$. Dann ist

$$\alpha(e_j) = (v|e_j) = \left(\begin{pmatrix} v_1 \\ \vdots \\ v_j \ (j.\,Koord.) \\ v_{j+1} \\ \vdots \\ v_n \end{pmatrix} \Bigg| \begin{pmatrix} 0 \\ \vdots \\ 1 \ (j.\,Koord.) \\ 0 \\ \vdots \\ 0 \end{pmatrix} \right) = v_j.$$

Daraus folgt $\mathcal{A}_\alpha^{B,C} = (v_1, v_2, \ldots, v_n)$ (der transponierte Vektor v^t).

10.3 Matrizen

b) Es ist $\sigma(e_1) = e_1$, $\sigma(e_2) = e_2$ und $\sigma(e_3) = -e_3$, Also erhält man

$$A_\sigma^{B,B} = A_\sigma^B = \begin{pmatrix} 1 & 0 & 0 \\ 0 & 1 & 0 \\ 0 & 0 & -1 \end{pmatrix}.$$

Wir benennen die Vektoren aus C $b_1 = e_1 + e_3$, $b_2 = e_1 - e_3$, $b_3 = e_2 - e_3$. Dann erhält man $\sigma(b_1) = b_2$, $\sigma(b_2) = e_1 + e_3 = b_1$, $\sigma(b_3) = e_2 + e_3 = (e_1 + e_3) - (e_1 - e_3) + (e_2 - e_3) = b_1 - b_2 + b_3$. Damit ergibt sich

$$A_\sigma^C = \begin{pmatrix} 0 & 1 & 1 \\ 1 & 0 & -1 \\ 0 & 0 & 1 \end{pmatrix}.$$

❯ Basiswechsel und Matrizen

Auch Basiswechsel kann man durch Matrizen kodieren. Dabei ergeben sich automatisch quadratische Matrizen. Das Produkt zweier $n \times n$-Matrizen ist wieder eine $n \times n$-Matrix. Damit ist die Menge aller $n \times n$–Matrizen eine Halbgruppe (die Assoziativität muss man nachrechnen). Die Matrix $E_n = \begin{pmatrix} 1 & 0 & \cdots & 0 & 0 \\ 0 & 1 & \cdots & 0 & 0 \\ \vdots & \vdots & \ddots & \vdots & \vdots \\ 0 & 0 & \cdots & & 1 \end{pmatrix}$, die als Spaltenvektoren die Elemente der kanonischen Basis in $\mathbb{K}^n$ hat, ist das Einselement dieser Halbgruppe. Sie heißt Einheitsmatrix. Genau dann ist eine $n \times n$-Matrix S invertierbar, wenn ihre Spalten eine Basis von $\mathbb{K}^n$ bilden. Dann existiert also S^{-1}, das heißt, es gilt $SS^{-1} = S^{-1}S = E_n$. Damit kann man wie gesagt Basiswechsel in $\mathbb{K}^n$ kodieren, siehe [WHK, Satz 10.28].

Aufgabe 10.7 Berechnen Sie bitte die Matrizen der folgenden Basiswechsel in $\mathbb{R}^3$: $B = (e_1, e_2, e_3)$, $B' = \left(\begin{pmatrix} \cos(\varphi) \\ \sin(\varphi) \\ 0 \end{pmatrix}, \begin{pmatrix} -\sin(\varphi) \\ \cos(\varphi) \\ 0 \end{pmatrix}, \begin{pmatrix} 0 \\ 0 \\ 1 \end{pmatrix} \right)$, $B'' = (e_1, e_3, e_2)$.

10.7

Lösung: Es ist $S_{B',B} = \begin{pmatrix} \cos(\varphi) & -\sin(\varphi) & 0 \\ \sin(\varphi) & \cos(\varphi) & 0 \\ 0 & 0 & 1 \end{pmatrix}^{-1} = \begin{pmatrix} \cos(\varphi) & \sin(\varphi) & 0 \\ -\sin(\varphi) & \cos(\varphi) & 0 \\ 0 & 0 & 1 \end{pmatrix}$, wie man durch Nachrechnen sofort erhält.

Ferner ist $S_{B'',B} = \begin{pmatrix} 1 & 0 & 0 \\ 0 & 0 & 1 \\ 0 & 1 & 0 \end{pmatrix}^{-1} = \begin{pmatrix} 1 & 0 & 0 \\ 0 & 0 & 1 \\ 0 & 1 & 0 \end{pmatrix}$, wie man wiederum durch "Probe" bestätigt.

● Rang einer Matrix

Der Rang $\operatorname{rg}(A)$ *einer Matrix A ist die Maximalzahl linear unabhängiger Spalten der Matrix. Das ist dasselbe wie die Maximalzahl linear unabhängiger Zeilen. Der Rang wird mit dem Gauß-Verfahren berechnet, siehe* [WHK, S. 330 - 331].

Aufgabe 10.8

Aufgabe 10.8 Bestimmen Sie bitte den Rang der Matrix

$$A = \begin{pmatrix} 1 & 4 & 7 \\ 2 & 5 & 8 \\ 3 & 6 & 9 \\ 4 & 8 & 12 \end{pmatrix}.$$

Lösung: Wir wenden die auf [WHK, S. 330 - 331] angegebene Berechnungsmethode an. Die dabei neu erhaltene Matrix hat denselben Rang wie die alte.
Wir ziehen das 2−fache der ersten von der zweiten Zeile ab. Das liefert $(2,5,8) - (2,8,14) = (0,-3,-6)$. Wir ziehen das 3-fache der ersten Zeile von der dritten Zeile ab, also $(3,6,9) - (3,12,21) = (0,-6,-12)$. Schließlich ist $(4,8,12) - (4,16,28) = (0,-8,16)$. Wir erhalten damit die neue Matrix
$\begin{pmatrix} 1 & 4 & 7 \\ 0 & -3 & -6 \\ 0 & -6 & -12 \\ 0 & -8 & -16 \end{pmatrix}$. Die erste Zeile bleibt jetzt unverändert. Wir ziehen das Doppelte der zweiten Zeile von der dritten ab und erhalten $(0,0,0)$. Dann ziehen wir das 8/3-fache der zweiten Zeile, also $(0,-8,-16)$ von der 4. Zeile ab und erhalten ebenfalls $(0,0,0)$. Das liefert die Matrix $\begin{pmatrix} 1 & 4 & 7 \\ 0 & -3 & -6 \\ 0 & 0 & 0 \\ 0 & 0 & 0 \end{pmatrix}$. Diese neue Matrix hat offenbar den Rang zwei, weil die ersten beiden Zeilen linear unabhängig, aber je drei Zeilen linear abhängig sind. Denn eine von ihnen ist dann immer die 0−Zeile, sie erhält den Faktor 1, die anderen beiden den Faktor 0. Die Linearkombination ist dann 0. Aus allem folgt $\operatorname{rg}(A) = 2$.

10.4 Determinanten

Die Determinante det(A) einer quadratischen Matrix A ist eine Zahl, also ein Element des zugrunde liegenden Körpers. Sie kann auf mehrere Arten und Weisen definiert werden. Sie wird mit dem Gauß-Verfahren am einfachsten berechnet. Die Determinante ist genau dann ungleich 0, wenn die Matrix invertierbar ist. Die Determinante einer 2×2- Matrix $A = \begin{pmatrix} a_{11} & a_{12} \\ a_{21} & a_{22} \end{pmatrix}$ ist einfach $\det(A) = a_{11}a_{22} - a_{12}a_{21}$.

Aufgabe 10.9 Berechnen Sie bitte die Determinanten der folgenden Matrizen:

a) $\begin{pmatrix} 1 & 2 \\ 5 & -3 \end{pmatrix}$.

b) $\begin{pmatrix} 2 & 4 & 2 \\ 1 & 3 & -2 \\ 0 & 2 & 1 \end{pmatrix}$.

c) $\begin{pmatrix} 0 & 1 & 1 & 1 \\ 1 & 0 & 1 & 1 \\ 1 & 1 & 0 & 1 \\ 1 & 1 & 1 & 0 \end{pmatrix}$.

Lösung: a) $\det(A) = 1 \cdot (-3) - 5 \cdot 2 = -13$.

b) Wir formen die Matrix wie bei der Rangbestimmung um: $(1, 3, -2) - (2, 4, 2)/2 = (0, 1, -3)$. Da in der dritten Zeile bereits in der ersten Spalte eine 0 steht, erhalten wir $A' = \begin{pmatrix} 2 & 4 & 2 \\ 0 & 1 & -3 \\ 0 & 2 & 1 \end{pmatrix}$. Wir entwickeln nun nach der ersten Spalte und erhalten $\det(A) = 2 \det\left(\begin{pmatrix} 1 & -3 \\ 2 & 1 \end{pmatrix}\right) = 2 \cdot 7 = 14$.

c) Wir vertauschen die erste und die zweite Zeile und vermerken, dass sich dadurch das Vorzeichen verändert. Wir erhalten $\begin{pmatrix} 1 & 0 & 1 & 1 \\ 0 & 1 & 1 & 1 \\ 1 & 1 & 0 & 1 \\ 1 & 1 & 1 & 0 \end{pmatrix}$. Wir ziehen von der dritten und der vierten Zeile die nunmehr erste Zeile ab und erhalten $\begin{pmatrix} 1 & 0 & 1 & 1 \\ 0 & 1 & 1 & 1 \\ 0 & 1 & -1 & 0 \\ 0 & 1 & 0 & -1 \end{pmatrix}$.

Nun behandeln wir die 3×3-Matrix $B = \begin{pmatrix} 1 & 1 & 1 \\ 1 & -1 & 0 \\ 1 & 0 & -1 \end{pmatrix}$ weiter. Denn aus der Entwicklung nach der ersten Spalte von A erhalten wir $\det(A) = (-1) \cdot 1 \cdot \det(B)$. (Die -1 rührt von unserer ursprünglichen Zeilenvertauschung her.) Wir ziehen in B die erste von der zweiten und dritten Zeile ab und erhalten $C = \begin{pmatrix} 1 & 1 & 1 \\ 0 & -2 & -1 \\ 0 & -1 & -2 \end{pmatrix}$. Wir entwickeln die Determinante dieser Matrix nach der ersten Spalte und erhalten $\det(C) = 1 \cdot \det\left(\begin{pmatrix} -2 & -1 \\ -1 & -2 \end{pmatrix}\right) = -5$. Also erhält man $\det(A) = (-1)(-5) = 10$.

10.10 **Aufgabe 10.10** a) Zeigen Sie bitte an einem Beispiel, dass $\det(A + B) \neq \det(A) + \det(B)$ ist.

b) Zeigen Sie bitte dass $\det : GL(n, \mathbb{K}) \to \mathbb{K}^* = \mathbb{K} \setminus \{0\}$ ein surjektiver Gruppenhomomorphismus ist. Dabei ist $GL(n, \mathbb{K})$ die Gruppe aller invertierbaren $n \times n$-Matrizen über $\mathbb{K}$.

Lösung: a) ist ganz einfach: Es sei $A = \begin{pmatrix} 1 & 0 \\ 0 & 0 \end{pmatrix}$ und $B = \begin{pmatrix} 0 & 0 \\ 0 & 1 \end{pmatrix}$. Dann ist $A + B$ die Einheitsmatrix, also $\det(A + B) = 1$, aber $\det(A) = \det(B) = 0$.
b) A ist genau dann invertierbar, wenn $\det(A) \neq 0$ gilt. Nach dem Multiplikationssatz folgt also, dass det ein Gruppenhomomorphismus in $\mathbb{K}^*$ ist. Die Surjektivität folgt so: Sei $a \in \mathbb{K}^*$ beliebig. Sei $A = (ae_1, e_2, \ldots, e_n)$, wo $(e_1, \ldots, e_n)$ die kanonische Basis in $\mathbb{K}^n$ ist. Dann ist $\det(A) = a$, weil in der Hauptdiagonalen an erster Stelle a und sonst nur 1 steht und alle Elemente außerhalb der Hauptdiagonalen gleich 0 sind.

10.5
10.5 Eigenwerte linearer Abbildungen

Sei $\alpha : V \to V$ eine lineare Abbildung. Ein Vektor $0 \neq x \in V$ heißt Eigenvektor zum Eigenwert $\lambda \in \mathbb{K}$, wenn $\alpha x = \lambda x$ gilt. Hat V die Dimension n, so ist genau dann $\det(\lambda E_n - A_\alpha) = 0$, wenn λ ein Eigenwert ist. Dabei bezeichnet A_α die Matrixdarstellung von α bezüglich einer fest gewählten Basis in V. Das Polynom $\lambda \to \det(\lambda E_n - A_\alpha)$ heißt charakteristisches Polynom der linearen Abbildung α bzw. der Matrix A_α. Um alle Eigenwerte zu finden, muss man nur die Nullstellen dieses Polynoms bestimmen.

10.11 **Aufgabe 10.11** Bestimmen Sie bitte das charakteristische Polynom und die Eigenwerte der folgenden Matrizen über $\mathbb{R}$.

a) $A = \begin{pmatrix} 0 & 1 \\ 1 & 0 \end{pmatrix}$.

b) $A = \begin{pmatrix} 0 & 1 \\ -1 & 0 \end{pmatrix}$.

c) $A = \begin{pmatrix} 0 & 1 \\ -1 & a \end{pmatrix}$. Bestimmen Sie die Eigenwerte als Funktion von a.

d) $A = \begin{pmatrix} a & b \\ b & c \end{pmatrix}$. Zeigen Sie, dass es zwei verschiedene oder eine doppelte reelle Nullstelle des charakteristischen Polynoms gibt.

Lösung: a) Das charakteristische Polynom ist $\det(\lambda E - A)$. In unserem Falle heißt das $\det\left(\begin{pmatrix} \lambda & -1 \\ -1 & \lambda \end{pmatrix}\right) = \lambda^2 - 1$. Die Eigenwerte sind also $\lambda_{1/2} = \pm 1$.

b) Es ist $\det\left(\begin{pmatrix} \lambda & -1 \\ 1 & \lambda - 2 \end{pmatrix}\right) = \lambda^2 - 2\lambda + 1 = (\lambda - 1)^2$. Damit ist 1 eine doppelte Nullstelle des charakteristischen Polynoms.

c) Wir erhalten wie unter b) $P(\lambda) = \lambda^2 - a\lambda + 1$. Nach der Mitternachtsformel der Schule ergeben sich als Nullstellen $\lambda_{1/2} = \frac{a}{2} \pm \sqrt{\frac{a^2}{4} - 1}$. Ist $a^2 > 4$, so gibt es zwei verschiedene Nullstellen, ist $a^2 < 4$, so gibt es keine reelle Nullstelle, also auch keine reellen Eigenvektoren. Ist $a^2 = 4$, so gibt es eine reelle Nullstelle, aber es zeigt sich, dass dann $\mathbb{R}^2$ nicht von den Eigenvektoren aufgespannt wird.

d) Hier ergibt sich als charakteristisches Polynom $P(\lambda) = (\lambda - a)(\lambda - c) - b^2 = \lambda^2 - (a+c)\lambda + ac - b^2$. Daraus erhält man

$$\lambda_{1/2} = \frac{a+c}{2} \pm \frac{1}{2}\sqrt{(a+c)^2 - 4ac + 4b^2} = \frac{a+c}{2} \pm \frac{1}{2}\sqrt{((a-c)^2 + b^2)}.$$

Damit hat das Polynom entweder zwei verschiedene reelle Nullstellen, oder aber eine doppelte Nullstelle. Das letztere ist genau dann der Fall, wenn $(a-c)^2 + b^2 = 0$, das heißt $a = c$ und $b = 0$ ist. Das bedeutet $A = aE$, wo E die Einheitsmatrix ist. In jedem Fall spannen die Eigenvektoren den Raum $\mathbb{R}^2$ auf.

10.6 Skalarprodukt auf $\mathbb{R}^p$

Für die Geometrie und Entfernungsmessung auf $\mathbb{R}^n$ führt man das kanonische Skalarprodukt, auch Standardskalarprodukt genannt, ein: $\mathbb{R}^n \times \mathbb{R}^n \to \mathbb{R}$, $(x, y) \to (x|y) = x_1 y_1 + x_2 y_2 + \cdots + x_n y_n$. x steht senkrecht auf y, wenn $(x|y) = 0$ gilt.

Verbunden mit dem Skalarprodukt ist eine Entfernungsmessung: der Abstand $d(x,y)$ ist erklärt durch $d(x,y) = \|x-y\|_2$ mit $\|z\|_2 = \sqrt{z_1^2 + \cdots + z_n^2}$. $\|\cdot\|_2$ heißt Skalarprodukt-Norm.

Eine Basis $(b_1, \ldots, b_n)$ heißt Orthonormalbasis, , wenn $(b_i | b_k) = \begin{cases} 1 & i = k \\ 0 & \text{sonst} \end{cases}$ gilt.

Eine $n \times n$–Matrix A (über $\mathbb{R}$) heißt orthogonal, wenn ihre Spalten eine Orthonormalbasis bilden. Dann gilt $(Ax|Ax) = (x|x)$.

Wir erinnern in diesem Zusammenhang noch einmal an das Transponieren von Matrizen: Sei $A = \begin{pmatrix} a_{11} & a_{12} & \cdots & a_{1n} \\ a_{21} & a_{22} & \cdots & a_{2n} \\ \vdots & \vdots & \ddots & \vdots \\ a_{m1} & a_{m2} & \cdots & a_{mn} \end{pmatrix}$. Dann ist die transponierte Matrix A^t die an der Hauptdiagonalen gespiegelte Matrix: $A^t = \begin{pmatrix} a_{11} & a_{21} & \cdots & a_{m1} \\ a_{12} & a_{22} & \cdots & a_{m2} \\ \vdots & \vdots & \ddots & \vdots \\ a_{1n} & a_{2n} & \cdots & a_{nm} \end{pmatrix}$.

Aufgabe 10.12 Sei $V = \mathbb{R}^n$, versehen mit dem kanonischen Skalarprodukt. Sei A eine Matrix, deren Spalten eine Orthonormalbasis bilden. Zeigen Sie bitte:

a) $\det(A) = \pm 1$.

b) A hat höchstens 1 oder (-1) als Eigenwerte.

Lösung: a) Wir erinnern daran, dass die Vektoren im $\mathbb{R}^n$ Spaltenvektoren sind und dass $(x|y) = x^t y$ gilt, wobei $\begin{pmatrix} x_1 \\ x_2 \\ \vdots \\ x_n \end{pmatrix}^t = (x_1, x_2, \ldots x_n)$ ist. Für die Spalten a_i und a_j der orthogonalen Matrix A gilt aber $(a_i|a_j) = \delta_{ij} = \begin{cases} 1 & i = j \\ 0 & i \neq j \end{cases}$ Also ist

$$A^t A = \begin{pmatrix} a_1^t \\ a_2^t \\ \vdots \\ a_n^t \end{pmatrix} (a_1, a_2, \ldots, a_n) = \left(a_i^t a_j\right)_{i,j=1\ldots n} = \left((a_i|a_j)\right)_{i,j=1\ldots n} = E$$

(E die $n \times n$-Einheitsmatrix). Daraus und aus dem Multiplikationssatz für Determinanten folgt $1 = \det(E) = \det(A^t A) = \det(A^t)\det(A) = \det(A)^2$, weil $\det(A^t) = \det(A)$ gilt. Da mit A auch $\det(A)$ reell ist, folgt die Behauptung.

b) Sei λ ein Eigenwert von A mit zugehörigem Eigenvektor $x \, (\neq 0)$. Dann ist

$$\lambda^2 \|x\|^2 = (Ax|Ax) \underbrace{=}_{A \text{ orthogonal}} (x|x) = \|x\|^2 \neq 0.$$

Daraus folgt $\lambda^2 = 1$.

Aufgabe 10.13 Sei $\mathbb{R}^n$ versehen mit dem Standardskalarprodukt und A eine $n \times n$-Matrix. Zeigen Sie bitte, dass $(A^t x | y) = (y | Ax)$ für alle x gilt.

Lösung: Es ist $(x|y) = x_1 y_1 + x_2 y_2 + \cdots + x_n y_n = x^t y$, wobei wir daran erinnern, dass die Vektoren $x \in \mathbb{R}^n$ als Spalten $x = \begin{pmatrix} x_1 \\ x_2 \\ \vdots \\ x_n \end{pmatrix}$ aufgefasst werden.

Nun gilt $(Ax)^t = x^t A^t$. Denn es ist $Ax = \begin{pmatrix} \sum_{j=1}^n a_{1j} x_j \\ \sum_{j=1}^n a_{2j} x_j \\ \vdots \\ \sum_{j=1}^n a_{nj} x_j \end{pmatrix}$, also $(Ax)^t = (\sum_{j=1}^n x_j a_{1j}, \sum_{j=1}^n x_j a_{2j}, \ldots, \sum_{j=1}^n x_j a_{nj}) = x^t A^t$. Beachten wir nun noch $(B^t)^t = B$ so erhalten wir $(x|Ay) = x^t Ay = x^t (A^t)^t y = (A^t x)^t y = (A^t x | y)$.

Aufgabe 10.14 Diagonalisieren Sie bitte die Matrix $A = \begin{pmatrix} 2 & 3 \\ 3 & 2 \end{pmatrix}$, das heißt, finden Sie eine invertierbar Matrix S und eine Diagonalmatrix D mit $A = SDS^{-1}$.

Lösung: A ist symmetrisch. Nach [WHK, Theorem 10.75] gibt es zu A eine Orthonormalbasis (b_1, b_2) aus Eigenvektoren von A. Betrachten wir die zugehörige Matrix S mit den Spalten b_1, b_2, so gilt

$$AS = (Ab_1, Ab_2) = (\lambda_1 b_1, \lambda_2 b_2).$$

Multiplizieren wir diese Matrix mit $S^{-1} = S^t$, so erhalten wir die Matrix $\begin{pmatrix} \lambda_1 b_1^t b_1 & b_1^t b_2 \\ b_2^t b_1 & \lambda_2 b_2^t b_2 \end{pmatrix} = \begin{pmatrix} \lambda_1 & 0 \\ 0 & \lambda_2 \end{pmatrix}$. Die so erhaltene Matrix $D = S^{-1} AS$ hat also Diagonalgestalt und es ist $A = SDS^{-1}$. Also bestimmen wir die Eigenwerte und Eigenvektoren zu A.

Das charakteristische Polynom lautet $P(\lambda) = \lambda^2 - 4\lambda - 5$ und liefert die Eigenwerte $\lambda_1 = 1/2$, $\lambda_2 = 7/2$. Wir bestimmen einen Eigenvektor $x = \begin{pmatrix} x_1 \\ x_2 \end{pmatrix}$ zu $1/2$. Das führt auf das Gleichungssystem
$$2x_1 + 3x_2 = x_1/2,$$
$$3x_1 + 2x_2 = x_2/2.$$
Wir multiplizieren die erste Gleichung mit 2 und erhalten $4x_1 + 6x_2 = x_1$, woraus $6x_2 = -3x_1$, oder $x_2 = -x_1/2$ folgt. Setzt man dies in die zweite Gleichung ein, so ist auch diese erfüllt. Wir wählen jetzt x_1 so, dass der Eigenvektor die Norm 1 hat. Dazu normieren wir den Eigenvektor $\begin{pmatrix} 1 \\ -1/2 \end{pmatrix}$ und erhalten $b_1 = \sqrt{4/5} \begin{pmatrix} 1 \\ -1/2 \end{pmatrix}$. Da wir wissen, dass bei symmetrischen Matrizen Eigenvektoren zu verschiedenen Eigenwerten senkrecht aufeinander stehen, brauchen wir zu b_1 nur einen orthogonalen Vektor der Norm 1 finden und das ist $b_2 = \sqrt{4/5} \begin{pmatrix} 1/2 \\ 1 \end{pmatrix}$. Die gesuchte Matrix ist also $S = (b_1, b_2)$.

10.15 **Aufgabe 10.15** Sei $\mathbb{R}^2$ versehen mit dem Standardskalarprodukt und $A = \begin{pmatrix} \cos(\varphi) & \sin(\varphi) \\ \sin(\varphi) & -\cos(\varphi) \end{pmatrix}$. Zeigen Sie bitte:

a) A ist eine Orthogonalmatrix mit Determinante -1.
b) $A^2 = E$ (E die Einheitsmatrix). A hat also höchstens die Eigenwerte ± 1.
c) Bestimmen Sie Eigenvektoren, so dass diese eine Orthonormalbasis b_1, b_2 bilden.
d) Für den Eigenvektor b_1 zum Eigenwert 1 gilt $\cos(\sphericalangle(e_1, b_1)) = \cos(\varphi/2)$. Dabei bezeichnet $\sphericalangle(x,y)$ den von x und y eingeschlossenen Winkel.

Lösung: a) $\det(A) = -\cos(\varphi)^2 - \sin(\varphi)^2 = -1$. $\begin{pmatrix} \cos(\varphi) \\ \sin(\varphi) \end{pmatrix} | \begin{pmatrix} \cos(\varphi) \\ \sin(\varphi) \end{pmatrix} = \cos(\varphi)^2 + \sin(\varphi)^2 = 1$. Analog hat auch der zweite Spaltenvektor von A die Norm 1 und beide stehen senkrecht aufeinander.
b)
$$\begin{pmatrix} \cos(\varphi) & \sin(\varphi) \\ \sin(\varphi) & -\cos(\varphi) \end{pmatrix} \begin{pmatrix} \cos(\varphi) & \sin(\varphi) \\ \sin(\varphi) & -\cos(\varphi) \end{pmatrix} =$$
$$\begin{pmatrix} \cos(\varphi)^2 + \sin(\varphi)^2 & \cos(\varphi)\sin(\varphi) - \sin(\varphi)\cos(\varphi) \\ \sin(\varphi)\cos(\varphi) - \cos(\varphi)\sin(\varphi) & \sin(\varphi)^2 + \cos(\varphi)^2 \end{pmatrix} = \begin{pmatrix} 1 & 0 \\ 0 & 1 \end{pmatrix}.$$

Sei λ ein Eigenwert und x ein zugehöriger Eigenvektor. Dann ist $x = A^2 x = A(Ax) = \lambda Ax = \lambda^2 x$. Also ist $\lambda^2 = 1$.

10.6 Skalarprodukt auf $\mathbb{R}^p$

c) Wir versuchen Eigenvektoren zu 1 und zu -1 zu bestimmen. Zunächst bestimmen wir einen Eigenvektor zu 1. Das führt auf das Gleichungssystem
$$\begin{aligned} x(\cos(\varphi)-1) &+ y\sin(\varphi) &= 0, \\ x\sin(\varphi) &+ y(1-\cos(\varphi)) &= 0. \end{aligned}$$
Wir untersuchen zunächst $\varphi = 0$. Dann ist $A = \begin{pmatrix} 1 & 0 \\ 0 & -1 \end{pmatrix}$, die Eigenvektoren sind $e_1 = b_1$ und $b_2 = -e_2$ und daher ist $\cos(\sphericalangle(e_1, b_1)) = 1 = \cos(0/2)$. Ebenso erhalten wir für $\varphi = \pm\pi$ $A = \begin{pmatrix} -1 & 0 \\ 0 & 1 \end{pmatrix}$ und die Situation ist vollkommen analog.

Sei nun $\varphi \neq 0, \pm\pi$. Dann ist $\sin(\varphi) \neq 0$ und wir erhalten aus der ersten Gleichung des Gleichungssystems die Lösung $x = 1$, $y = \frac{1-\cos(\varphi)}{\sin(\varphi)}$. Die zweite Gleichung ist automatisch erfüllt. Damit ist

$$\|(x,y)^t\|^2 = \frac{1}{\sin(\varphi)^2}(\sin(\varphi)^2 + 1 + \cos(\varphi)^2 - 2\cos(\varphi)) = \frac{2}{\sin(\varphi)^2}(1-\cos(\varphi)).$$

Nun ist $1 - \cos(\varphi) = 2\sin(\varphi/2)^2$, wie sich aus den Formeln für $\cos(\psi \pm \eta)$ erschließen lässt. Damit ergibt sich für die Norm des Vektors $\|(x,y)^t\| = \frac{2|\sin(\varphi/2)|}{|\sin(\varphi)|}$, also ist $b_1 = \begin{pmatrix} \frac{|\sin(\varphi)|}{2|\sin(\varphi/2)|} \\ |\sin(\varphi/2)| \end{pmatrix}$. Eine analoge Rechnung liefert $b_2 = \begin{pmatrix} \frac{|\sin(\varphi)|}{2|\cos(\varphi)/2|} \\ -|\cos(\varphi/2)| \end{pmatrix}$.

Nun haben die Vektoren e_1 und b_1 die Norm 1. Also ist $(e_1|b_1) = \cos(\sphericalangle(e_1, b_1))$. Es ist aber $(e_1|b_1) = \frac{\sin(\varphi)}{2\sin(\varphi/2)}$. Aus der Formel

$$\begin{aligned} e^{2i\psi} &= \cos(2\psi) + i\sin(2\psi) = (e^{i\psi})^2 \\ &= (\cos(\psi) + i\sin(\psi))^2 = \cos(\psi)^2 - \sin(\psi)^2 + 2i\sin(\psi)\cos(\psi) \end{aligned}$$

folgt $\sin(2\psi) = 2\cos(\psi)\sin(\psi)$. Für $\psi = \varphi/2$ ergibt sich $\sin(\varphi) = 2\sin(\varphi/2)\cos(\varphi/2)$, also für $\varphi \neq 0, \pm\pi$ die Beziehung $\cos(\varphi/2) = \frac{\sin(\varphi)}{2\sin(\varphi/2)}$, woraus die Behauptung $\cos(\sphericalangle(e_1, b_1)) = \cos(\varphi/2)$ folgt.

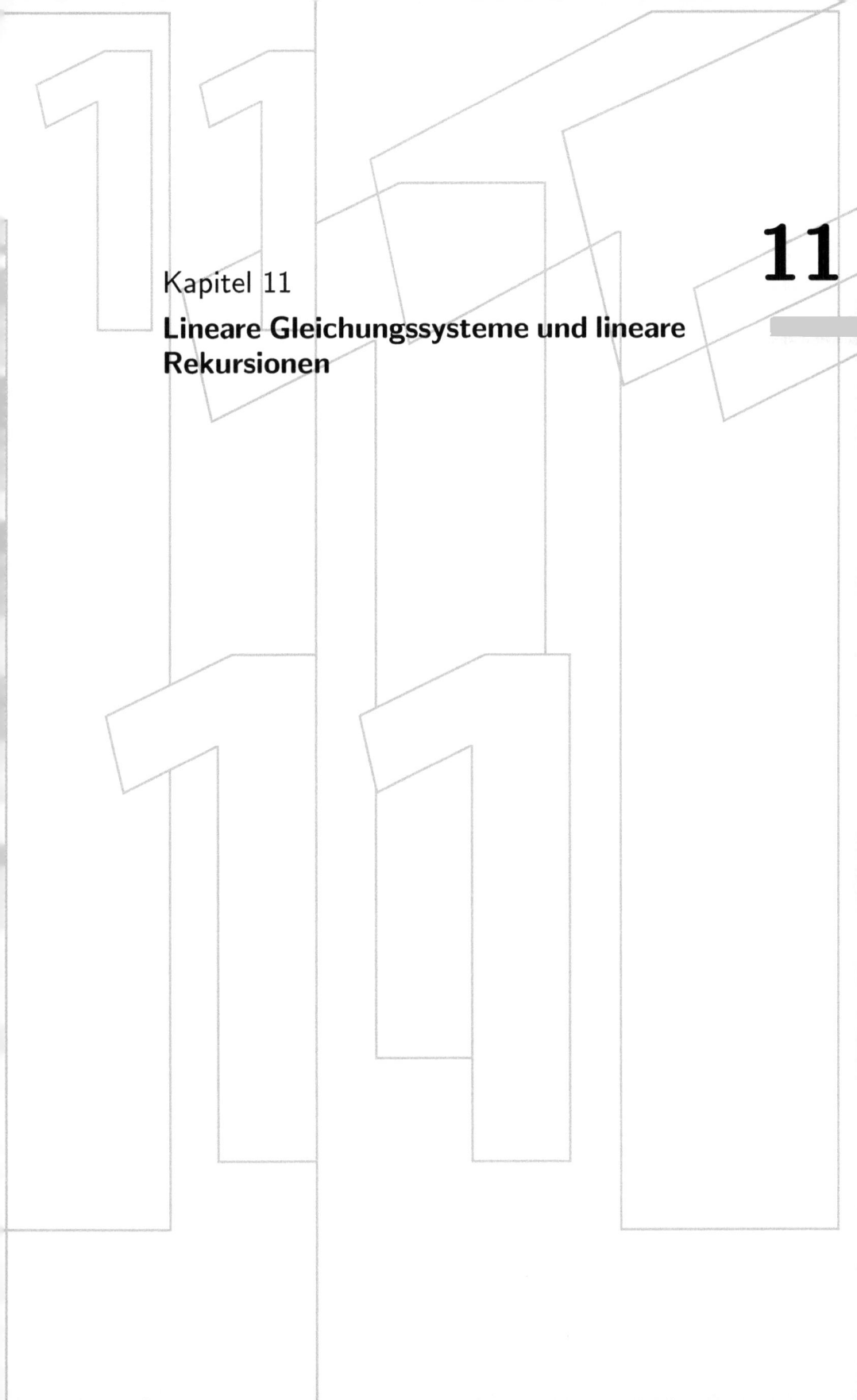

Kapitel 11
Lineare Gleichungssysteme und lineare Rekursionen

11 Lineare Gleichungssysteme und lineare Rekursionen

11.1 Lineare Gleichungssysteme 217
11.2 Lineare Rekursionen 218

11 Lineare Gleichungssysteme und lineare Rekursionen

11.1 Lineare Gleichungssysteme

Aufgabe 11.1 Lösen Sie bitte die folgenden Gleichungssysteme mit dem Verfahren von Gauß ([WHK, Abschnitt 11.1.2]).
a) Ein Beispiel für ein Gleichungssystem mit genau so vielen Gleichungen wie Unbekannten.
$$\begin{aligned} x + 2y + 3z &= 1, \\ -x - 2y - 2z &= 0, \\ x + y + z &= 0. \end{aligned}$$
b) Zwei Gleichungen für drei Unbekannte.
$$\begin{aligned} 5x - 2y + z &= 7, \\ x + y - z &= 6. \end{aligned}$$
c) Drei Gleichungen für zwei Unbekannte.
$$\begin{aligned} 3x + 2y &= 4, \\ 3x - y &= 2, \\ -6x - 4y &= 0. \end{aligned}$$

Lösung: a) Addiere Gleichung 1 zu Gleichung 2. Das ergibt
$$\begin{aligned} x + 2y + 3z &= 1 \\ z &= 1 \\ x + y + z &= 0 \end{aligned}$$
Wir ziehen nun die erste von der dritten Gleichung ab und erhalten
$$\begin{aligned} x + 2y + 3z &= 1 \\ z &= 1 \\ -y - 2z &= -1 \end{aligned}$$
Wir vertauschen nun Zeile zwei und drei und erhalten
$$\begin{aligned} x + 2y + 3z &= 1 \\ -y - 2z &= -1 \\ z &= 1 \end{aligned}$$
Wir lesen das Ergebnis ab: $z = 1$, $y = -1$, $x = 0$.
b) Wir vertauschen die dritte mit der ersten Spalte. So erhalten wir das folgende äquivalente Gleichungssystem:
$$\begin{aligned} z + 5x - 2y &= 7, \\ -z + x + y &= 6. \end{aligned}$$
Wir addieren die erste zur zweiten Zeile und erhalten
$$\begin{aligned} z + 5x - 2y &= 7, \\ 6x - y &= 13. \end{aligned}$$

Damit erhalten wir aus der zweiten Gleichung $y = 6x - 13$ und das eingesetzt in die erste Gleichung ergibt $z = 7 - 5x + 2y = 7(x - 3)$. Dabei ist $x \in \mathbb{R}$ beliebig. Wir erhalten also eine Gerade in Parameterdarstellung, nämlich

$$G = \begin{pmatrix} 0 \\ -13 \\ -21 \end{pmatrix} + \left\{ \begin{pmatrix} x \\ 6x \\ 7x \end{pmatrix} : x \in \mathbb{R} \right\}.$$ G ist der Schnitt zweier Ebenen, die in Hessescher Normalform gerade durch die beiden Gleichungen gegeben sind (vergl. [WHK, S. 394]).

c) Wir substrahieren die erste von der zweiten Zeile und erhalten
$$\begin{array}{rcrcr} 3x & + & 2y & = & 4, \\ & - & 3y & = & -2, \\ -6x & - & 4y & = & 0. \end{array}$$
Wir addieren nun das Doppelte der ersten Zeile zur dritten Zeile und erhalten das neue äquivalente Gleichungssystem
$$\begin{array}{rcrcr} 3x & + & 2y & = & 4, \\ & - & 3y & = & -2, \\ 0 & - & 0 & = & 8. \end{array}$$
Das Gleichungssystem ist also nicht lösbar. Hätte die dritte Zeile im ursprünglichen Gleichungssystem $-6x - 4y = -8$ geheißen, wäre das Gleichungssystem lösbar geworden mit der einzigen Lösung $y = 2/3$, $x = 8/9$.

11.2 Lineare Rekursionen

Aufgabe 11.2 Bestimmen Sie bitte alle Lösungen der Rekursion $x_n = x_{n-1} + x_{n-2}$ über dem Körper $\mathbb{K}_2$.

Lösung: Die Rekursionsmatrix ist $A = \begin{pmatrix} 0 & 1 \\ 1 & 1 \end{pmatrix}$. Damit erhalten wir wegen $1 + 1 = 0$ $A^2 = \begin{pmatrix} 1 & 1 \\ 1 & 0 \end{pmatrix}$, ferner $A^3 = \begin{pmatrix} 1 & 0 \\ 0 & 1 \end{pmatrix}$, also die Einheitsmatrix über $\mathbb{K}_2$. Daraus erhält man $a_2 = a_0 + a_1 = (Aa)_2$, das ist die zweite Koordinate von Aa. Ebenso ergibt sich $a_3 = (A^2a)_2 = a_0$ und $a_4 = (A^3a)_2 = (Ea)_2 = a_1$. Sei $n \geq 1$ beliebig und $n + 1 \equiv k \pmod 3$. Dann ist $a_{n+1} = (A^n a)_2 = (A^k a)_2 =$
$\begin{cases} a_0 + a_1 & k = 1 \\ a_0 & k = 2 \\ a_1 & k = 3 \end{cases}$.
Sei umgekehrt $(a_n)_{n \geq 0}$ eine Folge mit der angegebenen Eigenschaft $a_{n+1} =$
$\begin{cases} a_0 + a_1 & k = 1 \\ a_0 & k = 2 \\ a_1 & k = 3 \end{cases}$. Dann ist wegen $A^n = A^{k \bmod n}$ das $(n+1)$. Glied $a_{n+1} =$

11.2 Lineare Rekursionen

$\left(A^n \begin{pmatrix} a_0 \\ a_1 \end{pmatrix}\right)_2$ (die 2. Koordinate dieses Vektors). Damit haben wir die möglichen Rekursionsfolgen in Abhängigkeit von den beliebig vorgegebenen Anfangswerten a_0, a_1 vollständig beschrieben.

Aufgabe 11.3 Bestimmen Sie bitte alle Lösungen der Rekursion $x_n = x_{n-1} + 2x_{n-2} + 1$, $n \geq 3$ über dem Körper $\mathbb{R}$.

Lösung: Wir wenden [WHK, Satz 11.10] am und bestimmen zunächst alle Lösungen des zugehörigen homogenen Systems $x_n = x_{n-1} + 2x_{n-2}$. Die zugehörige Matrix ist $A = \begin{pmatrix} 0 & 1 \\ 2 & 1 \end{pmatrix}$. Das charakteristische Polynom ist $P(\lambda) = \det\left(\begin{pmatrix} \lambda & -1 \\ -2 & \lambda - 1 \end{pmatrix}\right) = \lambda^2 - \lambda - 2$. Seine Nullstellen, also die Eigenwerte von A sind $\lambda_1 = 2$, $\lambda_2 = -1$. Damit erhält man als Raum der Lösungen der homogenen Rekursion den Aufspann L von $w_1 = (2^n)_{n\geq 0}$ und $w_2 = ((-1)^n)_{n\geq 0}$ in $\mathbb{R}^{\mathbb{N}_0}$.

Wir suchen nun eine spezielle Lösung der inhomogenen Rekursion. 1 ist kein Eigenwert von A, also erhalten wir aus [WHK, Satz 11.10] die spezielle Lösung auf folgende Weise: es ist $c := 1^2 - 1^1 - 2 \cdot 1^0 = -2$. Da das dortige a gleich 1 ist, ist $e := a/c = -1/2$ und damit ist eine spezielle Lösung $w = -1/2 \cdot (1, 1, 1, \ldots)$. Die Menge aller Lösungen ist dann nach dem gleichen Satz gleich $w + L$.

Kapitel 12

Zur affinen Geometrie in $A(\mathbb{R}^2)$ und $A(\mathbb{R}^3)$

12

12 Zur affinen Geometrie in $A(\mathbb{R}^2)$ und $A(\mathbb{R}^3)$

12 Zur affinen Geometrie in $A(\mathbb{R}^2)$ und $A(\mathbb{R}^3)$

Um Geometrie im affinen Raum $A(\mathbb{R}^3)$ (siehe [WHK, S. 392 ff]) zu betreiben, führen wir (neben dem Standardskalarprodukt auf $\mathbb{R}^3$) noch das Vektorprodukt in $\mathbb{R}^3$ ein: Seien $x = \begin{pmatrix} x_1 \\ x_2 \\ x_3 \end{pmatrix}$ und $y = \begin{pmatrix} y_1 \\ y_2 \\ y_3 \end{pmatrix}$. Dann ist das Vektorprodukt

$$x \times y = \begin{pmatrix} x_2 y_3 - x_3 y_2 \\ x_3 y_1 - x_1 y_3 \\ x_1 y_2 - x_2 y_1 \end{pmatrix} = \begin{pmatrix} \det \begin{pmatrix} x_2 & y_2 \\ x_3 & y_3 \end{pmatrix} \\ \det \begin{pmatrix} x_3 & y_3 \\ x_1 & y_1 \end{pmatrix} \\ \det \begin{pmatrix} x_1 & y_1 \\ x_2 & y_2 \end{pmatrix} \end{pmatrix}. \tag{14}$$

$x \times y$ steht senkrecht auf x und y und hat die Länge $\|x\| \|y\| |\sin(\sphericalangle(x,y))|$. Die Richtung von $x \times y$ ist gerade so, dass $\det(x, y, x \times y) \geq 0$ ist. Daher ist auch $y \times x = -x \times y$.

Das Vektorprodukt ist nicht assoziativ, aber es gilt $x \times (\alpha y + \beta z) = \alpha x \times y + \beta x \times z$. Darüber hinaus gilt: Genau dann sind x und y linear unabhängig, wenn $x \times y \neq 0$ ist. Schließlich ist $(x \times y | z) = \det(x, y, z)$.

Aufgabe 12.1 Berechnen Sie bitte die folgenden Vektorprodukte: 12.1
a) $e_1 \times e_2$, $e_2 \times e_3$, $e_3 \times e_1$, wobei (e_1, e_2, e_3) gerade die kanonische Basis in $\mathbb{R}^3$ ist.
b) $\begin{pmatrix} 5 \\ 1 \\ 3 \end{pmatrix} \times \begin{pmatrix} 0 \\ 1 \\ -2 \end{pmatrix}$.
c) $\begin{pmatrix} 1 \\ 1 \\ 1 \end{pmatrix} \times \begin{pmatrix} 1 \\ -1/2 \\ -1/2 \end{pmatrix}$.

Lösung: Wir wenden in allen Fällen einfach die angegebene Formel (14) an.
a)
$$e_1 \times e_2 = \begin{pmatrix} 1 \\ 0 \\ 0 \end{pmatrix} \times \begin{pmatrix} 0 \\ 1 \\ 0 \end{pmatrix} = \begin{pmatrix} 0 \\ 0 \\ 1 \end{pmatrix} = e_3.$$

224   12. Zur affinen Geometrie in $A(\mathbb{R}^2)$ und $A(\mathbb{R}^3)$

$$e_2 \times e_3 = \begin{pmatrix} 0 \\ 1 \\ 0 \end{pmatrix} \times \begin{pmatrix} 0 \\ 0 \\ 1 \end{pmatrix} = \begin{pmatrix} 1 \\ 0 \\ 0 \end{pmatrix} = e_1.$$

$$e_3 \times e_1 = \begin{pmatrix} 0 \\ 0 \\ 1 \end{pmatrix} \times \begin{pmatrix} 1 \\ 0 \\ 0 \end{pmatrix} = \begin{pmatrix} 0 \\ 1 \\ 0 \end{pmatrix} = e_2.$$

b) $\begin{pmatrix} 5 \\ 1 \\ 3 \end{pmatrix} \times \begin{pmatrix} 0 \\ 1 \\ -2 \end{pmatrix} = \begin{pmatrix} -2-3 \\ -(5 \cdot (-2)) \\ 5 \cdot 1 \end{pmatrix} = \begin{pmatrix} -5 \\ 10 \\ 5 \end{pmatrix}.$

c) $\begin{pmatrix} 1 \\ 1 \\ 1 \end{pmatrix} \times \begin{pmatrix} 1 \\ -1/2 \\ -1/2 \end{pmatrix} = \begin{pmatrix} -1/2 - (-1/2) \\ 1 - (-1/2) \\ -1/2 - 1 \end{pmatrix} = \begin{pmatrix} 0 \\ 3/2 \\ -3/2 \end{pmatrix}.$

12.2   **Aufgabe 12.2** Sei $x = \begin{pmatrix} x_1 \\ x_2 \end{pmatrix} \in \mathbb{R}^2$. Finden Sie bitte einen Vektor y, der senkrecht auf x steht, die gleiche Länge wie x hat und $\det(x,y) \geq 0$ erfüllt.

Lösung: Wir setzen $y = \begin{pmatrix} y_1 \\ y_2 \end{pmatrix}$ und machen den Ansatz $0 = (x|y) = x_1 y_1 + x_2 y_2$. Mit $y_1 = -x_2$, $y_2 = x_1$ oder $y_2 = -x_1$, $y_1 = x_2$ ist diese Gleichung sowie $\|x\| = \|y\|$ erfüllt. Mit diesen Setzungen ist einmal $\det(x,y) = \det \begin{pmatrix} x_1 & -x_2 \\ x_2 & x_1 \end{pmatrix} = x_1^2 + x_2^2 \geq 0$, das andere Mal $\det(x,y) = \det \begin{pmatrix} x_1 & x_2 \\ x_2 & -x_1 \end{pmatrix} = -(x_1^2 + x_2^2) \leq 0$. Also ist die gesuchte Lösung $y = \begin{pmatrix} -x_2 \\ x_1 \end{pmatrix}$.

Im Folgenden nennen wir den Vektor $y = \begin{pmatrix} -x_2 \\ x_1 \end{pmatrix} = x^\dagger$.

12.3   **Aufgabe 12.3** a) Sei $G \subset \mathbb{R}^2$ eine Gerade in Parameterform, $G = \{p + \alpha x : \alpha \in \mathbb{R}\}$, wobei p ein fester Punkt auf der Geraden und $x \neq 0$ ist. Finden Sie einen Vektor y und ein $\beta \in \mathbb{R}$, so dass $G = \{x : (y|x) = \beta\}$ ist.
b) Sei $0 \neq y \in \mathbb{R}^2$ und $\beta \in \mathbb{R}$. Zeigen Sie bitte, dass $G = \{v : (y|v) = \beta\}$ eine Gerade in $\mathbb{R}^2$ ist. Das heißt finden Sie $x \neq 0$ und $p \in \mathbb{R}^2$ mit $G = \{p + \alpha x : \alpha \in \mathbb{R}\}$.
Tipp: Benutzen Sie $x^\dagger$ aus der vorigen Aufgabe.

Lösung: a) Es gilt $z \in G$ genau dann, wenn $z - p = \alpha x$ für ein $\alpha \in \mathbb{R}$. Ist das der Fall, so steht $z - p$ senkrecht auf $x^\dagger$, das heißt, es gilt $(x^\dagger | (z-p)) = 0$. Ist umgekehrt $z - p$ senkrecht auf $x^\dagger$, so liegt $z - p$ in $x^{\dagger \perp} = \{v \in \mathbb{R}^2 : (x^\dagger | v) = 0\}$. Nun sind x und $x^\dagger$ linear unabhängig, weil sie senkrecht aufeinander

12. Zur affinen Geometrie in $A(\mathbb{R}^2)$ und $A(\mathbb{R}^3)$

stehen und ungleich 0 sind. Daher bilden $x^\dagger$ und x eine Basis von $\mathbb{R}^2$. Also ist $x^{\dagger\perp} = \{\alpha x : \alpha \in \mathbb{R}\}$. Daraus erhalten wir $G = \{z : (x^\dagger|z) - (x^\dagger|p) = 0\}$. Wir setzen $y = x^\dagger$ und $\beta = (x^\dagger|p)$ und erhalten unsere gewünschte Darstellung.
b) Für $v \in G$ gilt $y_1 v_1 + y_2 v_2 = b$. Das ist eine inhomogene lineare Gleichung mit zwei Unbekannten. Wir lösen zunächst die homogene Gleichung $y_1 v_1 + y_2 v_2 = 0$. Das bedeutet, dass wir $y^\dagger$ als Lösung erhalten. Wegen $y \neq 0$ sind also alle Lösungen gerade $\{\alpha y^\dagger : \alpha \in \mathbb{R}\}$. Wir müssen nun noch eine spezielle Lösung für die inhomogene Gleichung suchen. Dazu nehmen wir zunächst $y_2 \neq 0$ an und probieren $v_1 = 0$ zu setzen. Dann ergibt sich $v_2 = b/y_2$. Also erhalten wir den Vektor $p = \begin{pmatrix} 0 \\ b/y_2 \end{pmatrix}$ als eine spezielle Lösung der inhomogenen Gleichung.
Behauptung: $G = \{p + \alpha y^\dagger : \alpha \in \mathbb{R}\}$.
Beweis: $(y|p + \alpha y^\dagger) = (y|p) + \alpha(y|y^\dagger) = (y|p) = b$.
Ist $y_2 = 0$, so ist $y_1 \neq 0$ weil $y \neq 0$ vorausgesetzt war. Dann wählt man $p = \begin{pmatrix} b/y_1 \\ 0 \end{pmatrix}$ und erhält G in der gleichen Gestalt.

Aufgabe 12.4 a) Sei $E = \{p + \alpha x + \beta y : \alpha, \beta \in \mathbb{R}\} \subset \mathbb{R}^3$ eine Ebene im $\mathbb{R}^3$ in Parameterform. Insbesondere seien x und y linear unabhängig. Zeigen Sie bitte: Es gibt einen Vektor z und ein Skalar γ mit $G = \{v \in \mathbb{R}^3 : (z|v) = \gamma\}$.
b) Sei umgekehrt $G = \{x \in \mathbb{R}^3 : (z|x) = \gamma\}$, wo $z \neq 0$ ein Vektor in $\mathbb{R}^3$ und γ eine feste Zahl ist. Dann ist G eine Ebene. Das heißt: es gibt linear unabhängige Vektoren x, y und einen Vektor p mit $G = \{p + \alpha x + \beta y : \alpha, \beta \in \mathbb{R}\}$.
Tipp: verwenden Sie geschickt das Vektorprodukt.

Lösung: a) Wir setzen $z = x \times y$. Da x und y linear unabhängig sind, ist $z \neq 0$ (siehe oben). Wir setzen $\gamma = (z|p)$ und erhalten zunächst $z^\perp = \{\alpha x + \beta y : \alpha, \beta \in \mathbb{R}\}$. Damit ist $G = p + z^\perp = \{v : (z|v) = \gamma\}$.
b) Sei $p = \frac{\gamma}{(z|z)} \cdot z$. Dann ist $(z|p) = (z|z)\frac{\gamma}{(z|z)} = \gamma$. Wir haben also schon ein geeignetes p gefunden. v liegt genau dann in G, wenn $0 = (z|v) - \underbrace{(z|p)}_{=\gamma} = (z|v-p)$ gilt, das heißt, wenn $v - p$ in $z^\perp$ liegt. Wir bestimmen nun eine Basis (f, g) von $z^\perp$:
(i) Sei $z = \begin{pmatrix} z_1 \\ z_2 \\ 0 \end{pmatrix}$. Dann setzen wir $f = \begin{pmatrix} -z_2 \\ z_1 \\ 0 \end{pmatrix}$ und $g = \begin{pmatrix} 0 \\ 0 \\ 1 \end{pmatrix}$. Dann stehen f und g senkrecht auf z und aufeinander, sind also linear unabhängig und damit eine Basis von $z^\perp$.

(ii) Sei nun die dritte Koordinate z_3 von z ungleich 0. Dann sind $z \times e_1 = \begin{pmatrix} 0 \\ z_3 \\ -z_2 \end{pmatrix}$ und $z \times e_2 = \begin{pmatrix} -z_3 \\ 0 \\ z_1 \end{pmatrix}$ linear unabhängig (wie Sie sofort sehen) und stehen beide nach Konstruktion senkrecht auf z. Also bilden sie eine Basis von $z^\perp$.

In jedem Fall ist $z^\perp = \{\alpha f + \beta g : \alpha, \beta \in \mathbb{R}\}$. Damit haben wir $G = \{p + \alpha f + \beta g : \alpha, \beta \in \mathbb{R}\}$ erhalten.

Kapitel 13
Funktionen mehrerer Veränderlicher

13

13 Funktionen mehrerer Veränderlicher

13.1 Folgen in $\mathbb{R}^p$ und Folgen von Matrizen 229
13.2 Grenzwerte von Funktionswerten, Stetigkeit 234
13.3 Anwendungen in der Numerik 236

13 Funktionen mehrerer Veränderlicher

13.1 Folgen in $\mathbb{R}^p$ und Folgen von Matrizen

In $\mathbb{R}^n$ bzw. $\mathbb{C}^n$ können wir zusätzlich zu den algebraischen und geometrischen Problemen auch solche behandeln, die die Entfernung zwischen zwei Punkten betrifft. Hierzu muss allerdings erst einmal eine mit der algebraischen Struktur des Vektorraumes verträgliche Entfernung erklärt werden. Üblicherweise geschieht dies Problem-angepasst mit verschiedenen Entfernungsbegriffen, die aber, was den daraus auch resultierenden Konvergenzbegriff betrifft, alle äquivalent sind.

Eine Norm auf dem Vektorraum V über $\mathbb{K} = \mathbb{R}$ oder über $\mathbb{K} = \mathbb{C}$ ist eine Funktion $\|.\| : V \to \mathbb{R}$ mit den Eigenschaften:
1) $\|x\| = 0$ gilt genau dann, wenn $x = 0$ ist.
2) $\|\alpha x\| = |\alpha| \|x\|$ für alle $x \in V$ und $\alpha \in \mathbb{K}$.
3) $\|x + y\| \leq \|x\| + \|y\|$. für alle $x, y \in V$.
Die üblichen Normen auf $V = \mathbb{R}^n$ bzw. $V = \mathbb{C}^n$ sind die 1-Norm

$$\|x\|_1 = |x_1| + |x_2| + \cdots + |x_n|,$$

die 2-Norm

$$\|x\|_2 = \sqrt{|x_1|^2 + |x_2|^2 + \cdots + |x_n|^2},$$

und die ∞-Norm

$$\|x\|_\infty = \max\{|x_1|, \ldots, |x_n|\}.$$

Die 2-Norm heißt im Fall $\mathbb{K} = \mathbb{R}$ auch euklidische Norm bzw. im Fall $\mathbb{K} = \mathbb{C}$ unitäre Norm.
Auf dem Raum der $m \times n$-Matrizen führt man in Abhängigkeit von den auf $\mathbb{K}^n$ und $\mathbb{K}^m$ eingeführten Normen entsprechende Matrixnormen ein:
1. $\|A\|_{11} = \sup\{\|Ax\|_1 : \|x\|_1 \leq 1\}$.
2. $\|A\|_{22} = \sup\{\|Ax\|_2 : \|x\|_2 \leq 1\}$.
3. $\|A\|_{\infty\infty} = \sup\{\|Ax\|_\infty : \|x\|_\infty \leq 1\}$.
All diese Normen haben (im Fall $m = n$) die zusätzlichen Eigenschaften $\|E\| = 1$ und $\|AB\| \leq \|A\| \|B\|$. Eine Norm auf dem Raum aller $m \times m$-Matrizen mit diesen Eigenschaften heißt Matrixnorm.
Eine Folge $(x_n)_{n \geq k}$ von Vektoren in $V = \mathbb{R}^p$ bzw. $V = \mathbb{C}^p$ konvergiert nach Definition genau dann gegen c, wenn die Folge der Entfernungen $(\|c - x_n\|)_{n \geq k}$ in $\mathbb{R}$ gegen 0 konvergiert. Das ist für eine beliebige Norm auf V

230   13. Funktionen mehrerer Veränderlicher

genau dann der Fall, wenn die einzelnen Koordinatenfolgen im Grundkörper gegen die entsprechende Koordinaten von c konvergieren. Die Konvergenz hängt also nicht von der speziell gewählten Norm ab. Entsprechendes gilt für die Konvergenz von Matrizen (siehe [WHK, Abschnitt 13.1]).

13.1 **Aufgabe 13.1** Beweisen Sie bitte, dass die Abbildung $\|.\|_1 : \mathbb{R}^n \to \mathbb{R}$, $x \to \|x\|_1 = |x_1| + \cdots + |x_n|$ eine Norm ist.

Lösung: Wir weisen die Eigenschaften 1) - 3) der Norm nach.
1) Ist $\|x\|_1 = 0$, so müssen $x_1, \ldots, x_n$ gleich 0, also muss $x = o$ gelten. Ist umgekehrt $x = o$, so ist $x_1, \ldots, x_n = 0$, also $\|x\|_1 = 0$.
2) Es ist $\|\lambda x\|_1 = \sum_{j=1}^n |\lambda x_j| = \sum_{j=1}^n |\lambda| |x_j| = |\lambda| \cdot \sum_{j=1}^n |x_j| = |\lambda| \|x\|_1$, das heißt 2) gilt.
3) Es ist $\|x + y\|_1 = \sum_{j=1}^n |x_j + y_j| \leq \sum_{j=1}^n (|x_j| + |y_j|) = \sum_{j=1}^n |x_j| + \sum_{j=1}^n |y_j| = \|x\|_1 + \|y\|_1$, das heißt 3) gilt.

13.2 **Aufgabe 13.2** Sei A eine invertierbare $n \times n$-Matrix über $\mathbb{R}$ und $\|.\|$ eine Matrixnorm auf dem Raum aller $n \times n$-Matrizen. Insbesondere gilt also $\|AB\| \leq \|A\| \|B\|$ und $\|E\| = 1$ für die Einheitsmatrix E. Zeigen Sie bitte: es ist $\frac{1}{\|A^{-1}\|} \leq \|A\|$.

Lösung: Es ist $E = A \cdot A^{-1}$, also ist $1 = \|E\| = \|AA^{-1}\| \leq \|A\| \|A^{-1}\|$. Division durch $\|A^{-1}\|$ liefert die Behauptung.

13.3 **Aufgabe 13.3** Für eine $p \times p$-Matrix $A = (a_{ik})_{i,k=1\ldots p}$ sei $\|A\|_{11} = \sup\{\|Ax\|_1 : \|x\|_1 \leq 1\}$ die zur 1–Norm auf $\mathbb{R}^p$ gehörige Matrixnorm. Charakterisieren Sie bitte all die Matrizen A, die von der Einheitsmatrix E den $\|.\|_{11}$-Abstand < 1 haben und zwar
a) im Falle $p = 2$, geben Sie hier auch ein Beispiel an;
b) im allgemeinen Fall.

Lösung: Sei $B = \begin{pmatrix} b_{11} & b_{12} \\ b_{21} & b_{22} \end{pmatrix}$. Dann berechnet sich die Norm nach [WHK, Satz 13.4] zu $\|B\|_{11} = \max(|b_{11}| + |b_{21}|, |b_{12}| + |b_{22}|)$. Also ist $\|E - A\|_{11} = \left\| \begin{pmatrix} 1 - a_{11} & -a_{12} \\ -a_{21} & 1 - a_{22} \end{pmatrix} \right\|_{11} = \max(|1 - a_{11}| + |a_{21}|, |a_{12}| + |1 - a_{22}|)$. Damit hat A genau dann von E einen Abstand < 1, wenn $\max(|1 - a_{11}| + |a_{21}|, |a_{12}| + $

13.1 Folgen in $\mathbb{R}^p$ und Folgen von Matrizen

$|1 - a_{22}|) < 1$ gilt. Ein Beispiel ist $A = \begin{pmatrix} 3/4 & 1/4 \\ 1/2 & 9/10 \end{pmatrix}$. Es ist

$$\|E - A\|_{11} = \max(1/4 + 1/2, 1/4 + 1/10) = 1/4 + 1/2 = 3/4.$$

b) Wir erhalten genau so wie unter a): Die Matrix $A = \begin{pmatrix} a_{11} a_{12} \ldots a_{1p} \\ a_{21} a_{22} \ldots a_{2p} \\ \vdots & \ddots & \vdots \\ a_{p1} a_{p2} \ldots a_{pp} \end{pmatrix}$ hat von E genau dann einen Abstand < 1, wenn

$$\max\{|a_{1k}| + \cdots |a_{(k-1),k}| + |1 - a_{kk}| + a_{(k+1),k}| + \cdots + |a_{pk}| : 1 \leq k \leq p\} < 1$$

für $k = 1, \ldots, p$ gilt.

Sei $\|\cdot\|$ eine Matrixnorm auf dem Raum der $p \times p$–Matrizen. Insbesondere gilt $\|A + B\| \leq \|A\| + \|B\|$ und $\|AB\| \leq \|A\| \|B\|$. Damit kann man mit $p \times p$-Matrizen fast genau so rechnen wie mit reellen oder komplexen Zahlen, insbesondere, was Potenzreihen angeht. Eine Potenzreihe von Matrizen ist eine Reihe der Form $\sum_{n=0}^{\infty} a_n A^n$, wo $a_n \in \mathbb{K}$ ist. Zum Beispiel erhält man, dass für $\|A\| < 1$ die "geometrische" Reihe $\sum_{n=0}^{\infty} A^n$ gegen $(E - A)^{-1}$ konvergiert.

Aufgabe 13.4 Sei A eine invertierbare Matrix und $\|.\|$ eine Matrixnorm auf dem Raum der $p \times p$-Matrizen (siehe Aufgabe 13.2). Sei L eine Matrix mit $\|L - A\| < \frac{1}{\|A^{-1}\|}$. Zeigen Sie bitte: L ist invertierbar und es gilt

$$\|L^{-1} - A^{-1}\| \leq \frac{\|A^{-1}\|^2 \|A - L\|}{1 - \|A^{-1}(A - L)\|}.$$

13.4

Lösung: Wir benutzen [WHK, Satz 13.18 a)] (dahinter steht die geometrische Reihe für Matrizen!). Zunächst müssen wir die Aufgabe auf diesen Satz zurückführen: Es ist $L = A - (A - L) = A(E - A^{-1}(A - L))$. Zum leichteren Verständnis setzen wir $B = A^{-1}(A - L)$. Es ist $\|B\| = \|A^{-1}(A - L)\| \leq \|A^{-1}\| \|A - L\| = \|A^{-1}\| \|L - A\| =: q < 1$ nach Voraussetzung. Also existiert nach dem zitierten Satz das Inverse $(E - B)^{-1}$ und es gilt die Normabschätzung $\|(E - B)^{-1}\| \leq \frac{1}{1 - \|B\|}$. Zur Erinnerung: das wird bewiesen durch die Konvergenz der Reihe $\sum_{n=0}^{\infty} B^n = (E - B)^{-1}$.
Nun sind A und $E - B$ invertierbar, also ist $L = A(E - B)$ invertierbar und es ist $L^{-1} = (E - B)^{-1} A^{-1}$. Daraus ergibt sich $L^{-1} - A^{-1} = ((E - B)^{-1} - E) A^{-1}$.
Um das Folgende besser zu verstehen, schreiben wir das Inverse als Bruch, obwohl man das in nichtkommutativen Ringen nicht darf, weil die Bruch-Schreibweise nicht anzeigt, ob man von links oder von rechts mit dem Inversen

heranmultipliziert. Das Folgende dient also nur dem besseren Verständnis und wird später korrekt aufgeschrieben:
Es ist (in diesem Sinn) $(E-B)^{-1} - E = \frac{E}{E-B} - E = \frac{E-(E-B)}{E-B} = \frac{B}{E-B}$.
Korrekt aufgeschrieben erhalten wir also

$$(E-B)^{-1} - E = (E-B)^{-1}(E - (E-B)) = (E-B)^{-1}B$$

Eingesetzt in die Gleichung für $L^{-1} - A^{-1}$ ergibt dies die Formel $L^{-1} - A^{-1} = ((E-B)^{-1}BA^{-1}$. Damit erhalten wir die Normabschätzung, wobei wir $B = A^{-1}(A-L)$ benutzen

$$\|L^{-1} - A^{-1}\| \leq \|(E-B)^{-1}\| \|B\| \|A^{-1}\|$$
$$\leq \frac{1}{1 - \|A^{-1}(A-L)\|} \cdot \|A^{-1}\| \|A - L\| \|A^{-1}\|,$$

und das ist die Behauptung.

13.5 **Aufgabe 13.5** Untersuchen Sie bitte die angegebenen Folgen auf Konvergenz und bestimmen Sie gegebenenfalls den Grenzwert. Für den zweidimensionalen Fall benutzen Sie bitte auch das Applet "Folgen von Vektoren", das Sie unter den "Mathe-Visualisierungen" finden.

a) $x_n = \frac{1}{n} \begin{pmatrix} \cos(n) \\ \sin(n) \end{pmatrix}$.

b) $x_n = \begin{pmatrix} \frac{\cos(n)}{n} \\ (1 - 1/n)\sin(n) \end{pmatrix}$.

c) Sei $A = \begin{pmatrix} 0 & 1/2 \\ 1/2 & 0 \end{pmatrix}$ und $x_n = A^n \begin{pmatrix} 1 \\ 0 \end{pmatrix}$.

d) A wie unter c) und $X_n = E + A + A^2 + \cdots + A^n = \sum_{k=0}^n A^k$.

e) A wie unter c) und $S_n = E + A/(1!) + A^2/(2!) + \cdots + \frac{A^n}{n!}$.

Lösung: Wir benutzen, dass eine Folge von Vektoren bzw. Matrizen genau dann konvergiert, wenn alls Koordinatenfolgen konvergieren. Der Grenzwert ist dann gerade derjenige, der sich aus den Grenzwerten der Koordinatenfolgen ergibt.

a) Es ist $|\sin(n)| \leq 1$ und $|\cos(n)| \leq 1$. Also ist $\lim_{n \to \infty} \frac{\cos(n)}{n} = 0 = \lim_{n \to \infty} \frac{\sin(n)}{n}$. Die Koordinatenfolgen konvergieren beide gegen 0. Also gilt $\lim_{n \to \infty} x_n = o$ (o: Nullelement im Vektorraum).

b) Zwar wissen wir schon $\lim_{n \to \infty} \frac{\cos(n)}{n} = 0$, aber die zweite Koordinatenfolge konvergiert nicht. Denn würde sie konvergieren, so würde aus der Konvergenz des ersten Faktors gegen 1 folgen, dass die Folge $(\sin(n))_{n \geq 1} = \left(\frac{(1-1/n)\sin(n)}{1-1/n} \right)_{n \geq 1}$ als Quotient zweier konvergenter Folgen selbst kon-

13.1 Folgen in $\mathbb{R}^p$ und Folgen von Matrizen

vergiert, was aber offensichtlich nicht der Fall ist. Damit konvergiert $(x_n)_{n\geq 1}$ nicht.

c) Es ist $A^2 = 1/4\,E$, also $A^3 = 1/8\begin{pmatrix}0&1\\1&0\end{pmatrix}$. Allgemein ist $A^{2n} = 1/2^{2n}\,E$ und $A^{2n+1} = 1/2^{2n+1}\begin{pmatrix}0&1\\1&0\end{pmatrix}$. Sei $a_{ij}^{(n)}$ das Matrixelement von A^n an der Stelle (i,j). Dann ist

$$a_{ij}^{(n)} = \begin{cases} 0 & n \text{ gerade und } i \neq j \text{ oder } n \text{ ungerade und } i = j \\ 2^{-n} & \text{sonst} \end{cases}.$$

In jedem Fall gilt $0 \leq a_{ij}^{(n)} \leq 2^{-n}$ und damit $\lim_{n\to\infty} a_{ij}^{(n)} = 0$ für alle Indizes i, j. Also ist $\lim_{n\to\infty} A^n = \begin{pmatrix}0&0\\0&0\end{pmatrix}$. Aber $A^n e_1$ ist die erste Spalte von A^n, also gilt $\lim_{n\to\infty} A^n e_1 = o$.

c) Es ist $A = 2^{-1}C$ mit $C = \begin{pmatrix}0&1\\1&0\end{pmatrix}$. Es gilt $C^2 = E$, also erhält man $X_{2n} = (1 + 1/4 + \cdots + 2^{-2n})E + 1/2\,(1 + 1/4 + \cdots + 2^{2n-2})C$. Analog ergibt sich $X_{2n+1} = (1 + 1/4 + \cdots + 2^{-2n})E + 1/2\,(1 + 1/4 + \cdots + 2^{-2n})C$. Nun ist $\sum_{n=0}^{\infty} 4^{-n} = 4/3$. Also erhält man für das Element $x_{ij}^{(n)}$ von X_n an der Stelle (i,j)

$$\lim_{n\to\infty} x_{ij}^{(n)} = \begin{cases} 4/3 & i = j \\ 1/2 \cdot 4/3 = 2/3 & i \neq j \end{cases}$$

Nach [WHK, Satz 13.18 a)] sollte der Grenzwert ja das Inverse von $E - A$, also $(E - A)^{-1}$ sein, wovon man sich durch eine leichte Rechnung überzeugen kann.

d) Wir haben $S_n = E + A + A^2/2 + A^3/(3!) + \cdots + A^n/(n!)$ und nutzen wieder $A = 1/2\,C$ mit $C^2 = E$ aus. Dadurch erhalten wir

$$S_{2n} = \left(1 + \frac{1/4}{2!} + \cdots + \frac{1/4^{n-1}}{2(n-1)!}\right) \cdot E$$
$$\quad + \left(1 + \frac{1/2^3}{3!} + \frac{1/2^5}{5!} + \cdots + \frac{1/2^{2n-1}}{(2n-1)!}\right) C$$
$$S_{2n+1} = S_{2n} + \frac{1/2^{2n}}{(2n)!} \cdot E.$$

In der Hauptdiagonalen stehen also die Teilsummen der Reihe für $\cosh(1/2)$, in der Nebendiagonale die Teilsummen der Reihe für $\sinh(1/2)$ (siehe [WHK, Abschnitt 7.4.3]). Daraus folgt

$$\lim_{n\to\infty} S_n = \begin{pmatrix} \cosh(1/2) & \sinh(1/2) \\ \sinh(1/2) & \cosh(1/2) \end{pmatrix} = \cosh(1/2)E + \sinh(1/2)C.$$

Wenn Sie die S_n genau anschauen, so lesen Sie die Beziehung $\exp(C/2) = \cosh(1/2)E + \sinh(1/2)C$ ab.

13.2 Grenzwerte von Funktionswerten, Stetigkeit

Adhärenzpunkt und Abgeschlossenheit einer Menge werden genau so erklärt wie im eindimensionalen Fall. Ebenso sind die Begriffe Konvergenz von Funktionswerten und Stetigkeit völlig analog definiert.

Wir erinnern daran, dass wir aus drucktechnischen Gründen statt $\begin{pmatrix} x_1 \\ \vdots \\ x_p \end{pmatrix}$ oft einfach $(x_1, \ldots, x_p)^t$ schreiben.

❯ Adhärenzpunkt, abgeschlossene Menge

Aufgabe 13.6 Sei X entweder $\mathbb{R}^p$ mit irgendeiner Norm ausgestattet, oder sei X der Raum der $p \times q$-Matrizen über $\mathbb{R}$, versehen mit einer Matrixnorm. Zeigen Sie bitte:
a) Die Menge $D := \{x \in X : \|x\| \leq 1\}$ ist abgeschlossen in X, gleichgültig, welche Norm man gerade betrachtet.
b) Sei A eine beliebige Teilmenge von X. Dann ist $\overline{A}$ abgeschlossen.
c) Die abgeschlossene Hülle $\overline{B(x,r)}$ der offenen Kugel $B(x,r) = \{y \in X : \|y - x\| < r\}$ ist gleich $\{y \in X : \|y - x\| \leq r\}$.

Lösung: a) Sei d ein Adhärenzpunkt von D. Dann gibt es eine Folge $(d_n)_{n \geq 1}$ aus D mit $\lim_{n \to \infty} d_n = d$. Nun ist nach der Dreiecksungleichung

$$\|d\| = \|(d - d_n) + d_n\| \leq \|d - d_n\| + \underbrace{\|d_n\|}_{d_n \in D} \leq \|d - d_n\| + 1.$$

Da $(d_n)_{n \geq 1}$ gegen d konvergiert, gilt $\lim_{n \to \infty} \|d - d_n\| = 0$. Also haben wir $\|d\| \leq \lim_{n \to \infty} \|d - d_n\| + 1 = 1$. Daraus folgt $d \in D$, die Menge D enthält also alle ihre Adhärenzpunkte und ist damit abgeschlossen.
b) Vergleichen Sie bitte die folgende Lösung mit der von der Aufgabe 6.10. Wir zeigen: jeder Adhärenzpunkt von $\overline{D}$ liegt bereits in $\overline{D}$. Damit ist $\overline{D}$ abgeschlossen.
Sei also d ein beliebig gewählter Adhärenzpunkt von $\overline{D}$. Dann gibt es eine Folge $(d_n)_{n \geq 1}$ aus $\overline{D}$ mit $d = \lim_{n \to \infty} d_n$. Jedes d_n ist seinerseits ein Adhärenzpunkt von D. Also gibt es eine Folge $(d_{n,k})_{k \geq 1}$ aus D mit $d_n = \lim_{k \to \infty} d_{n,k}$. Daher gibt es zu jedem n ein $k(n)$ mit $\|d_n - d_{n,k(n)}\| < 1/n$.

13.2 Grenzwerte von Funktionswerten, Stetigkeit

Behauptung: $\lim_{n\to\infty} d_{n,k(n)} = d$, das heißt, d ist Grenzwert einer Folge aus D und damit in $\overline{D}$.

Beweis: Es ist

$$\|d - d_{n,k(n)}\| \leq \|d - d_n\| + \|d_n - d_{n,k(n)}\| \leq \|d - d_n\| + 1/n.$$

Nach dem Nullfolgenlemma [WHK, Satz 5.22 b)] gilt also $\lim \|d - d_{n,k(n)}\| = 0$ (in $\mathbb{R}$!) und damit nach [WHK, Lemma 13.10] $\lim_{n\to\infty} d_{n,k(n)} = d$. Ein beliebig gewählter Adhärenzpunkt von $\overline{D}$ liegt also bereits in $\overline{D}$. Daraus folgt die Abgeschlossenheit von $\overline{D}$.

c) Die Menge $M = \{y \in X : \|y - x\| \leq r\}$ ist abgeschlossen. Wir müssen zeigen: jeder Punkt aus M ist Adhärenzpunkt von $B(x,r)$. Sei $y \in M$ beliebig gewählt. Ist $\|y - x\| < r$, so ist $y \in B(x,r)$, also ein Adhärenzpunkt dieser Menge. Sei also $\|y - x\| = r$. Sei $y_n = y - (y - x)/n$. Dann ist $y_n - x = \frac{n-1}{n}(y - x)$, also $\|y_n - x\| = \frac{n-1}{n}\|y - x\| = \frac{n-1}{n} \cdot r < r$. Also ist $y_n \in B(x,r)$. Wegen $\lim_{n\to\infty} y_n = y$ ist y ein Adhärenzpunkt von $B(x,r)$. Da $y \in M$ beliebig war, folgt die Behauptung.

❯ Typen von Funktionen

Aufgabe 13.7 Schauen Sie sich beliebig gewählte skalare Funktionen von zwei Veränderlichen mit dem Applet "Funktionen zweier Veränderlicher im Raum", sowie Funktionen einer Veränderlichen mit Werten in $\mathbb{R}^2$ und $\mathbb{R}^3$ mit den Applets "Parameterkurven in der Ebene" bzw. "...im Raum" an. Sie können sich sogar Funktionen zweier Veränderlicher mit Werten in $\mathbb{R}^3$ mit dem Applet "Parameterflächen im Raum" anschauen. Diese Aufgabe erfordert keine Lösung, sie dient zur Schulung der Anschauung.

❯ Stetigkeit

Aufgabe 13.8 Im Folgenden sei $x^{(0)} = \begin{pmatrix} 0 \\ 0 \end{pmatrix}$. Überprüfen Sie bitte, ob die folgenden Funktionen in diesem Punkt stetig sind:
a) $f(x,y) = xy$.
b) $f(x,y) = \sin(xy)$.
c) $f(x,y) = \begin{cases} 0 & x = y = 0 \\ \frac{2xy}{x^2+y^2} & \text{sonst} \end{cases}$.

Lösung: a) *Wir bringen zunächst einen kurzen Beweis, der aber auf mehrere Sätze aus [WHK] zurückgreift:* Sei $g(x,y) = x$, $h(x,y) = y$. Beide Funktionen

236   13. Funktionen mehrerer Veränderlicher

sind als lineare Abbildungen von $\mathbb{R}^2$ in $\mathbb{R}$ nach Beispiel 1, [WHK, S. 418] stetig. In $\mathbb{R}$ ist das Skalarprodukt das gewöhnliche Produkt. Also ist $f = gh$ nach [WHK, Satz 13.28] stetig.
Wir bringen nun einen elementaren Beweis: Sei $\varepsilon > 0$ beliebig vorgegeben. Wähle $\delta = \min(1, \varepsilon)$. Sei $\|(x,y)^t - x^{(0)}\|_1 < \delta$. Dann sind $|x|, |y| < \delta$, also $|f(x,y) - f(0,0)| = |xy| = |x||y| < \delta^2 \leq \varepsilon$. (für die letzte Ungleichung mussten wir $\delta < 1$ haben, daher unsere Wahl von δ). Da $\varepsilon > 0$ beliebig gewählt war, folgt die Stetigkeit in $(0,0)^t$.
b) Wir hatten gerade gesehen, dass $(x,y)^t \to xy$ stetig (in $(0,0)^t$ ist, sin ist als durch eine Potenzreihe dargestellte Funktion stetig. Also ist die Hintereinanderausführung $(x,y)^t \to xy \to \sin(xy)$ stetig nach [WHK, Satz 13.30].
c) Hier müssen wir die Stetigkeit wirklich mit einem der beiden theoretischen Konzepte beweisen oder widerlegen, weil die Rechenregeln für stetige Funktionen nicht helfen.
Die Funktion ist in 0 *nicht* stetig. Denn sei $\alpha > 0$ beliebig und $y = \alpha x$. Dann ist für $x \neq 0$ $f(x,y) = 2\frac{\alpha x^2}{(\alpha^2+1)x^2} = \frac{2\alpha}{\alpha^2+1} \neq 0$, unabhängig von x und y. Die Folge $((1/n, \alpha/n))_{n \geq 1}$ konvergiert gegen 0, aber die Bildfolge $(f(1/n, \alpha 1/n))_{n \geq 1}$ ist konstant gleich $\frac{2\alpha}{\alpha^2+1}$, konvergiert also nicht gegen $f(0,0) = 0$.

13.3   Anwendungen in der Numerik

Aufgabe 13.9 Bestimmen Sie mit dem Newtonverfahren die Nullstelle des Kosinus im Intervall $[0, 2]$. Das heißt, entwickeln Sie ein Näherungsverfahren für die Berechnung von $\pi/2$. Rechnen Sie die Fehlerabschätzung näherungsweise aus. Wie müssen Sie das Ausgangsintervall wählen, damit das Verfahren überhaupt konvergiert?

Lösung: Die Formel für das Verfahren lautet

$$x_{n+1} = x_n - \frac{f(x_n)}{f'(x_n)} = x_n + \frac{\cos(x_n)}{\sin(x_n)} = x_n + \cot(x_n).$$

Wegen $\cot(0) = \infty$ und $\cot(\pi/4) = 1$ sollte man als Startintervall eines nehmen, das echt in $[\pi/4, 3\pi/4]$ enthalten ist.
Zu Fehlerabschätzung müssen wir $\frac{ff''}{f'^2}$ berechnen, das ist $-\cot(x)^2$. Um ein geeignetes Startintervall zu finden, entwickeln wir $\cot(x)^2$ um $\pi/2$ in eine Taylorreihe bis zum 2. Glied: $\cot(x)^2 =: g(x) = \cot(\pi/2)^2 + g'(\pi/2)(x-\pi/2) + g''(\pi/2+\theta)(x-\pi/2)^2/2$. Es ist $g'(x) = -2\cot(x)(1+\cot(x)^2)$, $g''(x) = 2(1+\cot(x)^2) + 6\cot(x)^2(1+\cot(x)^2)$. Also erhält man $g(x) \approx (x-\pi/2)^2$. Wir geben

13.3 Anwendungen in der Numerik

uns jetzt eine Konvergenzkonstante $L = 1/2$ vor und bestimmen ungefähr, wann $|\frac{f(x)f''(x)}{f'^2(x)}| = \cot(x)^2 < 1/2$ gilt. Das ist nach unserer Abschätzung für $g(x)$ approximativ der Fall, wenn $|x - \pi/2| < 1/\sqrt{2}$, also $\pi/2 - 1/\sqrt{2} < x < \pi/2 + 1/\sqrt{2}$ ist. Damit ist $[1, 2]$ ein geeignetes Startintervall. Die Konvergenz ist quadratisch.

Um die Konstante L' zu bestimmen, die $|x^* - x_{n+1}| \leq L'|x^* - x_n|^2$ garantiert (siehe [WHK, S. 424]), berechnen wir $\frac{1}{2}\sup\{|\frac{f''(c)}{f'(d)}| : c, d \in [1, 2]\}$. Da $f''(x) = -\cos(x)$ und $f'(x) = \sin(x)$ ist und cos auf $[1, \pi/2]$ monoton fällt, sin auf demselben Intervall monoton wächst (und umgekehrt auf dem Intervall $[\pi/2, 2]$), erhält man als grobe Abschätzung $L' = \frac{1}{2}\frac{\cos(1)}{\sin(1)} = \cot(1)/2 \leq 1/2$, wobei die letzte Abschätzung aus $\cot(1) < \cot(\pi/4) = 1$ folgt.

Wir berechnen nun drei Werte:

$x_0 = 1$.

$x_1 = 1 + \cot(1) = 1.642092$.

$x_2 = 1.642092 + \cot(1.642092) = 1.570675$.

$x_3 = 1.570675 + \cot(1.570675) = 1.570963$.

E ist $\pi/2 = 1.5707963\ldots$. Nach drei Iterationsschritten haben wir also die Nullstelle bereits auf 7 Dezimalstellen genau berechnet.

Aufgabe 13.10 Konstruieren Sie mit Hilfe des Newtonschen Verfahrens ein Iterationsverfahren zur Bestimmung der dritten Wurzel aus einer beliebigen Zahl $a > 0$ und geben Sie Abschätzungen für die Konstanten L und L' an. Belegen Sie Ihr Verfahren mit der Berechnung von $\sqrt[3]{8}$ und einem weiteren Beispiel.

Lösung: Wir müssen die Nullstelle von $f(x) = x^3 - a$ bestimmen. Es ergibt sich als Iterationsverfahren nach Newton

$$x_{n+1} = x_n - \frac{x_n^3 - a}{3x_n^2} = \frac{1}{3x_n^2}(3x_n^3 - x_n^3 + a) = \frac{2x_n}{3} + \frac{a}{3x_n^2}.$$

Zur weiteren Bestimmung der Konstanten L und L' sowie zur Bestimmung eines geeigneten Intervalls, auf dem das Verfahren wirklich konvergiert, studieren wir die Iterationsfunktion $T(x) = x - \frac{x^3-a}{3x^2} = 1/3 \cdot (2x + \frac{a}{x^2})$. Schauen Sie sich diese Funktion für $a = 8$ an.

Zum Studium von $T(x)$ bilden wir die Ableitung $T'(x) = \frac{2}{3}(1 - \frac{a}{x^3})$. Für $x > \sqrt[3]{a}$ ist $T'(x) > 2/3 \cdot (1 - \frac{a}{a}) = 0$. Also ist $T(x)$ auf dem Intervall $[\sqrt[3]{a}, \infty[$ monoton wachsend. Wegen $T(\sqrt[3]{a}) = \sqrt[3]{a}$ bildet also T dieses Intervall in sich ab. Außerdem ist für $x > \sqrt[3]{a}$ der Wert $x^3 - a > 0$ und damit ist auf dem offenen Intervall $]\sqrt[3]{a}, \infty[$ stets $x > T(x)$. Wählen wir also einen beliebigen Startpunkt $x_0 := d > \sqrt[3]{a}$, so erhalten wir $x_1 = T(x_0) < x_0$, woraus durch Induktion folgt, dass die Iterationsfolge $(x_n)_{n\geq 0}$ monoton fallend ist, insbesondere das Intervall $[\sqrt[3]{a}, d]$ nicht verlässt.

Zur Abschätzung der Konstanten L berechnen wir

$$g(x) := \frac{f(x)f''(x)}{f'(x)^2} = \frac{(x^3 - a) \cdot 6x}{9x^4} = 2/3 \cdot (1 - a/x^3).$$

Wir erhalten $g(\sqrt[3]{a}) = 0$. Die Funktion ist offensichtlich monoton wachsend, also hat sie auf dem Intervall $[\sqrt[3]{a}, d]$ ihr Betragsmaximum an der Stelle d, es ist also $L = g(d) = \frac{2(1-a/d^3)}{3} \leq 2/3$. Das Verfahren konvergiert also im angegebenen Intervall.

Wir bestimmen nun die Konstante L' für die Abschätzung der quadratischen Konvergenz: es ist $L' = \frac{1}{2} \sup\{|f''(u)/f'(v)| :, u, v \in [\sqrt[3]{a}, d]\}$. Sowohl $f''(x) = 6x$ als auch $f'(x) = 3x^2$ sind im angegeben Intervall monoton wachsend. Damit ist $L' = 1/2 \cdot \frac{6d}{3a^{2/3}} = \frac{2d}{a^{2/3}}$.

Ist $0 < a < 1$, so bietet sich als Startintervall gerade $[\sqrt[3]{a}, 1]$ an. Es ist dann $L = 2/3 \cdot (1 - a)$ und $L' = \frac{2}{a^{2/3}}$. Ist aber $1 < a$, so können wir den Startpunkt d noch optimieren. Wir wählen $n(a) = \max\{n \geq 1 : n^3 < a^2\}$ und $d = a/n(a)$. Wir müssen sicher stellen, dass $a/n(a) > \sqrt[3]{a}$ ist. Aber das folgt aus $n(a)^3 < a^2$, also $1 < a^2/n(a)^3$, und damit $1 < a^{2/3}/n(a)$, also $\sqrt[3]{a} < a/n(a)$. Damit ergeben sich die Konstanten $L = \frac{2(1-n(a)^3/a^2)}{3}$ und $L' = \frac{2}{a^{2/3}}$.

Wir geben nun zwei Beispiele:

(I) $a = 8$. Wir wählen dies Beispiel, damit man besonders gut die Annäherung an $\sqrt[3]{8} = 2$ verfolgen kann. $n(8) = 3$ wegen $3^3 = 27 < 8^2 = 64$, aber $4^3 = 64$. Startzahl $x_0 = 8/3$. Wir erhalten

$$x_0 = 8/3$$
$$x_1 = 2,152777\ldots$$
$$x_2 = 2,010585095$$
$$x_3 = 2,0000556368683$$
$$x_4 = 2,0000000015477.$$

13.3 Anwendungen in der Numerik

(II) Wir wählen $a = 0,125$, also

$$x_0 = 1$$
$$x_1 = 0,708333\ldots$$
$$x_2 = 0.555267204921$$
$$x_3 = 0,505318384202$$
$$x_4 = 0,500055778652$$
$$x_5 = 0,500000006222.$$

Jeweils der Übergang von der vorletzten zur letzten Zeile zeigt eindrucksvoll die quadratische Konvergenz.

Aufgabe 13.11 Lösen Sie bitte das Gleichungssystem

$$\begin{pmatrix} 2 & 1 \\ 1 & 2 \end{pmatrix} \begin{pmatrix} x \\ y \end{pmatrix} = \begin{pmatrix} 1 \\ 0 \end{pmatrix}$$

einmal genau, zum anderen mit dem Jacobi-Verfahren.

Lösung: Die Lösung ergibt sich direkt zu $x = 2/3$, $y = -1/3$. Für das Jacobi-Verfahren zerlegen wir die Matrix $A = \begin{pmatrix} 2 & 1 \\ 1 & 2 \end{pmatrix}$ in eine untere Dreiecksmatrix L, eine Diagonalmatrix D und in eine obere Dreiecksmatrix R. Es ist $L = \begin{pmatrix} 0 & 0 \\ 1 & 0 \end{pmatrix}$, $D = \begin{pmatrix} 2 & 0 \\ 0 & 2 \end{pmatrix}$, und $R = \begin{pmatrix} 0 & 1 \\ 0 & 0 \end{pmatrix}$. Wir formen das Gleichungssystem um: Es lautet ja $b = \begin{pmatrix} 1 \\ 0 \end{pmatrix} = Ax = Lx + Dx + Rx$, woraus $x = D^{-1}b - D^{-1}((L+R)x) =: T(x)$ folgt. Wir haben also ein Fixpunktverfahren, das insbesondere konvergiert, weil A diagonaldominant, das heißt in unserem Fall $2 > 1$ ist. Wir erhalten $D^{-1} = 1/2 E$ und $V := D^{-1}(L+R) = 1/2 \begin{pmatrix} 0 & 1 \\ 1 & 0 \end{pmatrix}$. Eine mögliche Lipschitzkonstante liefert die Matrixnorm $\|V\|_{11} = \max\left\{ \left\|\begin{pmatrix} 0 \\ 1/2 \end{pmatrix}\right\|_1, \left\|\begin{pmatrix} 1/2 \\ 0 \end{pmatrix}\right\|_1 \right\} = 1/2$. Die Konvergenzgeschwindigkeit ist also nicht zu hoch. Für 10 Dezimalstellen benötigt man etwa 30 Iterationen. Wir berechnen 4. Wir starten mit $x_0 = \begin{pmatrix} 1 \\ 0 \end{pmatrix}$.

$$x_1 = T(x_0) = D^{-1}b - V\begin{pmatrix} 1 \\ 0 \end{pmatrix} = 1/2\begin{pmatrix} 1 \\ 0 \end{pmatrix} - 1/2\begin{pmatrix} 0 \\ 1 \end{pmatrix} = 1/2\begin{pmatrix} 1 \\ -1 \end{pmatrix}.$$

$$x_2 = \begin{pmatrix} 1/2 \\ 0 \end{pmatrix} - 1/2 V \begin{pmatrix} 1 \\ -1 \end{pmatrix} = \begin{pmatrix} 1/2 \\ 0 \end{pmatrix} - 1/4 \begin{pmatrix} -1 \\ 1 \end{pmatrix} = \begin{pmatrix} 3/4 \\ -1/4 \end{pmatrix}.$$

$$x_3 = \begin{pmatrix} 1/2 \\ 0 \end{pmatrix} - 1/8 \begin{pmatrix} -1 \\ 3 \end{pmatrix} = \begin{pmatrix} 5/8 \\ -3/8 \end{pmatrix} = 1/8 \begin{pmatrix} 5 \\ -3 \end{pmatrix}.$$
$$x_4 = \begin{pmatrix} 1/2 \\ 0 \end{pmatrix} - 1/16 \begin{pmatrix} -3 \\ 5 \end{pmatrix} = \begin{pmatrix} 11/16 \\ -5/16 \end{pmatrix}.$$

13.12   **Aufgabe 13.12** Wir wollen $\sin(x)$ auf dem Intervall $[-\pi, \pi]$ durch Interpolation mit 5 Stützpunkten berechnen. Bestimmen Sie bitte das Lagrange-Polynom!

Bemerkung: Schauen Sie sich sowohl die Sinusfunktion als auch das erhaltene Lagrange-Polynom mit dem Applet "Funktionen einer Veränderlichen" im selben Koordinatenkreuz an!

Lösung: Die Stützstellen sind $x_k = -\pi + k\pi/2$ für $k = 0, 1, 2, 3, 4$. Die Differenz zwischen aufeinander folgenden Stützstellen ist gleich und zwar ist sie $\pi/2 =: h$. An der Stützstelle x_1 ist $\sin(x_1) = -1$, an der Stützstelle x_3 ist $\sin(x) = 1$, an allen anderen Stützstellen ist $\sin(x_j) = 0$. Damit berechnet sich das Lagrange-Polynom $P(x) = \sum_{j=0}^{4} \sin(x_j) \prod_{k \neq j} \frac{x-x_k}{x_j-x_k}$ besonders einfach. Wir bestimmen zuerst die auftretenden Nenner: Es ist

$$(x_1 - x_0)(x_1 - x_2)(x_1 - x_3)(x_1 - x_4) = \frac{\pi}{2} \frac{-\pi}{2} (-\pi) \frac{-3\pi}{2} = -\frac{3\pi^4}{8}$$

und

$$(x_3 - x_0)(x_3 - x_1)(x_3 - x_2)(x_3 - x_4) = \frac{\pi}{2} \pi \frac{\pi}{2} \frac{-\pi}{2} = -\frac{3\pi^4}{8}.$$

Damit erhalten wir

$$P(x) = \frac{8}{3\pi^4} \cdot \left(\prod_{k \neq 1} (x - x_k) - \prod_{k \neq 3} (x - x_k) \right)$$
$$= \frac{8}{3\pi^4} \cdot \left(\prod_{k=0,2,4} (x - x_k) \right) ((x - x_3) - (x - x_1))$$
$$= -\frac{8}{3\pi^3} \cdot x(x + \pi)(x - \pi).$$

Kapitel 14
Mehrdimensionale Differentialrechnung

14 Mehrdimensionale Differentialrechnung

- **14.1** Kurven im $\mathbb{R}^p$ 243
- **14.2** Differentiation von Funktionen in mehreren Variablen.... 244
- **14.3** Hesse-Matrix, Satz von Taylor, Extremwerte............... 248
- **14.4** Der Umkehrsatz und seine Anwendungen................... 249

14 Mehrdimensionale Differentialrechnung

Wir erinnern daran, dass alle Grenzwertprozesse koordinatenweise gebildet werden können. Dies gilt insbesondere für die Ableitung nach dem Parameter t in der folgenden Aufgabe.

14.1 Kurven im $\mathbb{R}^p$

Aufgabe 14.1 Berechnen Sie bitte die Ableitungen der folgenden Kurvendarstellungen in der Ebene bzw. im Raum:

a) $x(t) = r \begin{pmatrix} \cos(t) \\ \sin(t) \end{pmatrix}$.

b) $x(t) = r \begin{pmatrix} \cos(t) \\ \sin(t) \\ \alpha t/r \end{pmatrix}$.

c) $x(t) = r \begin{pmatrix} \cos(t)\cos(u) \\ \sin(t)\cos(u) \\ \sin(u) \end{pmatrix}$.

Lösung: Benutzen Sie bitte die Möglichkeit, sich all diese Kurven anzuschauen mit den Applets "Parameterkurven in der Ebene" bzw. Parameterkurven im Raum".

a) $x'(t) = r \begin{pmatrix} \cos'(t) \\ \sin'(t) \end{pmatrix} = r \begin{pmatrix} -\sin(t) \\ \cos(t) \end{pmatrix}$.

b) $x'(t) = r \begin{pmatrix} \cos'(t) \\ \sin'(t) \\ (\alpha t)'/r \end{pmatrix} = \begin{pmatrix} -\sin(t) \\ \cos(t) \\ \alpha/r \end{pmatrix}$.

c) $x'(t) = r \begin{pmatrix} \cos(u)\cos'(t) \\ \cos(u)\sin'(t) \\ (\sin(u))' \end{pmatrix} = \begin{pmatrix} -\cos(u)\sin(t) \\ \cos(u)\cos(t) \\ 0 \end{pmatrix}$. Dabei haben wir beachtet, dass $\cos(u)$ und $\sin(u)$ von der Variablen t, nach der wir ableiten, nicht abhängt.

14.2 Differentiation von Funktionen in mehreren Variablen

▶ Partielle Ableitungen

Die partiellen Ableitungen $\frac{\partial f}{\partial x_k}$ werden so gebildet, dass alle anderen Variablen als konstant betrachtet werden. Wenn Sie unsicher bei der Bildung partieller Ableitungen sind, vollziehen Sie hier noch einmal die folgende Überlegung nach: Sei $f(x,y) = \sin(xy^2)$. Bei der Bildung der partiellen Ableitung nach x sehen wir y als konstant an. Schreiben Sie also statt y zunächst einfach c. Das suggeriert schon durch die Bezeichnung die Konstanz. Wir differenzieren die Funktion $g(x) = \sin(c^2 x)$ nach x, wie wir es gelernt haben: $g'(x) = c^2 \cos(c^2 x)$. Nun schreiben wir wieder y statt c und erhalten $\frac{\partial f}{\partial x}(x,y) = y^2 \cos(xy^2)$. Das ist das ganze Geheimnis.

Wir berechnen im Beispiel noch die partielle Ableitung nach y. Wir schreiben also c jetzt statt x, denn x wird jetzt als konstant angesehen: $h(y) = \sin(cy^2)$, also ist $h'(y) = c2y \cos(cy^2)$. Jetzt setzen wir wieder x für c ein und schreiben die partielle Ableitung statt des Ableitungsstrichs. Wir erhalten $\frac{\partial f}{\partial y} = 2xy \cos(xy^2)$.

Die partielle Differentiaton von vektorwertigen Funktionen geschieht wieder koordinatenweise.

Um die zweiten Ableitungen zu berechnen, leitet man die entsprechenden ersten Ableitungen nach der jeweiligen Variablen ab. Es ist also zum Beispiel

$$\frac{\partial^2 \sin(xy^2)}{\partial x \partial y} = \frac{\partial}{\partial x}\left(\frac{\partial \sin(xy^2)}{\partial y}\right) = \frac{\partial \frac{\partial \sin(xy^2)}{\partial y}}{\partial x} = \frac{\partial(2xy \cos(xy^2))}{\partial x}$$
$$= 2y \cos(xy^2) - 2xy^2 \sin(xy^2).$$

Aufgabe 14.2 Zeigen Sie bitte, dass die folgenden Funktionen zwei mal stetig differenzierbar sind, und berechnen Sie bitte alle ersten und zweiten partiellen Ableitungen.

a) $f(x,y) = x^2 y^3$.
b) $f(x) = \|x\|_2^2$.
c) $f(x,y) = r \begin{pmatrix} \cos(x)\cos(y) \\ \sin(x)\cos(y) \\ \sin(y) \end{pmatrix}$.
d) $f(x,y) = \begin{pmatrix} r\cos(x) \\ r\sin(x) \\ y \end{pmatrix}$.

14.2 Differentiation von Funktionen in mehreren Variablen

Lösung: Wir zeigen, dass die Funktionen zweimal stetig differenzierbar sind, indem wir die ersten partiellen Ableitungen berechnen, dann sehen, dass die zweiten partiellen Ableitungen existieren und stetig sind. Dabei berufen wir uns auf die Differenzierbarkeit von Funktionen einer Veränderlichen.

a) $\frac{\partial f}{\partial x} = 2xy^3$, $\frac{\partial f}{\partial y} = 3x^2y^2$. Beide partiellen Ableitungen kann man als Polynome wieder nach jeder Variablen partiell ableiten und erhält $\frac{\partial^2 f}{\partial^2 x} = \frac{\partial(2xy^3)}{\partial x} = 2y^3$, $\frac{\partial^2 f}{\partial x \partial y} = \frac{\partial(3x^2y^2)}{\partial x} = 6xy^2$, $\frac{\partial^2 f}{\partial y \partial x} = \frac{\partial(2xy^3)}{\partial y} = 6xy^2$, $\frac{\partial^2 f}{\partial^2 y} = \frac{\partial(3x^2y^2)}{\partial y} = 6x^2y$. Alle zweiten partiellen Ableitungen sind als Polynome stetig, also ist f zweimal stetig differenzierbar. Ihnen ist vielleicht aufgefallen, dass hier $\frac{\partial^2 f}{\partial x \partial y} = \frac{\partial^2 f}{\partial y \partial x}$ gilt. Das ist nach Satz [WHK, 14.5] immer richtige, wenn die Funktion zweimal stetig differenzierbar ist.

b) $f(x) = \|x\|_2^2 = x_1^2 + x_2^2 + \cdots + x_n^2$. Damit ist f als Polynom stetig differenzierbar mit $\frac{\partial f}{\partial x_j} = 2x_j$, denn alle anderen Summanden hängen gerade nicht von x_j ab. Damit erhält man als zweite Ableitungen $\frac{\partial^2 f}{\partial x_k \partial x_j} = \begin{cases} 0 & j \neq k \\ 2 & j = k \end{cases}$.

c) Außer den bisherigen Überlegungen müssen wir jetzt noch berücksichtigen, dass wir vektorwertige Funktionen koordinatenweise differenzieren. Wir erhalten

$$\frac{\partial f}{\partial x} = r \begin{pmatrix} -\sin(x)\cos(y) \\ \cos(x)\cos(y) \\ 0 \end{pmatrix}.$$

$$\frac{\partial f}{\partial y} = r \begin{pmatrix} -\sin(y)\cos(x) \\ -\sin(y)\sin(x) \\ \cos(y) \end{pmatrix}.$$

$$\frac{\partial f}{\partial^2 x} = r \begin{pmatrix} -\cos(x)\cos(y) \\ \sin(x)\cos(y) \\ 0 \end{pmatrix}$$

$$\frac{\partial^2 f}{\partial y \partial x} = r \begin{pmatrix} \sin(x)\sin(y) \\ -\cos(x)\sin(y) \\ 0 \end{pmatrix}$$

$$\frac{\partial^2 f}{\partial^2 y} = r \begin{pmatrix} -\cos(y)\cos(x) \\ -\cos(y)\sin(x) \\ -\sin(y) \end{pmatrix}.$$

Offensichtlich ist $\frac{\partial^2 f}{\partial x \partial y} = \frac{\partial^2 f}{\partial y \partial x}$. Alle zweiten partiellen Ableitungen sind stetig.

d)
$$\frac{\partial f}{\partial x} = \begin{pmatrix} -r\sin(x) \\ r\cos(x) \\ 0 \end{pmatrix}$$

$$\frac{\partial f}{\partial y} = \begin{pmatrix} 0 \\ 0 \\ 1 \end{pmatrix}$$

$$\frac{\partial^2 f}{\partial^2 x} = \begin{pmatrix} -r\cos(x) \\ -r\sin(x) \\ 0 \end{pmatrix}$$

$$\frac{\partial^2 f}{\partial y \partial x} = \begin{pmatrix} 0 \\ 0 \\ 0 \end{pmatrix}$$

$$\frac{\partial^2 f}{\partial^2 y} = \begin{pmatrix} 0 \\ 0 \\ 0 \end{pmatrix}$$

❯ Totale Ableitung, Jacobi-Matrix

Die Jacobi-Matrix einer skalaren oder einer vektorwertigen Funktion erhält man auf folgende Weise:

a) Der skalare Fall, also der Fall einer reellwertigen Funktion f:

$$f'(x_1, \ldots, x_p) = \left(\frac{\partial f}{\partial x_1}, \frac{\partial f}{\partial x_2}, \ldots, \frac{\partial f}{\partial x_n} \right).$$

b) Den vektorwertigen Fall erledigt man wieder durch koordinatenweise Ableitung: Sei $f : D \to \mathbb{R}^p$, $x = \begin{pmatrix} x_1 \\ \vdots \\ x_n \end{pmatrix} \to f(x) = \begin{pmatrix} f_1(x) \\ \vdots \\ f_p(x) \end{pmatrix}$. Dann ist

$$f'(x) = \begin{pmatrix} f_1'(x) \\ f_2'(x) \\ \vdots \\ f_p'(x) \end{pmatrix} = \left(\frac{\partial f_i}{\partial x_k} \right) \begin{matrix} i = 1, \ldots, p \\ k = 1, \ldots, n \end{matrix}.$$

Um im Folgenden die Übersichtlichkeit zu verbessern, schreiben wir auch – wie allgemein üblich – f_{x_j} statt $\frac{\partial f}{\partial x_j}$.

14.2 Differentiation von Funktionen in mehreren Variablen

Sei $f = \begin{pmatrix} f_1 \\ f_2 \\ \vdots \\ f_n \end{pmatrix}$ eine vektorwertige Funktion der Veränderlichen $x_1, \ldots, x_p$.

Dann ist die Ableitung f' nach dem Vorangegangenen gerade gleich

$$f' = \begin{pmatrix} f_{1\,x_1} f_{1\,x_2} \cdots f_{1\,x_p} \\ f_{2\,x_1} f_{2\,x_2} \cdots f_{2\,x_p} \\ \vdots \ddots \vdots \\ f_{n\,x_1} f_{n\,x_2} \cdots f_{n\,x_p} \end{pmatrix} = \begin{pmatrix} f'_1 \\ f'_2 \\ \vdots \\ f'_n \end{pmatrix} = (f_{x_1}, f_{x_2}, \cdots, f_{x_p}).$$

Aufgabe 14.3 Berechnen Sie für die folgenden Funktionen die Jacobi-Matrix:

a) $f(x_1, x_2, x_3) = x_1 x_2 + x_2^2$.
b) $f(x, y) = \sin(\sqrt{x^2 + y^2})$.
c) $f(x, y) = \begin{pmatrix} x \\ y^2 \\ \exp(x^2 - y^2) \end{pmatrix}$.

Lösung:

a) f ist skalarwertig, f' also ein Zeilenvektor, $f' = (f_{x_1}, f_{x_2}) = (x_2, x_1 + 2x_2)$.

b) f ist wieder skalarwertig, f' also ein Zeilenvektor. Die partiellen Ableitungen werden mit der Kettenregel ermittelt. Im Punkt $(0,0)$ muss man gesonderte Überlegungen anstellen, weil die Wurzelfunktion dort nicht differenzierbar ist. Sei also zunächst $(x, y) \neq (0, 0)$. Dann ist $f_x = \frac{x}{\sqrt{x^2+y^2}} \cdot \cos(\sqrt{x^2+y^2})$ und analog $f_y = \frac{y}{\sqrt{x^2+y^2}} \cdot \cos(\sqrt{x^2+y^2})$. Also ist

$$f' = \left(\frac{x}{\sqrt{x^2+y^2}} \cdot \cos(\sqrt{x^2+y^2}), \frac{y}{\sqrt{x^2+y^2}} \cdot \cos(\sqrt{x^2+y^2}) \right)$$

$$= \frac{\cos(\sqrt{x^2+y^2})}{\sqrt{x^2+y^2}} (x, y).$$

Sei nun $(x_0, y_0) = (0, 0)$. Wir zeigen, dass dort die partiellen Ableitungen nicht existieren. Wir beschränken uns dabei auf die Ableitung nach x, weil die nach y vollkommen analog analysiert wird. Es ist

$$\frac{\sin(\sqrt{x^2 + 0^2})}{x} = \frac{\sin(|x|)}{x} = \begin{cases} \frac{\sin(x)}{x} & x > 0 \\ \frac{\sin(-x)}{x} & x < 0 \end{cases}.$$

Wegen $\sin(-x) = -\sin(x)$ und $\lim_{x \to 0} \frac{\sin(x)}{x} = \sin(x)'|_{x=0} = \cos(0) = 1$ erhält man also
$$\lim_{x \nearrow 0} \frac{\sin(|x|)}{x} = -1 \neq 1 = \lim_{x \searrow 0} \frac{\sin(|x|)}{x},$$
woraus die Behauptung folgt.

c) Wir erhalten eine 3 × 2-Matrix. Es ist
$$f'(x,y) = \begin{pmatrix} 1 & 0 \\ 0 & 2y \\ 2x\exp(x^2-y^2) & -2y\exp(x^2-y^2) \end{pmatrix}.$$

14.3 Hesse-Matrix, Satz von Taylor, Extremwerte

Die zweite Ableitung einer zweimal stetig differenzierbaren skalarwertigen Funktion wird Hesse-Matrix genannt. Sie ist nach dem Satz von H. A. Schwarz symmetrisch und wird für die Entscheidung, welche Art von lokalem Extremwert vorliegt, benötigt.

Aufgabe 14.4 Berechnen Sie bitte die Hessematrix der folgenden Funktionen und bestimmen Sie deren Eigenwerte in Abhängigkeit von den Variablen x, y bzw. x, y, z.

a) $f(x,y) = x^2 + y^2 - 1$.
b) $f(x,y) = x^2 - y^2 + 1$.
c) $f(x,y) = x^2 + xy + \sin(y)^2$.
d) $f(x,y,z) = x^2 + y^2 + \exp(z)$.

Lösung: In jedem Fall müssen wir die zweiten partiellen Ableitungen berechnen. Weil man schon sieht, dass sie stetig sind, nutzt man dabei $f_{xy} = f_{xy}$ usw. aus.

a) $f'(x,y) = (2x, 2y)$ und damit ist $f''(x,y) = \begin{pmatrix} 2 & 0 \\ 0 & 2 \end{pmatrix} = 2E$. Die zweite Ableitung ist konstant mit dem zweifachen Eigenwert 2.

b) $f'(x,y) = (2x, -2y)$ und damit $f''(x,y) = \begin{pmatrix} 2 & 0 \\ 0 & -2 \end{pmatrix}$. Auch hier ist die zweite Ableitung konstant, hat aber die beiden verschiedenen Eigenwerte ±2.

c) $f'(x,y) = (2x + y, x + 2\sin(y)\cos(y)) = (2x + y, x + \sin(2y))$. Damit erhält man $f''(x,y) = \begin{pmatrix} 2 & 1 \\ 1 & 2\cos(2y) \end{pmatrix}$. Die Eigenwerte hängen nicht von x sondern nur von y ab. Das charakteristische Polynom lautet $P(\lambda) = \lambda^2 - (2 + 2\cos(2y))\lambda + (4\cos(2y) - 1)$. Aus der Schule wissen wir die Lösung und

erhalten
$$\lambda_{1/2} = 1 + \cos(2y) \pm \sqrt{(1 - \cos(2y))^2 + 1}.$$

d) $f' = (2x, 2y, \exp(z))$. Daraus ergibt sich $f''(x, y, z) = \begin{pmatrix} 2 & 0 & 0 \\ 0 & 2 & 0 \\ 0 & 0 & \exp(z) \end{pmatrix}$. Da die Matrix Diagonalgestalt hat, liest man die Eigenwerte ab: $\lambda_1 = \lambda_2 = 2, \lambda_3 = \exp(z)$.

Aufgabe 14.5 Bestimmen Sie bei den Funktionen der vorigen Aufgabe mögliche lokale Extremalstellen. Bei c) untersuchen Sie bitte nur den Punkt $(0, 0)$.

Lösung: a) $f(x, y) = x^2 + y^2 - 1$. Die erste Ableitung f' ist gleich $(0, 0)$ genau nur für $x = y = 0$. Die zweite Ableitung hat hier nur positive Eigenwerte, nämlich 2 (als doppelten Eigenwert), ist also positiv definit und damit ist an der Stelle $(0, 0)$ ein lokales (sogar globales) Minimum.
b) $f(x, y) = x^2 - y^2 + 1$. Die einzige Nullstelle von f' ist wieder $(0, 0)$. Aber hier ist ein Eigenwert positiv, einer negativ, die Matrix ist also weder positiv definit noch negativ definit. Da jedoch das Kriterium der Definitheit nur hinreichend ist, müssen wir gesondert überprüfen, ob nicht doch eine lokale Extremalstelle vorliegt. Es ist $f(0, 0) = 1$, $f(x, 2x) = -3x^2 + 1$, $f(2x, x) = 3x^2 + 1$. In nächster Nähe von $(0, 0)$ liegen also sowohl Werte oberhalb als auch unterhalb von 1. $(0, 0)$ ist also kein lokaler Extremwert.
c) $f'(x, y) = (2x + y, x + \sin(2y)) = (0, 0)$ für $(x, y) = (0, 0)$. Hier erhält man die Eigenwerte der zweiten Ableitung $\lambda_{1/2} = 2 \pm \sqrt{(1-1)^2 + 1} = 2 \pm 1$, also $\lambda_1 = 3, \lambda_2 = 1$. Beide sind positiv, also liegt ein lokales Minimum an der Stelle $(0, 0)$ vor.
d) f' hat keine Nullstelle, also kann es keine lokalen Extremwerte geben.

14.4 Der Umkehrsatz und seine Anwendungen

> Der Umkehrsatz

Aufgabe 14.6 Prüfen Sie bitte, ob die angegebene Funktion in der Nähe des angegebenen Punktes umkehrbar ist, und berechnen Sie gegebenenfalls die Umkehrfunktion:
$f(r, \varphi) = r \begin{pmatrix} \cos(\varphi) \\ \sin(\varphi) \end{pmatrix}$, $\begin{pmatrix} r_0 \\ \varphi_0 \end{pmatrix} = \begin{pmatrix} 1 \\ 0 \end{pmatrix}$.

Lösung: Wir berechnen zunächst die Ableitung und testen, ob ihre Determinante an der angegebenen Stelle ungleich 0 ist: $f'(r,\varphi) = \begin{pmatrix} \cos(\varphi) & -r\sin(\varphi) \\ \sin(\varphi) & r\cos(\varphi) \end{pmatrix}$. $f'(1,0) = \begin{pmatrix} 1 & 0 \\ 0 & 1 \end{pmatrix}$. Die Determinante ist gleich 1. Also ist die Funktion lokal umkehrbar. Wir müssen das Gleichungssystem

$$x = r\cos(\varphi)$$
$$y = r\sin(\varphi)$$

nach r und φ auflösen. Es ist $x^2 + y^2 = r^2$, also ist $r = \sqrt{x^2 + y^2}$, wobei wir wegen $r_0 = 1$ die positive Wurzel wählen müssen. Wir setzen r in das Gleichungssystem ein und erhalten

$$\frac{x}{\sqrt{x^2+y^2}} = \cos(\varphi)$$
$$\frac{y}{\sqrt{x^2+y^2}} = \sin(\varphi).$$

Der Bildpunkt, um dessen Umgebung wir die Umkehrfunktion konstruieren müssen, ist $f(1,0) = \begin{pmatrix} 1 \\ 0 \end{pmatrix} = \begin{pmatrix} x_0 \\ y_0 \end{pmatrix}$. Damit kann man in der Umgebung $]0, \infty[\times]-\infty, \infty[$ von $\begin{pmatrix} 1 \\ 0 \end{pmatrix}$, also in der rechten offenen Halbebene den richtigen Winkel folgendermaßen erhalten. Dort ist y/x definiert und es gilt $\frac{y}{x} = \tan(\varphi)$, also erhält man $\varphi = \arctan(y/x)$ in Übereinstimmung mit $\varphi = 0$ für den Punkt $\begin{pmatrix} 1 \\ 0 \end{pmatrix}$. Der Bildbereich der Umkehrfunktion ist $]0, \infty[\times]-\pi/2, \pi/2[$.

● Extrema unter Nebenbedingungen

Sehr oft ist es wichtig, Maxima und Minima unter Nebenbedingungen zu bestimmen. Ist die skalarwertige Funktion f gegeben, und sind Nebenbedingungen in Form von Gleichungen $F_j(x) = 0$ $(j = 1, \ldots, r)$ gegeben, so ist eine notwendiges Kriterium für die Existenz von lokalen Extremwerten unter diesen Nebenbedingungen die Existenz von Skalaren $\lambda_1, \ldots, \lambda_r$, die die Gleichung

$$f'(x) = \lambda_1 F_1'(x) + \lambda_2 F_2'(x) + \cdots + \lambda_r F_r'(x)$$

erfüllen. Die Skalare nennt man auch Lagrangesche Multiplikatoren.

14.7 **Aufgabe 14.7** Bestimmen Sie bei Teil a) und Teil b) bitte die Extremalstellen der Funktionen unter den angegebenen Nebenbedingungen:

14.4 Der Umkehrsatz und seine Anwendungen

a) Sei $A = \begin{pmatrix} a & b \\ b & c \end{pmatrix}$ und $f(x) = (x|Ax)$ unter der Nebenbedingung $(x|x) = 1$.

b) Sei f auf $U = \{x \in \mathbb{R}^p : x_1, \ldots x_p > 0\}$ durch $f(x_1, \ldots, x_p) = -\sum_{j=1}^{p} x_j \ln(x_j)$ definiert. Die Nebenbedingung ist $F(x_1, \ldots, x_p) = x_1 + x_2 + \cdots + x_p = 1$.

c) Für einen Zylinder mit Radius r und Höhe h sei das Volumen $V = \pi r^2 h = c_0$ fest vorgegeben (z. B. $c_0 = 1$ Liter). Bestimmen Sie bitte r und h so, dass die Oberfläche $O = 2\pi rh + 2\pi r^2$ minimal wird.

Lösung: a) Die Funktion lautet ausgeschrieben:

$$f(x_1, x_2) = ax_1^2 + 2b(x_1 x_2) + cx_2^2.$$

Ihre Ableitung ist $f'(x_1, x_2) = (2ax_1 + 2bx_2, 2bx_1 + 2cx_2)$. Die Ableitung von $F(x_1, x_2) = x_1^2 + x_2^2 - 1$ ist $F'(x_1, x_2) = (2x_1, 2x_2)$. Also erhält man als Gleichung für den in diesem Fall einzigen Lagrangeschen Multiplikator λ: $f'(x_1, x_2) = \lambda F'(x_1, x_2)$ oder $2Ax^t = 2\lambda x^t$, das heißt, das zu der symmetrischen Matrix gehörige Eigenwertproblem. Falls zwei Eigenwerte existieren, ist der Eigenvektor, der zum größeren der beiden gehört, eine lokale Maximalstelle, der andere eine lokale Minimalstelle, denn es gilt dort $(x|Ax) = \lambda(x|x) = \lambda$.

b) Wir berechnen $f'(x_1, \ldots x_p) = -(\ln(x_1) + 1, \ln(x_2) + 1, \ldots, \ln(x_p) + 1)$, denn nach der Produktregel ist $(x \ln(x))' = \ln(x) + x/x = \ln(x) + 1$. Die Nebenbedingungsfunktion hat die Ableitung $F'(x_1, \ldots, x_p) = (1, 1, \ldots, 1)$. Für den Lagrange-Multiplikator ergibt sich gleich koordinatenweise formuliert das Gleichungssystem $-\ln(x_j) - 1 = \lambda$, $j = 1, \ldots, p$, woraus $\ln(x_j) = \lambda + 1$ folgt. Also ist $x_1 = x_2 = \cdots = x_p = \exp(1 - \lambda)$. Die Nebenbedingung impliziert $p \exp(1 - \lambda) = 1$, das heißt $\exp(1 - \lambda) = 1/p = x_j$ für alle j. Die Bedingung $x \in U, F(x) = 1$ beschreibt gerade alle Wahrscheinlichkeitsverteilungen für p Elementarereignisse. Die sogenannte Gleichverteilung $1/p \cdot (1, 1, 1, \ldots, 1)$ ist eine Extremalstelle für f. $f(x)$ ist die Entropie der Wahrscheinlichkeitsverteilung x.

c) Wir setzen $f(r, h) = 2\pi rh + 2\pi r^2$ und $F(r, h) = \pi r^2 h - c_0$. Nun berechnen wir die Ableitungen $f'(r, h) = (2\pi h + 4\pi r, 2\pi r)$ und $F'(r, h) = (2\pi rh, \pi r^2)$. Wir schreiben das Gleichungssystem $f' = \lambda F'$ gleich koordinatenweise und erhalten

$$2\pi h + 4\pi r = \lambda \cdot 2\pi rh$$
$$2\pi r = \lambda \pi r^2.$$

Aus der zweiten Gleichung folgt $\lambda = 2/r$. Dies setzen wir in die erste Gleichung ein, die wir gleichzeitig durch 2π dividieren. Es ergibt sich $h+2r = 2h$, woraus $h = r/2$ folgt. Damit folgt aus der Nebenbedingung $r = \sqrt[3]{\frac{c_0}{2\pi}}$.

Kapitel 15
Das mehrdimensionale Integral

15

15	**Das mehrdimensionale Integral**	
15.1	Integrale über kompakte Mengen	255
15.2	Der Transformationssatz	256
15.3	Integrale über $\mathbb{R}^2$	258

15 Das mehrdimensionale Integral

15.1 Integrale über kompakte Mengen

Die Basisformel für die mehrdimensionale Integration lautet im zweidimensionalen Fall: Sei $R = [a,b] \times [c,d]$. Dann ist

$$\int_R f(x,y)dxdy = \int_a^b \left(\int_c^d f(x,y)dy \right) dx = \int_c^d \left(\int_a^b f(x,y)dx \right) dy.$$

Man nennt dies "interierte Integration" (wiederholte Integration). Ist $D \subseteq [a,b] \times [c,d] = R$ eine beliebige Menge, so heißt D integrierbar, wenn die Indikatorfunktion 1_D über R integrierbar ist. Eine beliebige Funktion $f: D \to \mathbb{R}$ heißt über D integrierbar, wenn die Funktion $\tilde{f}: x \to \begin{cases} f(x) & x \in D \\ 0 & \text{sonst} \end{cases}$ über R integrierbar ist.

Aufgabe 15.1 Berechnen Sie bitte die folgenden Integrale:
a) Sei $R = [0,1] \times [0,2]$. $\int_R xy\,dxdy$.
b) Sei $R = [-\pi, \pi] \times [0, 2\pi]$. $\int_R \sin(x+y)dxdy$.
c) Sei $R = [a,b] \times [c,d]$. $\int_R \sin(x)\cos(y)dxdy$.

Lösung: a) Es ist $\int_R xy\,dxdy = \int_0^1 \left(\int_0^2 xy\,dy \right) dx$. Das innere Integral $\int_0^2 xy\,dy$ ist gleich $\frac{1}{2}xy^2\big|_0^2 = 2x$. Dies eingesetzt in $\int_0^1$ ergibt $\int_R xy\,dxdy = 2 \cdot \frac{1}{2}x^2\big|_0^1 = 1$.
b) Es ist $\int_R \sin(x+y)dxdy = \int_{-\pi}^{\pi} \left(\int_0^{2\pi} \sin(x+y)dy \right) dx$. Das innere Integral ist gleich $-\cos(x+y)\big|_0^{2\pi} = \cos(x) - \cos(x+2\pi) = 0$, weil der Kosinus 2π-periodisch ist. Also ist das gesamte Integral gleich 0.
c) Wieder ist $\int_R \sin(x)\cos(y)dxdy = \int_a^b \left(\int_c^d \sin(x)\cos(y)dy \right) dx$. Das innere Integral ist aber $\int_c^d \sin(x)\cos(y)dy = \sin(x) \int_c^d \cos(y)dy = \sin(x)(\sin(d) - \sin(c))$. Eingesetzt in die Formel für das gesamte Integral erhält man

$$\int_R \sin(x)\cos(y)dxdy = (\sin(d) - \sin(c)) \int_a^b \sin(x)dx$$
$$= (\sin(d) - \sin(c))(\cos(a) - \cos(b))$$
$$= \left(\int_c^d \cos(y)dy \right) \cdot \left(\int_a^b \sin(x)dx \right),$$

im Einklang mit [WHK, Satz 15.3].

15.2 **Aufgabe 15.2** Sei $D = \{(x,y) \in \mathbb{R}^2 : 0 \leq x \leq 1, 0 \leq y \leq x^2\}$. Berechnen Sie bitte $\int_D (x+y)^2 dx dy$.

Lösung: Das Integral ist gleich

$$\int_0^1 \left(\int_0^1 1_D(x,y)(x+y)^2 dy \right) dx = \int_0^1 \left(\int_0^{x^2} (x+y)^2 dy \right) dx.$$

Das innere Integral ergibt

$$\frac{1}{3}(x+y)^3 \Big|_{y=0}^{y=x^2} = \frac{(x+x^2)^3}{3} - \frac{x^3}{3} = x^4 + x^5 + \frac{x^6}{3}.$$

Integriert man diese Funktion von 0 bis 1, so erhält man $\frac{x^5}{5} + \frac{x^6}{6} + \frac{x^7}{18} \Big|_0^1 = \frac{1}{4} + \frac{1}{5} + \frac{1}{18}$.

15.2 Der Transformationssatz

Sei D eine offene Menge im $\mathbb{R}^p$ und sei $\varphi : D \to \varphi(D) =: D'$ eine bijektive stetig differenzierbare Abbildung. Sei $K \subset D$ eine kompakte Menge und $f : \varphi(K) \to \mathbb{R}$ sei integrierbar. Dann gilt der Transformationssatz

$$\int_{\varphi(K)} f(y) dy = \int_K f(\varphi(x)) \det(\varphi'(x)) dx.$$

Dabei ist $\varphi'(x)$ die Jacobi.-Matrix der partiellen Ableitungen, also die totale Ableitung von φ.
Die folgenden Aufgaben sollen dazu dienen, ihn zu verstehen und anzuwenden.

15.3 **Aufgabe 15.3** Wir betrachten das Parallelogramm in der Ebene, das von den Seiten $u = \begin{pmatrix} 1 \\ 0 \end{pmatrix}$ und $v = \begin{pmatrix} 2 \\ 1 \end{pmatrix}$ aufgespannt wird, also die Menge $F = \{\alpha u + \beta v : 0 \leq \alpha, \beta \leq 1\}$. Wir wollen den Flächeninhalt von F bestimmen, also $\int_F 1_F dx$ berechnen. Dazu suchen wir eine Abbildung φ, so dass $\varphi^{-1}(K)$ eine Menge ist, über die man leichter integrieren kann. Berechnen Sie bitte den Flächeninhalt unter Benutzung des Transformationssatzes mit der Abbildung $\varphi(x,y) = \begin{pmatrix} 1 & 2 \\ 0 & 1 \end{pmatrix} \begin{pmatrix} x \\ y \end{pmatrix}$.

Lösung: Sei $Q = [0,1] \times [0,1] = \left\{ \begin{pmatrix} x \\ y \end{pmatrix} : 0 \leq x, y \leq 1 \right\}$ das von der kanonischen Basis (e_1, e_2) aufgespannte sogenannte Einheitsquadrat. Wir finden so-

15.2 Der Transformationssatz

fort, dass $F = \varphi(Q)$ gilt. Außerdem erhalten wir aus $\varphi\left(\begin{pmatrix} x \\ y \end{pmatrix}\right) = \begin{pmatrix} x + 2y \\ y \end{pmatrix}$ leicht $\varphi' = \begin{pmatrix} 1 & 2 \\ 0 & 1 \end{pmatrix} =: A$. Die Ableitung ist also konstant. Damit erhalten wir wegen $1_F \circ \varphi = 1_Q$ sofort $\int_F 1_F dx dy = \int_Q 1_F(\varphi(x,y))|\det(A)| dx dy = |\det(A)| \int_Q 1_Q(x,y) dx dy = |\det(A)|$. $|\det(A)|$ ist also der Flächeninhalt des Bildes $A(Q)$ des Einheitsquadrates Q unter der linearen Abbildung $A : x^\downarrow \to Ax^\downarrow$. In unserem Fall ist $|\det(A)| = 1$.

Besonders häufig wird der Transformationssatz für die Integration von Funktionen gewählt, die nur von der Entfernung vom Nullpunkt, also wie man auch sagt, nur vom Radius abhängen. Das heißt, man hat eine Funktion f, die sich als Hintereinanderausführung von $(x,y) \to \sqrt{x^2 + y^2}$ und einer Funktion $g : \mathbb{R}_+ \to \mathbb{R}$ zusammensetzt, also $f(x,y) = g(\sqrt{x^2 + y^2})$. Hier bietet sich die Einführung von Polarkoordinaten an: Wir setzen $\varphi(r, \psi) = (r\cos(\psi), r\sin(\psi))$.

Aufgabe 15.4 a) Sei $\varphi(r, \psi) = (r\cos(\psi), r\sin(\psi))$. Berechnen Sie bitte φ'.
b) Integrieren Sie bitte $\sin(x^2 + y^2)$ über den Kreis $K = \{(x,y) : x^2 + y^2 \leq 5\}$.

15.4

Lösung: a) Wir bilden die partiellen Ableitungen. Dann ist

$$\varphi' = \begin{pmatrix} \cos(\psi) & -r\sin(\psi) \\ \sin(\psi) & r\cos(\psi) \end{pmatrix},$$

also $\det(\varphi') = r$.
b) Das Urbild $\varphi^{-1}(K)$ des Kreises K ist gerade das Rechteck $R = \{(r,\psi) : 0 \leq r \leq 5, -\pi \leq \psi \leq \pi\}$. Damit erhalten wir nach dem Transformationssatz $\int_K \sin(x^2+y^2) dx dy = \int_0^5 (\int_{-\pi}^{\pi} r\sin(r^2)) d\psi) dr$. Der Integrand des inneren Integrals ist bezüglich ψ konstant, also ergibt sich $\int_{-\pi}^{\pi} r\sin(r^2) d\psi = 2\pi r\sin(r^2)$. Setzt man dies in das äußere Integral ein, so erhält man $2\pi \int_0^5 r\sin(r^2) dr$. Dies Integral löst man mit der Integration durch Substitution: $r\sin(r^2) = \frac{1}{2}(-\cos(r^2))'$, also hat man

$$\int_0^5 r\sin(r^2) dr = \frac{1}{2} \int_0^5 2r\sin(r^2) dr = \frac{1}{2}(-\cos(r^2)|_0^5 = \frac{1}{2}(1 - \cos(25)).$$

Setzt man nun alles Berechnete zusammen, so ergibt sich

$$\int_K \sin(x^2 + y^2) dx dy = 2\pi \frac{1}{2}(1 - \cos(25)) = \pi(1 - \cos(25)).$$

15.3 Integrale über $\mathbb{R}^2$

Aufgabe 15.5 Sei $K_R = \{(x,y) : x^2 + y^2 \leq R^2\}$, wobei $R > 0$ beliebig ist.
a) Berechnen Sie bitte $\int_{K_R} \exp(-(x^2+y^2)/2)dxdy$.
b) Was erhält man für $R \to \infty$? Mit anderen Worten, was ist $\int_{\mathbb{R}^2} \exp(-(x^2+y^2)/2)dxdy$?

Lösung: a) Wir benutzen wieder den Transformationssatz mit der Transformation $\varphi(r,\psi) = (r\cos(\psi), r\sin(\psi))$ auf Polarkoordinaten. Wie in der vorigen Aufgabe erhalten wir

$$\int_{K_R} \exp(-(x^2+y^2)/2)dxdy = \int_0^R \left(\int_{-\pi}^{\pi} r\exp(-r^2/2)d\psi \right) dr$$
$$= 2\pi \int_0^R (r\exp(-r^2/2)dr$$
$$= 2\pi(-\exp(-r^2/2))|_0^R$$
$$= 2\pi(1 - \exp(-R^2/2)).$$

b) Es ist

$$\int_{\mathbb{R}^2} \exp(-(x^2+y^2)/2)dxdy = \lim_{R\to\infty} \int_{K_R} \exp(-(x^2+y^2)/2)dxdy$$
$$= \lim_{R\to\infty} 2\pi(1-\exp(-R^2/2))$$
$$= 2\pi.$$

Kapitel 16
Einführung in die Stochastik

16   Einführung in die Stochastik
16.1   Wahrscheinlichkeitsräume 261
16.2   Zufallsvariablen 264
16.3   Bedingte Wahrscheinlichkeiten und Unabhängigkeit 266
16.4   Markoff–Ketten 270

16 Einführung in die Stochastik

Das Gebiet der Stochastik ist zu groß und das Vorwissen aus der Schule zu klein, als dass wir hier eine leicht fassliche Einführung geben könnten. Für das Folgende müssen wir also aus Platzgründen auf die Literatur verweisen, siehe [WHK, Kapitel 16], [St, S. 649 ff], [BS, Kap. 5], [Du].

Wir skizzieren nur diskrete Wahrscheinlichkeitsräume: Sei $\Omega = \{\omega_1, \ldots, \omega_n\}$ eine endliche Menge. Die einzelnen Elemente ω_k bzw. die einelementigen Teilmengen $\{\omega_k\}$ heißen Elementarereignisse. Sei $p : \Omega \to [0,1]$ eine Funktion mit $\sum_{k=1}^n p(\omega_k) = 1$. Man interpretiert die Größe $p(\omega_k)$ als Wahrscheinlichkeit für das Eintreten von ω_k und nennt p auch eine Verteilung. Ein Ereignis A ist nichts weiter als eine Teilmenge von Ω. Die Wahrscheinlichkeit $P(A)$ wird erklärt als $P(A) = \sum_{\omega_k \in A} p(\omega_k)$. Insbesondere ist $P(\{\omega_k\}) = p(\omega_k)$.

Das einfachste Beispiel ist der Laplacesche Wahrscheinlichkeitsraum der Gleichverteilung: $p(\omega_k) = \frac{1}{n}$, also $P(A) = \frac{|A|}{n}$. Ist A vorgegeben, so betrachtet man A auch als Menge der "günstigen" Ereignisse, und die Größe $P(A)$ ist dann der Bruch "Anzahl der günstigen Ereignisse durch Anzahl der möglichen Ereignisse".

Zur Modellbildung für unabhängige Experimente bildet man das kartesische Produkt $\Omega = \Omega_1 \times \Omega_2 \times \cdots \times \Omega_r$. Ist $p_j : \Omega_j \to [0,1]$ eine Verteilung auf Ω_j, so erhält man eine Verteilung p auf Ω durch

$$p(\omega_1, \ldots, \omega_r) = p_1(\omega_1) p_2(\omega_2) \cdots p_r(\omega_r).$$

Sie modelliert die Unabhängigkeit der Ereignisse $\omega_1, \ldots, \omega_r$.

16.1 Wahrscheinlichkeitsräume

Aufgabe 16.1 Sei $\Omega = \{1, \ldots, n\}$ und $p : \Omega \to [0,1]$ eine Funktion mit $p(1) + \cdots + p(n) = 1$. Wir setzen $P(A) = \sum_{j \in A} p(j)$ für eine beliebige Teilmenge $A \subseteq \Omega$. Zeigen Sie bitte:
a) $0 \leq P(A) \leq 1$ und $P(\Omega) = 1$, $P(\emptyset) = 0$.
b) Ist $A \subseteq B$ so ist $P(A) \leq P(B)$.
c) Sind A, B Teilmengen mit $A \cap B = \emptyset$, so ist $P(A \cup B) = P(A) + P(B)$.

Lösung: a) Wegen $p(j) \geq 0$ ist $\sum_{j \in A} p(j) \geq 0$. Schließlich ist nach Voraussetzung $1 = \sum_{j=1}^n p(j) = P(\Omega)$ und $P(\emptyset) = 0$ nach Vereinbarung des Summenzeichens.

b) Es ist $B = A \uplus (B \setminus A)$ also
$$P(B) = \sum_{j \in B} p(j) = \sum_{j \in A} p(j) + \sum_{j \in B \setminus A} p(j) \geq \sum_{j \in A} p(j).$$

c) Wir haben $P(A \uplus B) = \sum_{j \in A \uplus B} p(j) = \sum_{j \in A} p(j) + \sum_{k \in B} p(k) = P(A) + P(B)$.

16.2

Aufgabe 16.2 Entwickeln Sie ein Modell für das 10-malige Wiederholen eines Erfolgs-Misserfolgs-Experiments, bei dem das einzelne Experiment mit Wahrscheinlichkeit p erfolgreich ist ($0 < p < 1$). Wie groß ist die Wahrscheinlichkeit, bei 10 Experimenten genau 4 mal Erfolg zu haben?

Lösung: Wir setzen 1 für den Erfolg, 0 für den Misserfolg. Ein Modell für das einmalige Experiment ist dann $\Omega_0 = \{0, 1\}$ und $p(1) =: p$ ist die Wahrscheinlichkeit für den Erfolg, $1 - p = q$ die Wahrscheinlichkeit für den Misserfolg 0.

Damit ist eien 10-malige Wiederholung des Experimentes gerade eine Folge $(a_1, \ldots, a_{10})$ mit $a_j = 1$ oder $a_j = 0$, also ist ein geeigneter Ereignisraum $\Omega = \{0,1\}^{10}$. Da die Ergebnisse sich bei guten Experimenten nicht gegenseitig beeinflussen dürfen, ist die Wahrscheinlichkeit für eine Folge $a = (a_1, \ldots, a_{10})$ gleich $p(a) = p(a_1)p(a_2)\cdots p(a_{10})$, wobei $p(a_j) = p$ ist, falls $a_j = 1$, also ein Erfolg ist, und $p(a_j) = 1 - p =: q$, falls $a_j = 0$, also ein Misserfolg ist.

Den Ausdruck $p(a)$ können wir vereinfachen. Wir setzen $e(a) = \sum_{j=1}^{10} a_j$. Das ist die Anzahl der Erfolge in diesem Durchlauf a von 10 Experimenten. Dann ist $p(a) = p^{e(a)} q^{10-e(a)}$. Die Anzahl all derjenigen a mit $e(a) = k$, wo $0 \leq k \leq 10$ ist, ist nach [WHK, Korollar 2.27] gerade gleich $\binom{10}{k}$. Damit können wir nachprüfen, ob $\sum_{a \in \Omega} p(a) = 1$ ist, wie es sein sollte. Es gibt nur die Alternativen $k = 0$ Erfolge, $\ldots$, $k = 10$ Erfolge, oder anders ausgedrückt: es ist $\Omega = A_0 \uplus A_1 \uplus \cdots \uplus A_{10}$, wo $A_k = \{a \in \Omega : e(a) = k\}$ ist und $\uplus$ besagt, dass der Durchschnitt zweier verschiedener Mengen leer ist. Daraus folgt natürlich, dass $\sum_{a \in \Omega} p(a) = \sum_{k=0}^{10} \sum_{a \in A_k} p(a)$ gilt. Nun ist aber $p(a)$ für alle $a \in A_k$ gleich, nämlich gleich $p^k q^{10-k}$. Damit ist $\sum_{a \in \Omega} p(a) = \sum_{k=0}^{10} \binom{10}{k} p^k (1-p)^{10-k} = (p + (1-p))^{10} = 1$.

Die Wahrscheinlichkeit, genau viermal Erfolg zu haben, ist gleich $P(A_4) = \binom{10}{4} p^4 (1-p)^6$.

16.3

Aufgabe 16.3 Ein Wissenschaftler hat ein Medikament an Ratten ausprobiert. Eine von ihnen ist daran gestorben, die anderen wurden fitter. Er behauptet allerdings, dass die Todesrate bei 0,1 Promille liegt. Wie wahrscheinlich ist es dann, dass mindestens eine von 10 Ratten im Experiment stirbt?

16.1 Wahrscheinlichkeitsräume

Lösung: Wir wählen das Modell der vorigen Aufgabe. Die zehnmalige, voneinander unabhängige Wiederholung ist durch die 10 verschiedenen Ratten gegeben. Das "Erfolgsereignis" ist hier, dass eine Ratte stirbt. Nach Angaben des Experimentators ist sie $p = 10^{-4}$. Gefragt ist nach der Wahrscheinlichkeit $P(\{a : e(a) \geq 1\})$. Da $P(\Omega) = 1$ ist, ist die erfragte Wahrscheinlichkeit gerade gleich $1 - P(\{a : e(a) = 0\})$. Nach der vorigen Aufgabe ist dies aber gleich $1 - \binom{10}{0} p^0 (1-p)^{10}$. Mit dem Taschenrechner ermitteln wir $1 - (1 - 10^{-4})^{10} \approx 10^{-3}$. Die Wahrscheinlichkeit, dass mindestens eine von zehn Ratten stirbt, ist unter der Voraussetzung, dass die Wahrscheinlichkeit für den Tod einer Ratte gleich 10^{-4} ist, mit 10^{-3} so klein, dass man die Hypothese des Wissenschaftlers über sein p verwirft, weil ja im Experiment eine Ratte gestorben ist, dieses theoretisch so überaus seltene Ereignis also eingetroffen ist.

Aufgabe 16.4 Sei $\Omega = \{0,1\}^{\mathbb{N}}$ die Menge aller Folgen, die aus 0 (Misserfolg) und 1 (Erfolg) bestehen. Das ist also die Menge aller möglichen unendlichen Serien von Erfolgs-Misserfolgsexperimenten. Die folgende Größe gibt die mittlere Erfolgsrate bei den ersten n Experimenten an: $S_n(a) = \frac{1}{n}(a_1 + a_2 + \cdots + a_n)$. Ein wichtiges Problem ist: Konvergiert diese Folge von Mittelwerten gegen einen als theoretisch angenommenen Mittelwert $p \neq 0$? Bestimmen Sie dazu die Menge K aller $a \in \Omega$, für die $\lim_{n \to \infty} S_n(a) = p$ ist.
Bemerkung: $K \neq \Omega$, denn die totale Versagerfolge $a = (0,0,\ldots)$ liegt sicher nicht in K.
Tipp: Die Folge $(S_n(a))_{n \geq 1}$ konvergiert genau dann gegen p, wenn gilt:

für alle $r \in \mathbb{N}$ gibt es ein $m \in \mathbb{N}$, so dass für alle $n \geq m$ ($|S_n(a) - p| < 1/r$)

gilt. Dies ist das Konvergenzkriterium aus [WHK, Definition 5.18]. Es genügt offensichtlich, dort nur $\varepsilon = 1/r$ für beliebige $r \in \mathbb{N}$ zu betrachten. Für die Bedeutung beliebiger Durchschnitte und Vereinigungen wiederholen Sie bitte [WHK, Definition 2.8].

Lösung: Es gibt eine Standard-Routine, wie man solche Aussagen in Mengenbeschreibungen "übersetzt": "Für alle" geht über in $\bigcap$, "es gibt" bzw. "gibt es" geht über in $\bigcup$. Damit erhalten wir rein formal

$$K = \bigcap_{r \in \mathbb{N}} \bigcup_{m \in \mathbb{N}} \bigcap_{n \geq m} \{a : |S_n(a) - p| < 1/r\}.$$

Zur Vereinfachung des Beweises, dass dies die gesuchte Menge ist (wir haben ja nur rein formal "übersetzt"), setzen wir $A_{n,r} = \{a : |S_n(a) - p| < 1/r\}$.

(I) Es gelte $\lim_{n\to\infty} S_n(a) = p$. Das ist äquivalent zu der Aussage: Für alle $r \in \mathbb{N}$ gibt es ein $m = m(r) \in \mathbb{N}$, so dass für alle $n \geq m(r)$ stets $|S_n(a) - p| < 1/r$ ist. Das bedeutet aber: Für alle $r \in \mathbb{N}$ gibt es ein $m = m(r) \in \mathbb{N}$ mit $a \in A_{n,r}$ für alle $n \geq m(r)$. Daraus folgt: für alle $r \in \mathbb{N}$ gibt es ein $m \in \mathbb{N}$ mit $a \in \bigcap_{n \geq m} A_{n,r}$. Das hat zur Folge: für alle $r \in \mathbb{N}$ ist $a \in \bigcup_{m \in \mathbb{N}} \bigcap A_{n,r}$. Also ist $a \in \bigcap_{r \in \mathbb{N}} \bigcup_{m \in \mathbb{N}} A_{n,r} = K$.

(II) Sei $a \in K$. Dann ist a für jedes $r \in \mathbb{N}$ in der Menge $\bigcup_{m \in \mathbb{N}} \bigcap_{n \geq m} A_{n,r}$. Daher gibt es für jedes $r \in \mathbb{N}$ ein $m \in \mathbb{N}$, so dass $a \in \bigcap A_{n,r}$ liegt. Das bedeutet, dass es für jedes $r \in \mathbb{N}$ ein $m \in \mathbb{N}$ gibt, so dass für alle $n \geq m$ stets $|S_n(a) - p| < 1/r$ ist. Un das ist das Konvergenzkriterium für $\lim_{n\to\infty} S_n(a) = p$.

Aus (I) und (II) folgt, dass K die gefragte Konvergenzmenge ist.

16.2 Zufallsvariablen

Aufgabe 16.5 Sei (Ω, P) ein endlicher Wahrscheinlichkeitsraum und $X : \Omega \to \mathbb{R}$ eine Zufallsvariable. Dann ist $X(\Omega) =: M$ endlich. Der Erwartungswert $\mathbb{E}(X)$ ist erklärt als

$$\mathbb{E}(X) = \sum_{y \in M} y \cdot P(\{\omega : X(\omega) = y\}).$$

Zeigen Sie bitte:

$$\mathbb{E}(X) = \sum_{\omega \in \Omega} X(\omega) \cdot P(\{\omega\}).$$

Lösung: Die Lösung besteht aus einer geschickten Umsummierung, die die Gleichung $P(A) = \sum_{\omega \in A} P(\{\omega\})$ benutzt.

Sei $y \in M$ beliebig. Dann ist

$$P(\{\omega : X(\omega) = y\}) = \sum_{\omega \in \Omega, X(\omega) = y} P(\{\omega\}).$$

Also ist

$$yP\{\omega : X(\omega) = y\} = \sum_{\omega \in \Omega, X(\omega) = y} X(\omega) P(\{\omega\}).$$

16.2 Zufallsvariablen

Nun ist Ω die Vereinigung der Mengen $\Omega_y := X^{-1}(\{y\})$, die paarweise disjunkt sind. Daraus folgt aber

$$\sum_{y \in M} y P(\{\omega : X(\omega) = y\}) = \sum_{y \in M} \sum_{\omega \in \Omega,\, X(\omega)=y} X(\omega) P(\{\omega\})$$
$$= \sum_{\omega \in \Omega} X(\omega) P(\{\omega\}).$$

Aufgabe 16.6 Sei $\Omega = \{0,1\}^{10}$ und für $\omega = (\omega_1, \ldots, \omega_{10})$ sei $p(\omega) = 2^{-10}$. Zeigen Sie bitte:
a) Durch $P(A) = \frac{|A|}{2^{10}}$, wobei $|A|$ die Anzahl der Elemente in A ist, wird auf Ω ein Wahrscheinlichkeitsmaß definiert.
b) Sei $X(\omega) = \sum_{j=1}^{10} \omega_j$. Berechnen Sie bitte den Erwartungswert von X.

Lösung: a) Nach [WHK, Definition 16.3] genügt es, $\sum_{\omega \in \Omega} 2^{-10} = 1$ zu zeigen. Nun ist $\sum_{\omega \in \Omega} 2^{-10} = |\Omega| \cdot 2^{-10}$. Nach [WHK, Satz 2.21] ist $|\Omega| = 2^{10}$. Also folgt die Behauptung.
b) Es ist $\mathbb{E}(X) = \sum_{\omega \in \Omega} p(\omega) X(\omega)$. Dies ergibt in unserem Fall $\mathbb{E}(X) = 2^{-10} \sum_{\omega \in \Omega} X(\omega)$. X kann nur die Werte $0,1,2,\ldots,10$ annehmen. Sei $A_k = \{\omega : X(\omega) = k\}$. Nach der vorangegangenen Aufgabe ist $\mathbb{E}(X) = 2^{-10} \sum_{k=0}^{10} k |A_k|$. Also müssen wir $|A_k|$ bestimmen. Für das Folgende vergleiche [WHK, Beweis von Korollar 2.27]. Für jedes $\omega \in A_k$ sei $M(\omega) = \{j \in \{1,\ldots,10\} : \omega_j = 1\}$. Durch $\omega \to M(\omega)$ erhalten wir eine bijektive Abbildung von A_k auf die Menge der k-elementigen Teilmengen von $\{1,\ldots,10\}$. Es gibt $\binom{10}{k}$ solcher Teilmengen, also ist $|A_k| = \binom{10}{k}$. Damit ergibt sich $\mathbb{E}(X) = \sum_{k=0}^{10} k \binom{10}{k} = \sum_{k=1}^{10} k \binom{10}{k}$. Wir könnten nun die Formel anwenden, die die Erzeugendenfunktion der Binomialverteilung benutzt. Wir wollen aber eine elementare Lösung angeben:
Für $1 \leq k \leq 10$ ist $10 - k = 9 - (k-1)$, also

$$k \binom{10}{k} = k \frac{10!}{k!(10-k)!} = 10 \cdot \frac{9!}{(k-1)!(9-(k-1))!}.$$

Daher ist $\sum_{k=1}^{10} k \binom{10}{k} = 10 \cdot \underbrace{\sum_{l=0}^{9} \binom{9}{l}}_{=(1+1)^9} = 10 \cdot 2^9$. Damit erhält man $\mathbb{E}(X) = 2^{-10} \cdot 10 \cdot 2^9 = 5$.

Aufgabe 16.7 Berechnen Sie bitte den Erwartungswert und die Varianz der Exponentialverteilung zum Parameter λ.

Tipp: Berechnen Sie die Fouriertransformierte der Exponentialverteilung und verwenden Sie [WHK, Satz 16.26].

Lösung: Die Exponentialverteilung hat die Dichte $f(s) = \lambda \exp(-\lambda s)$ ($s \geq 0$) und damit die Fouriertransformierte

$$\begin{aligned}
\varphi(t) &= \lambda \int_0^\infty \exp(-itx) \exp(-\lambda x) dx \\
&= \lambda \int_0^\infty \exp((-it - \lambda)x) dx \\
&= \frac{-\lambda}{it + \lambda} \cdot \exp(-it - \lambda)x \Big|_0^\infty = \frac{\lambda}{it + \lambda}.
\end{aligned}$$

Der Erwartungswert $\mathbb{E}(X)$ einer Zufallsvariablen X mit Exponentialverteilung ist gleich $i\varphi'(0)$. $\varphi(t)' = -i\frac{\lambda}{(it+\lambda)^2}$, also ist $\mathbb{E}(X) = i\varphi'(0) = 1/\lambda$. Die Varianz berechnet sich aus dem Mittelwert von X^2 und von X. Genauer gilt $V(X) = \mathbb{E}(X^2) - \mathbb{E}(X)^2$. Wir müssen also $\mathbb{E}(X^2)$ bestimmen. Es gilt $\mathbb{E}(X^2) = -\varphi''(0)$. Nun ist $\varphi''(t) = \frac{2i \cdot i\lambda}{(it+\lambda)^3} = \frac{-2\lambda}{(it+\lambda)^3}$. Damit erhält man $\mathbb{E}(X^2) = 2/\lambda^2$. Die Varianz ist also $V(X) = \frac{2}{\lambda^2} - \frac{1}{\lambda^2} = \frac{1}{\lambda^2}$.

16.3 Bedingte Wahrscheinlichkeiten und Unabhängigkeit

> Der Satz von Bayes

Aufgabe 16.8 In Spam-Mails tritt das Wort "Sex" mit einer Wahrscheinlichkeit von etwa 95% auf, in anderen Mails hingegen mit einer Wahrscheinlichkeit von 5%. Spam-Mails selbst treten im Verhältnis zu anderen Mails wie 80 : 1 auf. Wie hoch ist die Wahrscheinlichkeit, dass eine erhaltene Mail eine Spam-Mail ist, wenn in ihr das Wort "Sex" auftaucht?
Bemerkung: die Zahlen sind höchstwahrscheinlich nicht mehr aktuell, weil inzwischen statt "Sex" zum Beispiel S.e.x oder ähnliche Veränderungen des Wortes benutzt werden. Auch das Verhältnis von Spam-Mail zu normaler Mail verändert sich ständig. Bei aktuellen Zahlen ist aber das Verfahren, automatisch e-mails mit dem Wort "Sex" als Spam-Mails zu klassifizieren, ein erster Schritt zur automatischen Spam-Mail-Erkennung. Aus dieser Aufgabe kann die Irrtumswahrscheinlichkeit, das ist $1 - P$, wo P die Zahl ist, die Sie berechnen sollen, berechnet werden.

16.3 Bedingte Wahrscheinlichkeiten und Unabhängigkeit

Lösung: Es handelt sich um eine typische Problemstellung für den Satz von Bayes ([WHK, Theorem 16.29]): wir können die bedingte Wahrscheinlichkeit $P(A_1|B)$ berechnen, wenn wir $P(B|A_1)$, $P(B|A_2)$, sowie $P(A_1)$ und $P(A_2)$ kennen, wo A_1 und A_2 sich gegenseitig ausschließen und A_1 oder A_2 das sichere Ereignis ist.
In unserem Fall ist B das Ereignis, dass das Wort "Sex" in einer Mail auftritt. A_1 ist das Ereignis "Spam-Mail", A_2 das Ereignis "keine Spam-Mail". Nach den Angaben erhalten wir $P(B|A_1) = 0.95$, $P(B|A_2) = 0.05$, $P(A_1) = 80/81$ und $P(A_2) = 1/81$. Nach dem Satz von Bayes ergibt sich

$$P(A_1|B) = \frac{P(A_1)P(B|A_1)}{P(A_1)P(B|A_1) + P(A_2)P(B|A_2)}$$
$$= \frac{80/81 \cdot 0.95}{80/81 \cdot 0.95 + 0.05/81} = \frac{80 \cdot 0.95}{80 \cdot 0.95 + 0.05}$$
$$= \frac{76}{76.05} \approx 0,99934.$$

Wirft das Programm zur Vernichtung von Spam-Mail also eine Nachricht heraus, in der das Wort "Sex" auftaucht, so ist die Irrtumswahrscheinlichkeit hierfür also kleiner als 10^{-3}.

❯ Unabhängigkeit

Aufgabe 16.9 Sei $\tilde{\Omega} = \{1, 2, \ldots, 6\}$ und $\Omega = \tilde{\Omega}^2$, ferner $p(\omega_1, \omega_2) = 1/36$. Das ist ein Modell für das Würfeln zweier Würfel. Zeigen Sie bitte: die Koordinatenfunktionen $X_1 : \omega \to X_1(\omega) = \omega_1$ und $X_2 : \omega \to X_2(\omega) = \omega_2$ sind stochastisch unabhängig.

Lösung: Wir müssen folgendes zeigen: *Seien $]a,b]$ und $]c,d]$ beliebige Intervalle. Dann gilt*

$$P\left(X_1^{-1}(]a,b]) \cap X_2^{-1}(]c,d])\right) = P(X_1^{-1}(]a,b])) \cdot P(X_2^{-1}(]c,d])).$$

Dazu berechnen wir zunächst die Wahrscheinlichkeit $P(X_1^{-1}(]a,b])) = P(\{\omega : a < \omega_1 \leq b\})$. Sei $A_1 = \tilde{\Omega} \cap]a,b]$ und $|A_1|$ die Anzahl der Elemente von A_1. Dann ist die Anzahl der Elemente in $\{\omega : a < \omega_1 \leq b\} = X_1^{-1}(]a,b]) =: B_1$ gerade gleich $|A_1| \cdot 6$, weil für die zweite Koordinate keine Einschränkung vorliegt. Also ist $P(B_1) = \frac{|A_1| \cdot 6}{36} = |A_1|/6$. Ganz entsprechend ergibt sich für $A_2 = \tilde{\Omega} \cap]c,d]$ und $X_2^{-1}(]c,d]) =: B_2$ die Gleichung $P(B_2) = \frac{|A_2| \cdot 6}{36} = \frac{|A_2|}{6}$.

Sei $X_1^{-1}(]a,b]) \cap X_2^{-1}(]c,d]) = C$. Daraus erhält man
$$|C| = |X_1^{-1}(]a,b])| \, |X_2^{-1}(]c,d])| = |B_1| \, |B_2|.$$
Also ist
$$P(C) = \frac{|X_1^{-1}(]a,b])| \, |X_2^{-1}(]c,d])|}{36} = \frac{|B_1| \, |B_2|}{36}$$
$$= \frac{|B_1|}{6} \cdot \frac{|B_2|}{6} = P(X_1^{-1}(]a,b])) \cdot P(X_2^{-1}(]c,d])).$$

16.10 **Aufgabe 16.10** Sei P die Standard-Normalverteilung auf $\mathbb{R}^p$ mit Dichtefunktion
$f(x) = \frac{1}{\sqrt{2\pi}^p} \exp(-\|x\|_2/2)$. Zeigen Sie bitte, dass die Koordinatenfunktionen $X_j : x = (x_1, x_2, \ldots, x_p) \to x_j$ eindimensional standard-normalverteilt und stochastisch unabhängig sind.

Lösung: Das wesentliche Hilfsmittel, mit dem wir die Aufgabe lösen können, ist der Satz über die iterierte Integration für den Spezialfall, dass der Integrand das Produkt von Funktionen einer Variablen ist, also [WHK, Satz 15.3], durch Induktion verallgemeinert für p Faktoren.

Wir zeigen zunächst, dass die X_j standard-normalverteilt sind. Die eindimensionale Standard-Normalverteilung hat die Dichte $g(t) = \exp(-t^2/2)/\sqrt{2\pi}$. Wegen
$$\exp(-\|x\|_2^2/2) = \exp(-(x_1^2 + x_2^2 + \cdots + x_p^2)/2) = \exp(-x_1^2/2) \cdots \exp(-x_p^2/2)$$
folgt $f(x) = g(x_1) \cdots g(x_p)$. Nun ist $X_1^{-1}(]a,b]) =]a,b] \times \mathbb{R}^{p-1}$. Also folgt aus dem zitierten Satz
$$P_{X_1}(]a,b]) = \int_{]a,b] \times \mathbb{R}^{p-1}} f(x) dx$$
$$= \int_a^b g(x_1) dx_1 \left(\int_{\mathbb{R}^{p-1}} \frac{1}{\sqrt{2\pi}^{p-1}} \exp(-(x_2^2 + \cdots + x_p^2)/2) dx_2 \cdots dx_p \right).$$

Das Integral in der Klammer ist aber das Integral über die Dichtefunktion der $p-1$-dimensionalen Standard-Normalverteilung, also gleich 1. Damit hat P_{X_1} die Dichte g, ist also standard-normalverteilt. Analog schließen Sie für die anderen Koordinatenfunktionen.

Wir zeigen nun die Unabhängigkeit der Koordinatenfunktionen. Seien $]a_j, b_j]$ p Intervalle. Dann ist wieder nach dem zitierten Satz
$$P(\prod_{j=1}^p X_j^{-1}(]a_j, b_j])) = \int_{a_1}^{b_1} \cdots \int_{a_p}^{b_p} f(x) dx = \prod_{j=1}^p \int_{a_j}^{b_j} \frac{1}{\sqrt{2\pi}} \exp(-x_j^2/2) dx_j,$$

16.3 Bedingte Wahrscheinlichkeiten und Unabhängigkeit

und das ist die verlangte Unabhängigkeit.

⊙ Anwendung der Grenzwertsätze

Aufgabe 16.11 Sei $\Omega = \{0,1\}^{20}$ und $p = 1/4$, $p(\omega) = \prod_{j=1}^{20} p^{\omega_j}(1-p)^{1-\omega_j}$ (vergleiche Aufgabe 16.2). Sei $S(\omega) = \omega_1 + \omega_2 + \cdots + \omega_{20}$. Schätzen Sie mit der Standard-Normalverteilung ab, wie hoch die Wahrscheinlichkeit ist, dass $S(\omega) \leq 2$ ist. Vergleichen Sie dies mit der exakten Wahrscheinlichkeit.

Lösung: Wir müssen die Größe S erst einmal standardisieren (siehe die Anwendung auf [WHK, S. 490]). Die Koordinatenfunktionen X_j haben den Erwartungswert $\mathbb{E}(X_j) = 1/4$ und die Varianz $V(X_j) = \frac{1}{4}\frac{3}{4} = \frac{3}{16}$. Wir setzen also $S^*(\omega) = \frac{1}{\sqrt{20 \cdot 3/16}}(S(\omega) - 20/4) = \frac{2}{\sqrt{15}}(S(\omega) - 5)$. Daraus ergibt sich: $S(\omega) \leq 2$ gilt genau dann, wenn $S(\omega) - 5 \leq -3$ ist, und das gilt genau dann, wenn $S^*(\omega) \leq -\frac{6}{\sqrt{15}} (\approx 1,55)$ ist. Die Zufallsvariable S^* ist aber angenähert standard-normalverteilt. Sei $\Phi(x)$ die Standard-Normalverteilung. Sie ist in der Regel nur für $x \geq 0$ tabelliert. Es ist $\Phi(-x) = 1 - \Phi(x)$ (vergleiche Aufgabe 7.14; die Dichtefunktion der Normalverteilung ist eine gerade Funktion). Der Tabelle der Standard-Normalverteilung entnehmen wir $\Phi(1.55) \approx 0.9394$, also $P(\{\omega : S(\omega) \leq 2\}) \approx 1 - \Phi(1,55) \approx 0.0606$.

Wir schreiben wie in der Stochastik üblich $[S \leq u]$ für $\{\omega : S(\omega) \leq u\}$ und entsprechend für $=, \geq$ etc. Damit erhalten wir $P([S \leq 2]) = P([S = 0]) + P([S = 1]) + P([S = 2])$. Diese Werte berechnen wir in Analogie zu Aufgabe 16.2: $P([S = 0]) = (3/4)^{20} \approx 0,00317$, $P([S = 1]) = 20 \cdot \frac{1}{4} \cdot (\frac{3}{4})^{19} \approx 0,02114$ und schließlich $P([S = 2]) = \binom{20}{2}\frac{1}{16}(\frac{3}{4})^{18} = \frac{190}{16}(\frac{3}{4})^{18} \approx 0,06695$. Daraus folgt $P([S \leq 2]) \approx 0,09126$. Zu gut ist die Approximation also bei diesen Daten (noch) nicht.

Aufgabe 16.12 Sei $\Omega = \{0,1\}^{1000}$ und $p = 0.01$, also $p(\omega) = \prod_{j=1}^{1000} p^{\omega_j}(1-p)^{1-\omega_j}$. Sei wieder $S(\omega) = \sum_{j=1}^{1000} \omega_j$ die Menge der Erfolge in der Versuchsreihe ω. Berechnen Sie bitte $P(S \leq 10)$ einmal approximativ mit der Poisson-Verteilung, einmal approximativ mit der Standard-Normalverteilung.

Lösung: Wir wählen zuerst die Approximation durch die Poisson-Verteilung. Der Parameter λ berechnet sich zu $\lambda = 1000 \cdot 0.01 = 10$. Damit ist $P([S \leq 10]) = \sum_{j=0}^{10} P([S = j]) = \exp(-10) \sum_{j=0}^{10} 10^j/j! \approx 0.576$.

Nun wählen wir die Normalverteilung. Der Mittelwert ist 10, die Varianz ist $V = 1000 \cdot 0.01 \cdot 0.99 = 9.9$ Daher ist $S^*(\omega) = \frac{1}{\sqrt{9.9}}(S(\omega) - 10)$. $[S \leq 10] =$

270 16. Einführung in die Stochastik

$[S^* \leq 0]$, und die Standard-Normalverteilung Φ erfüllt $\Phi(0) = 1/2$. Wir haben also einmal die Approximation $P = 0.576$, das andere Mal $P = 0.5$.

16.4 Markoff–Ketten

Aufgabe 16.13 Sei $P = \begin{pmatrix} 1/3 & 3/4 \\ 2/3 & 1/4 \end{pmatrix}$ die Übergangsmatrix einer Markoff–Kette und $p^{(0)} = \begin{pmatrix} 4/5 \\ 1/5 \end{pmatrix}$. Berechnen Sie bitte $\lim_{n \to \infty} P^n p^{(0)}$.

Lösung: P ist eine primitive stochastische Matrix. Daher gilt nach [WHK, Theorem 16.53], dass $P^n p^{(0)}$ gegen den Eigenvektor p von P zum Eigenwert 1 konvergiert, der $p_1 + p_2 = 1$ erfüllt. Wir müssen also das Eigenwertproblem $Pp = p$ lösen. Ausführlich lautet diese Gleichung

$$p_1/3 + 3p_2/4 = p_1$$
$$2p_1/3 + p_2/4 = p_2$$

Aus der ersten Gleichung folgt $3p_2/4 = 2p_1/3$, oder $p_2 = 8p_1/9$. Wir müssen noch die Bedingung $p_1 + p_2 = 1$ heranziehen. Es ergibt sich $p_1(1 + 8/9) = 1$, woraus $p_1 = 9/17$, $p_2 = 8/17$ folgt. Wir haben also $\lim_{n \to \infty} P^n p^{(0)} = \frac{1}{17}\begin{pmatrix} 9 \\ 8 \end{pmatrix}$. Dieser Grenzwert ist völlig unabhängig von der gewählten Anfangsverteilung $p^{(0)}$.

Aufgabe 16.14 [WHK, Satz 16.55] lautet: Sei P die Übergangsmatrix einer Markoff-Kette auf dem Zustandsraum $\mathcal{Z} = \{z_1, \ldots, z_r\}$. Sei P primitiv. Dann sind die folgenden Aussagen äquivalent:
a) Für alle Wahrscheinlichkeitsverteilungen p auf $\mathcal{Z}$ konvergiert $P^n p$ gegen die diskrete Gleichverteilung $\frac{1}{r}(1, 1, \ldots, 1)^t$.
b) P ist doppelt stochastisch.
Beweisen Sie bitte diesen Satz.
Tipp: Benutzen Sie [WHK, Theorem 16.53].

Lösung: Aus dem zitierten Theorem folgt: da P primitiv ist, gibt es genau eine Wahrscheinlichkeitsverteilung q mit $Pq = q$. Darüber hinaus gilt $\lim_{n \to \infty} P^n p = q$ für jede beliebige Wahrscheinlichkeitsverteilung p auf $\mathcal{Z}$.

16.4 Markoff-Ketten

(I) Wir zeigen a) $\Rightarrow$ b): Sei q die diskrete Gleichverteilung. Nach dem vorigen Absatz ist $Pq = q$. Die Multiplikation mit r liefert $P \begin{pmatrix} 1 \\ \vdots \\ 1 \end{pmatrix} = \begin{pmatrix} 1 \\ \vdots \\ 1 \end{pmatrix}$, das heißt aber, P ist doppelt stochastisch.

(II) Wir zeigen nun b) $\Rightarrow$ a). Ist P doppelt stochastisch, so gilt $P \begin{pmatrix} 1 \\ \vdots \\ 1 \end{pmatrix} = \begin{pmatrix} 1 \\ \vdots \\ 1 \end{pmatrix}$ und damit $Pq = q$, wo $q = \frac{1}{r} \begin{pmatrix} 1 \\ \vdots \\ 1 \end{pmatrix}$ die Gleichverteilung auf $\mathcal{Z}$ ist.
Nach dem zitierten Theorem folgt $\lim_{n\to\infty} P^n p = q$ für alle Wahrscheinlichkeitsverteilungen p.

Aufgabe 16.15 Zeigen Sie bitte: auf einem zusammenhängenden Graphen mit m Knoten ist jede Irrfahrt irreduzibel. Dabei ist die Übergangsmatrix P für eine solche Irrfahrt durch

$$P(X_1 = e_k | X_0 = e_i) = \begin{cases} \frac{1}{d(e_i)} & \text{es gibt eine Kante, auf der } e_k \text{ und } e_i \text{ liegen} \\ 0 & \text{sonst} \end{cases}$$

gegeben, wo $d(e_i)$ der Grad des Knotens e_i ist.

Lösung: In einem zusammenhängenden Graphen hat jeder Knoten e_i einen Grad $d(e_i) \neq 0$. Außerdem muss es mindestens einen Knoten e_k geben, der mit e_i verbunden ist. Damit steht in jeder Zeile und jeder Spalte an mindestens einer Stelle ein Eintrag $\neq 0$. In jeder Spalte $p_k^\downarrow$ steht entweder 0 oder der Wert $1/d(e_k)$. Dieser steht $d(e_k)$ mal dort, woraus folgt, dass die Spaltensumme gleich 1 ist.
Wir verfolgen nun einen Weg von e_k nach e_i. Er führe in n Schritten zum Ziel, etwa $e_k \to e_{i_1} \to \cdots \to e_{i_n} = e_i$. Wir behaupten, dass dann $(P^n)_{ik} \neq 0$ gilt. Wir führen den Beweis durch Induktion: Für $n = 1$ ist die Aussage nach Definition von P richtig. Angenommen, sie gelte für irgendein n. Sei nun $e_k \to e_{i_1} \to \cdots \to e_{i_n} \to e_{i_{n+1}}$ ein Weg. Sei $P^n = (p_{ij}^{(n)})$. Nach Induktionsvoraussetzung ist $p_{i_n k}^{(n)} \neq 0$ Außerdem ist $p_{i_{n+1} i_n} \neq 0$. Wegen $P^{n+1} = P \cdot P^n$ ist dann $p_{i_{n+1} k}^{(n+1)} = \sum_{j=1}^m p_{i_{n+1} j} p_{jk}^{(n)} \geq p_{i_{n+1} i_n} p_{i_n k}^{(n)} > 0$.
Sei nun (i, k) ein beliebiges Indexpaar. Weil der Graph zusammenhängend ist, gibt es dann ein n und einen Weg $e_k \to e_{i_1} \to \cdots \to e_{i_n} = e_i$ der Länge n. Damit ist $p_{ik}^{(n)} \neq 0$ nach dem Vorangegangenen. Daraus folgt, dass P irreduzibel ist (siehe Bemerkung 2 auf [WHK, S. 499]).

Aufgabe 16.16 Sei $G = \mathbb{Z}_2 \times \mathbb{Z}_2$ das Produkt der Gruppe $(\mathbb{Z}_2, \oplus)$ mit sich selbst. Sie besteht also aus 4 Elementen $(0,0), (1,0), (0,1), (1,1)$. Wir können sie mit einem Quadrat in der Ebene mit den entsprechenden Koordinaten identifizieren. Sei $q = \begin{pmatrix} p_{(0,0)} \\ p_{(1,0)} \\ p_{(0,1)} \\ p_{(1,1)} \end{pmatrix} = \begin{pmatrix} 1/3 \\ 1/4 \\ 1/6 \\ 1/4 \end{pmatrix}$. Wir nehmen nun an, ein Mensch geht auf dem Quadrat spazieren und entscheidet sich an jeder Ecke (i,j) mit der Wahrscheinlichkeit $p_{(i,j)\oplus(k,l)}$ zur Ecke (k,l) zu gehen (er zieht entsprechend Zufallszahlen, um sich zu entscheiden). Zeigen Sie bitte: Die Wahrscheinlichkeit, von einem Punkt aus senkrecht weiter zu gehen, ist $1/6$, waagerecht weiter zugehen ist $1/4$ und diagonal zu gehen, ist ebenfalls $1/4$. Die Wahrscheinlichkeit, im Punkt stehen zu bleiben ist $1/3$. Der Mensch starte im Eckpunkt (i_0, j_0). Zeigen Sie bitte, dass er nach sehr sehr vielen Schritten zu jeder Ecke mit der Wahrscheinlichkeit $1/4$ gelangt.

Lösung: Wir nummerieren die Ecken durch: $(0,0) = e_1$, $(1,0) = e_2$, $(0,1) = e_3$ und $(1,1) = e_4$. Dann setzen wir wie üblich $p_{ij} = P(X_1 = i | X_0 = j)$. Wegen der Bedingung $p_{ij} = p_{e_i \oplus e_j}$ erhalten wir

$p_{11} = 1/3$
$p_{12} = 1/4$
$p_{13} = 1/6$
$p_{14} = 1/4$
$p_{22} = 1/3$
$p_{23} = 1/4$
$p_{24} = 1/6$
$p_{33} = 1/3$
$p_{34} = 1/4$
$p_{44} = 1/3$.

Da die Gruppe kommutativ ist, gilt $p_{ij} = p_{ji}$, die Übergangsmatrix $P = (p_{ij})$ ist also symmetrisch und daher doppeltstochastisch. Sie ist außerdem primitiv, weil nirgends eine 0 steht. Nach [WHK, Satz 16.55] ist damit ist $\lim_{n\to\infty} P^n = 1/4 \cdot \begin{pmatrix} 1111 \\ 1111 \\ 1111 \\ 1111 \end{pmatrix}$, was den Rest der Aufgabe beantwortet.

Literatur

[BS] I. N. Bronstein, K. A. Semendjajew, et al.: *Taschenbuch der Mathematik*. Verlag Harri Deutsch,Thun u. Frankfurt a.M., 2000.

[Du] L. Dümbgen: *Stochastik für Informatiker,* Springer-Verlag, Berlin, Heidelberg, New York, 2003.

[Hac] D. Hachenberger: *Mathematik für Informatiker*. Addison-Wessley, München, 2005.

[Har] P. Hartmann: *Mathematik für Informatiker*. Vieweg, Wiebaden, 2003.

[Ri] T. Rießinger: *Übungsaufgaben zur Mathematik für Ingenieure*. 2. Aufl. Springer-Verlag Berlin, Heidelberg, New York, 2004.

[St] H. Stöcker: *Taschenbuch mathematischer Formeln und moderner Verfahren*. Verlag Harri Deutsch, Thun u. Fraunkfurt a.M., 2003

[WHK] M. Wolff, P. Hauck, W. Küchlin: *Mathematik für Informatik und Bioinformatik*, Springer-Verlag, Berlin, Heidelberg, New York, 2004.

Sachverzeichnis

$(\mathbb{Z}_n, \oplus, \odot)$, 87
$(u_{g(n)})_n$, 128
$(x_1, \ldots, x_p)^t$, 234
1-Norm, 229
2-Norm, 229
$<$, 27
$>$, 27
$A(\mathbb{R}^3)$, 223
$F_2[\mathbb{K}_2]$, 112
$GL(n, \mathbb{K})$, 208
$O(u)$, 127
R/J, 99
R^*, 86
$S_3(A)$, 74
$[a, b]$, 15
$\Im(w)$, 119
$\Leftrightarrow$, 8
$\Re(w)$, 119
$\Rightarrow$, 8
$\bigcap_{n \in \mathbb{N}} A_n$, 23
$\bigcup_{n \in \mathbb{N}} B_n$, 24
$\binom{n}{k}$, 34
$\mathbb{C}$, 98
$\cos(z)$, 138
$\det(A)$, 207
$\mathbb{E}(X)$, 264
$\frac{\partial f}{\partial x_k}$, 244
ggT, 62
$\text{grad}(P)$, 95
$\inf(M)$, 117
∞-Norm, 229
kgV, 66
$\mathbb{K}_2$, 94
$\lceil \frac{a}{b} \rceil$, 58
$\leq$, 27
$\left(\frac{\partial f_i}{\partial x_k}\right) \begin{matrix} i = 1, \ldots, p \\ k = 1, \ldots, n \end{matrix}$, 246
$\lfloor \frac{a}{b} \rfloor$, 58
$\lim_{n \to \infty} u_n$, 124
$\lim_{x \to -\infty} f(x) = -\infty$, 155
$\lim_{x \to -\infty} f(x) = \infty$, 155
$\lim_{x \to -\infty} f(x) = d$, 155

$\lim_{x \to \infty} f(x) = -\infty$, 155
$\lim_{x \to \infty} f(x) = \infty$, 155
$\lim_{x \to \infty} f(x) = d$, 155
$\lim_{x \to c} f(x) = -\infty$, 155
$\lim_{x \to c} f(x) = \infty$, 155
$\lim_{x \to c} f(x) = d$, 155
$\mathbb{R}$, 15
max, 57
div, 58
mod, 58
min, 57
$\neg$, 8, 44
$\text{rg}(A)$, 206
$\sin(z)$, 138
$\sphericalangle(x, y)$, 212
$\sum_{n=k}^{\infty} a_n$, 130
$\sup(M)$, 117
$\times$, 17
$\vee$, 8, 44
$\wedge$, 8, 44
$\mathbb{Z}$, 30
$\mathbb{Z}_2 \times \mathbb{Z}_2$, 79, 85
$\mathbb{Z}_2$, 79, 84
$\mathbb{Z}_3$, 81, 84, 91
$\mathbb{Z}_4$, 85
$\mathbb{Z}_5$, 91
$\mathbb{Z}_6$, 75, 81–84
$\mathbb{Z}_6$; als Ring, 86
$\mathbb{Z}_n$; als Ring, 87
$\mathbb{Z}_{15}$, 91, 92
$]0, \infty[$, 15
$f(A)$, 20
$f^{-1}(B)$, 20
f_{x_j}, 246
id_A, 74
$o(u)$, 127
$x \times y$, 223

Abbildung, 18
Abbildung; bijektive, 18
Abbildung; partiell definierte, 26
Abbildung; surjektive, 19
Abbildung; lineare, 198

Sachverzeichnis

abgeschlossen, 153
Ableitung, 163
Ableitung; partielle, 244
Adhärenzpunkt, 152
Äquivalenzklasse, 28, 98
Äquivalenzrelation, 28
affiner Raum, 223
Algebra; Boolesche, 108
Assoziativität, 71
Atom, 112
Ausdruck, 44

Basis, 197
Basis; kanonische, 198
Basiswechsel, 205
Baum, 39
Baum; aufspannender, 43
Belegung, 45
Bild; von A unter f, 20
Binomialkoeffizient, 34
Boolesche Algebra, 108
Boolesche Algebra; der Aussagenlogik, 112

charakteristisches Polynom, 208
chinesischer Restsatz, 88, 92, 107
Code, 103
Code; linearer, 103
Code; zyklischer, 103

de l'Hopital, 167
De Morgansche Regeln, 9, 49
De Morgansche Regeln; für Mengen, 16
De Morgansche Regeln; verallgemeinerte, 25
De Morgansche Regeln; verallgemeinerte, 50
Determinante, 207
Dimension, 197
direktes Produkt, 79
Distributivgesetze, 86, 108
Divergenz, 155
Division mit Rest, 58

Ebene, 190
Eigenvektor, 208

Eigenwert, 208
Einheit, 86
Einheit; imaginäre, 119
Einheitengruppe, 86
Einheitsmatrix, 205
Entfernungsmessung, 210
Entropie, 251
erfüllbar, 46
Erfolgs-Misserfolgs-Experiment, 262
Erwartungswert, 264, 265
Euklidischer Algorithmus, 62, 106
Euklidischer Algorithmus; erweiterter, 62
Eulersche φ-Funktion, 89
Eulersche Formel, 137
Extrema; unter Nebenbedingungen, 250
Extremalstelle, 151
Extremalstelle; lokale, 151
Extremwert, 151
Extremwert; globaler, 151
Extremwert; lokaler, 151

Faktorhalbgruppe, 75
Faktorring, 98
Folge, 122
Folge; von Funktionen, 144
Folge; konvergente, 124
Fortsetzung; periodische, 179
Fourierkoeffizient, 180
Fourierreihe, 145, 180
Fourierreihe; komplexe, 145
Fouriertransformierte, 182
Funktion; gerade, 174
Funktion; ungerade, 174
Funktion; periodische, 179
Funktionenfolge, 144

genau dann, wenn, 8
Generatorpolynom, 104
geometrische Reihe, 133
gleichmäßige Konvergenz, 144
Gleichverteilung, 251
größter gemeinsamer Teiler, 62
Grad; eines Polynoms, 95
Graph, 21, 43

Sachverzeichnis

Graph; einer Abbildung, 21
Graph; vollständiger, 43
Grenzwert, 124
Groß O von u, 127

Halbgruppe, 71
Halbgruppe; kommutative, 71
Halbwertzeit, 183
Hauptsatz; der Differential- und Integralrechnung, 170
Hesse-Matrix, 248
Homomorphismus, 77

Ideal, 98
Imaginärteil, 119
Indikatorfunktion, 22
Integral, 170
Integral; uneigentliches, 174
Integration; durch Substitution, 172
Integration; iterierte, 255
Integrtion; partielle, 172
Interpolation, 240
Interpretation, 45
irreduzibel, 271
Irrfahrt, 271
Isomorphismus, 77

Jacobi-Matrix, 246
Jacobi-Verfahren, 239

Körper, 86, 88
Körper; der komplexen Zahlen, 98
kanonische Basis, 198
Kartesisches Produkt, 17
Kettenregel, 163
klein o von u, 127
kleinstes gemeinsames Vielfache, 66
Kommutativität, 71
Komplement, 108
komplexe Zahl, 119
komplexe Zahlenfolge, 135
Kongruenzrelation, 74, 98
Kontradiktion, 46
Konvergenz; absolute, 133
Konvergenz; gleichmäßige, 144

Konvergenz; punktweise, 144
Konvergenz; von Funktionswerten, 155
Konvergenz; in $\mathbb{R}^n$, 229

Lagrange-Polynom, 240
Lagrangesche Multiplikatoren, 250
linear unabhängig, 190, 192, 197
lineare Abbildung, 198
Linearkombination, 197
logisch äquivalent, 48
logische Folgerung, 51

Matrix, 200
Matrix; orthogonale, 210
Matrix; $m \times n-$, 200
Matrixnorm, 229
Matrizenprodukt, 201
Maximalstelle, 151
Maximum, 57
Maximum; globales, 151
Maximum; lokales, 151
Menge; beschränkte, 117
Menge; abgeschlossene, 153
Minimalstelle, 151
Minimum, 57
Minimum; lokales, 151
Mittelwertsatz; der Integralrechnung, 171
modulo, 58

Nebenbedingung, 250
Nebenklasse, 75
Negation; doppelte, 7
Newtonverfahren, 236
Norm, 210, 229
Norm; euklidische, 229
Norm; unitäre, 229

obere Grenze, 117
obere Schranke, 117
oder (logisches), 8
Ordnung, 26, 27
Ordnung; einer Gruppe, 82
Ordnung; eines Gruppenelementes, 82
Ordnung; lineare, 27
Ordnungsrelation, 27, 110

Orthonormalbasis, 210

Periode, 179
periodische Fortsetzung, 179
Poisson-Verteilung, 269
Polarkoordinaten, 257
Polynom, 93
Polynom; charakteristisches, 208
Polynomdivision, 96
Polynomfunktion, 113
Polynomring, 96
Potenzmenge, 22
Potenzreihe, 145
prim, 102
primes Polynom, 102
Primfaktor, 66
Produkt; cartesisches, 17
Produkt; von Matrizen, 201
Produkt; von Polynomen, 93

Quotientenkriterium, 134

Rang, 206
Raum; affiner, 223
Realteil, 119
Regelfunktion, 170
Reihe; absolut konvergente, 133
Reihe; geometrische, 133
Reihe; unendliche, 130
Relation, 26
Relation; duale, 26
Relation; zwischen Mengen, 13
Repräsentantensystem, 30, 75, 101
Repräsentantensystem; für $\mathbb{Z}_6$, 61
Ring, 85
Ring; mit Eins, 86
RSA-Verschlüsselung, 106

Schieberegister, 199
schnelles Potenzieren, 60, 107
Skalarprodukt, 209
Skalarprodukt-Norm, 210
Skalarprodukt; kanonisches, 209
Spaltenvektor, 203
Spam-Mail, 266

Stammfunktion, 170
Standard-Normalverteilung, 268, 269
Standardrepräsentantensystem, 71
Standardskalarprodukt, 209
Stellenwertsystem, 59
Stetigkeit, 157
stochastisch unabhängig, 267
Supremumsnorm, 149

Tautologie, 11, 46
Teiler, 92, 103
Teilfolge, 128
Teilsumme, 130
Transformationssatz, 256
Treppenfunktion, 170

Übergangsmatrix, 271
Umkehrfunktion; stetige, 158
und (logisches), 8
unendliche Reihe, 130
unendliche Reihe; von Funktionen, 145
untere Grenze, 117
untere Schranke, 117
Unterhalbgruppe, 74
Unterraum, 197
Urbild; von B unter f^{-1}, 20

Varianz, 265
Vektor, 189
Vektor; im Raum, 189
Vektor; in der Ebene, 189
Vektorprodukt, 223
Vektorraum, 197
vollständige Induktion, 31

Wahrscheinlichkeitsraum, 261
Wald, 39
wenn – dann, 8
Wurzelkriterium, 134

Zahl; komplexe, 119
Zahl; konjugiert komplexe, 119
Zerlegung, 29
Zufallsvariable, 264
Zwischenwertsatz, 158
zyklischer Code, 98

MIX
Papier aus verantwortungsvollen Quellen
Paper from responsible sources
FSC® C105338

If you have any concerns about our products,
you can contact us on
ProductSafety@springernature.com

In case Publisher is established outside the EU,
the EU authorized representative is:
**Springer Nature Customer Service Center GmbH
Europaplatz 3, 69115 Heidelberg, Germany**

Printed by Libri Plureos GmbH
in Hamburg, Germany